高技能人才培训丛书 | 丛书主编　李长虹

云计算系统运维

张燕林　刘立华　编著

U0250901

中国电力出版社
CHINA ELECTRIC POWER PRESS

内 容 提 要

本书是一本以云计算的系统运营、技术维护和实训模拟为重点的教材。本书采用任务引领训练模式编写，以工作过程为导向，以岗位技能要求为依据，以典型工作任务为载体，训练任务来源于企业真实的工作岗位。

全书共由 24 个训练任务构成，从任务 1 云计算与 OpenStack 架构，到任务 24 公有云云主机日常运维。24 个训练任务能力目标基于从业人员的职业能力，通过系统学习这 24 个训练任务并达到其能力目标要求，学习者可以完全具备实施云计算系统运维的技术能力。

本书由浅入深、通俗易懂、注重应用，示范操作步骤翔实且图文并茂，既可以作为云计算系统运维技术人员的参考书，也可以作为 IT 部门云计算技术人员或职业院校教师的教材，以及从事高技能职业教育与职业培训课程开发相关人员的参考书。

图书在版编目（CIP）数据

云计算系统运维 / 张燕林，刘立华编著 . —北京：中国电力出版社，2018.8
（高技能人才培训丛书）
ISBN 978-7-5198-2138-8

Ⅰ．①云…　Ⅱ．①张…②刘…　Ⅲ．①云计算－岗位培训－教材　Ⅳ．① TP393.027

中国版本图书馆 CIP 数据核字（2018）第 132830 号

出版发行：中国电力出版社
地　　址：北京市东城区北京站西街 19 号（邮政编码 100005）
网　　址：http://www.cepp.sgcc.com.cn
责任编辑：杨　扬（010-63412524）
责任校对：王海南
装帧设计：赵姗姗
责任印制：杨晓东

印　　刷：三河市航远印刷有限公司
版　　次：2018 年 8 月第一版
印　　次：2018 年 8 月北京第一次印刷
开　　本：787 毫米 ×1092 毫米　16 开本
印　　张：20.5
字　　数：548 千字
印　　数：0001—2000 册
定　　价：69.00 元

　　国务院《中国制造 2025》提出"坚持把人才作为建设制造强国的根本，建立健全科学合理的选人、用人、育人机制，加快培养制造业发展急需的专业技术人才、经营管理人才、技能人才。营造大众创业、万众创新的氛围，建设一支素质优良、结构合理的制造业人才队伍，走人才引领的发展道路"。随着我国新型工业化、信息化同步推进，高技能人才在加快产业优化升级，推动技术创新和科技成果转化发挥了不可替代的重要作用。经济新常态下，高技能人才应掌握现代技术工艺和操作技能，具备创新能力，成为技能智能兼备的复合型人才。

　　《高技能人才培训丛书》由嵌入式系统设计应用、PLC 控制系统设计应用、智能楼宇技术应用、云计算系统运维、工业机器人设计应用等近 20 个课程组成。丛书课程的开发，借鉴了当今国外发达国家先进的职业培训理念，坚持以工作过程为导向，以岗位技能要求为依据，以典型工作任务为载体，训练任务来源于企业真实的工作岗位。在高技能人才技能培养的课程模式方面，可谓是一种创新、高效、先进的课程，易理解、易学习、易掌握。丛书的作者大多来自企业，具有丰富的一线岗位工作经验和实际操作技能。本套丛书既可供一线从业人员提升技能使用，也可作为企业员工培训或职业院校的教材，还可作为从事职业教育与职业培训课程开发人员的参考书。

　　当今，职业培训的理念、技术、方法等不断发展，新技术、新技能、新经验不断涌现。这套丛书的成果具有一定的阶段性，不可能一劳永逸，要在今后的实践中不断丰富和完善。互联网技术的不断创新与大数据时代的来临，为高技能人才培养带来了前所未有的发展机遇，希望有更多的课程专家、职业院校老师和企业一线的技术人员，参与研究基于"互联网+"的高技能人才培养模式和课程体系，提高职业技能培训的针对性和有效性，更好地为高技能人才培养提供专业化的服务。

全国政协委员

深圳市设计与艺术联盟主席

深圳市设计联合会会长

丛书序

《高技能人才培训丛书》由近 20 个课程组成，涵盖了云计算系统运维、嵌入式系统设计应用、PLC 控制系统设计应用、智能楼宇技术应用、工业控制网络设计应用、三维电气工程设计应用、产品造型设计应用、产品结构设计应用、工业机器人设计应用等职业技术领域和岗位。

《高技能人才培训丛书》采用典型的任务引领训练课程，是一种科学、先进的职业培训课程模式，具有一定的创新性，主要特点如下：

先进性。任务引领训练课程是借鉴国内外职业培训的先进理念，基于"任务引领一体化训练模式"开发编写的。从职业岗位的工作任务入手，设计训练任务（课程），采用专业理论和专业技能一体化训练考核，体现训练过程与生产过程零距离，技能等级与职业能力零距离。

有效性。训练任务来源于企业岗位的真实工作任务，大大提高了操作技能训练的有效性与针对性。同时，每个训练任务具有相对独立性的特征，可满足学员个性能力需求和提升的实际需要，降低了培训成本，提高了培训效益；每个训练任务具有明确的判断结果，可通过任务完成结果进行能力的客观评价。

科学性。训练实施采用目标、任务、准备、行动、评价五步训练法，涵盖从任务（问题）来源到分析问题、解决问题、效果评价的完整学习活动，尤其是多元评价主体可实现对学习效果的立体、综合、客观评价。

本课程的另外一个特色是训练任务（课程）具有二次开发性，且开发成本低，只需要根据企业岗位工作任务的变化补充新的训练任务，从而"高技能人才任务引领训练课程"确保训练任务与企业岗位要求一致。

"高技能人才任务引领训练课程"已在深圳高技能人才公共训练基地、深圳市的职业院校及多家企业使用了五年之久，取得了良好的效果，得到了使用部门的肯定。

"高技能人才任务引领训练课程"是由企业、行业、职业院校的专家、教师和工程技术人员共同开发编写的。可作为高等院校、行业企业和社会培训机构高技能人才培养的教材或参考用书。但由于现代科学技术高速发展，编写时间仓促等原因，难免有错漏之处，恳请广大读者及专业人士指正。

编委会主任　李长虹

前　言

中国互联网用户众多，信息终端普及率很高，企业及消费者对于 IT 技术的了解和接受速度也非常快，再加上政府大力支持云计算产业，这就使得中国在云计算部署规模、技术以及商业模式创新方面迅猛发展。

工信部在 2017 年 4 月发布《云计算发展三年行动计划（2017—2019）》，提出到 2019 年，中国云计算产业规模达到 4300 亿元，突破一批核心关键技术，涌现两三家在全球云计算市场中具有较大份额的领军企业。

云计算技术的兴起，提供了一种适应于企业信息化发展需要的解决方法。云计算的出现为信息技术领域和企业信息化建设带来了新的挑战和机遇。然而，真正系统、深入、全面地阐述云计算系统运维技术及应用的书却寥寥无几。本书作为一本全面、系统、深入论述云计算系统运维、技术和架构的云计算专著，正好弥补了这一空白。

本书重点介绍了云计算的系统运营与技术维护，各章节结构做了精心的设计和安排，有较强的逻辑性、系统性、全面性、专业性和场景实用性，并尽可能照顾到不同层次、不同专业层面的技术人员的学习水平。从内容上看，本书有以下特点：

（1）全新的教材编写框架。本书完全打破传统教材的章节框架结构，基于"任务引领型一体化训练及评价模式"，训练任务全部来源于企业真实的工作任务，经过提炼，转化为训练任务。

（2）以企业岗位要求为能力目标。训练任务的能力目标，以云计算系统运维职业岗位从业人员的职业能力为基准。

（3）训练与评价可实现一体化。训练任务具有独立性、完整性，目标明确且可实现、可考评，能够满足个性化的能力提升要求。

此外，在训练任务实施部分中，示范操作步骤详实且图文并茂，每一步操作都有操作结果的效果状态图，力求做到学习者在没有老师指导的情况下，也能够完成示范操作的内容，因此本书也非常适合自学。

本书既可以作为开发人员的参考书，也可以作为企业员工培训或职业院校学生的教材，以及从事职业教育与职业培训课程开发相关人员的参考书。

本书在云联盟、中国智慧城市研究院与深圳中科慕课指导下，由张燕林、刘立华主持编写，全书由李长虹审定统稿。

云计算系统运维技术是一个比较新的领域，并且由于时间仓促，书中难免有疏漏和不当之处，敬请读者批评指正。同时也希望本书的读者在了解到云计算技术的同时，都能够积极的投身到云计算产业实践中来。只有更多的人认识到云计算的价值，通过系统运维才能挖掘出更多云计算的价值，云计算产业才会有源源不断的动力来蓬勃发展，相信读者中的很多人都将成为云计算产业的中坚力量。

编　者

目　录

任务 ①

云计算与OpenStack架构

该训练任务建议用 6 个学时完成学习。

1.1 任务来源

云计算技术已经成为当今 IT 界非常成熟的技术，面对市场上种类繁多的云计算产品，作为初学者如何选择一款主流的云计算产品显得非常重要。OpenStack 就是众多云计算产品中的佼佼者，选择它的理由是产品成熟稳定、开放源代码和众多大公司参与代码贡献。

1.2 任务描述

通过对典型云计算产品 OpenStack 的架构进行剖析，宏观掌握 IT 系统架构、云计算相关知识及其应用。

1.3 能力目标

1.3.1 技能目标

完成本训练任务后，读者应当能（够）掌握以下技能。

1. 关键技能

（1）掌握 IT 系统底层的基本架构原理。

（2）掌握 OpenStack 云产品的架构并进行剖析。

（3）掌握 OpenStack 云产品在 IT 系统中所扮演的角色。

2. 基本技能

（1）能够对不同云的特征属性进行比较。

（2）会 IaaS、PaaS、SaaS 云平台的基本搭建步骤。

（3）能够撰写云计算产品架构的简要剖析报告。

1.3.2 知识目标

完成本训练任务后，读者应当能（够）学会以下知识。

（1）理解云计算技术能够解决的基本问题。

（2）熟悉 OpenStack 云产品的架构原理。

1

（3）掌握云计算的基本概念。

1.3.3 职业素质目标

完成本训练任务后，读者应当能（够）具备以下素质。

（1）具有守时、诚信、敬业精神。

（2）具有安全意识、质量意识、保密意识。

（3）遵守系统调试标准规范，养成严谨科学的学习态度。

（4）养成总结训练过程和结果的习惯，为再次实训总结经验。

（5）培养喜爱云计算运维管理工作的心态。

1.4　任务实施

1.4.1 活动一　知识准备

（1）云计算技术的发展趋势。

（2）OpenStack 的发展趋势。

1.4.2 活动二　示范操作

1. 活动内容

（1）云计算概览。

（2）OpenStack 产品架构剖析。

2. 操作步骤

（1）步骤一：IT 系统架构发展的三个阶段。从计算机发明到今天，信息技术伴随时代的发展也变得越来越强大，从信息技术的诞生到现在，信息技术系统架构经历了如下三个阶段。

1）纯物理设备的发展阶段。这一阶段，应用部署和运行在各自独立的物理机上。比如一套企业的 ERP 系统，传统的部署方式是找 3 台物理机，分别部署 Web 服务器、应用服务器和数据库服务器。如果规模大一点，各种服务器采用集群架构，且每个集群成员分别部署在各自的物理机上，然后通过负载均衡技术对各自服务进行调度访问。

2）面向资源的虚拟化计算发展阶段。随着物理服务器计算能力的增强，虚拟化技术的发展大大提高了物理服务器的资源使用率。这个阶段，一台物理机上运行若干虚拟机，应用系统直接部署到虚拟机上。这样部署的好处主要体现在减少了需要管理的物理机数量，同时节省了维护成本。

3）面向服务的云计算发展阶段。随着虚拟化技术的应用，IT 环境中虚拟机也变得越来越多，这时新的需求产生了，如何对 IT 环境中的虚拟机进行统一和高效的管理。由此，云计算技术应运而生。计算（CPU/内存）、存储和网络三类 IT 资源通过云计算平台实现统一管理。当用户需要虚拟机的时候，只需要向平台提供虚拟机的规格即可，平台会快速从三个资源池分配相应的资源，部署一个满足规格的虚拟机来承接这个服务。这时，虚拟机的管理者不再需要关心虚拟机运行在哪台物理机之上，存储空间从哪里来，IP 是如何分配的。

（2）步骤二：云计算概述。

1）云计算的定义。对云计算（cloudcomputing）一般的理解是基于互联网的相关服务的增加、使用和交付模式，通常涉及通过互联网来提供动态易扩展且经常是虚拟化的资源。公认相对比较权威的是美国国家标准与技术研究院（NIST）的定义：云计算是一种按使用量付费的模式，这种模式提供可用的、便捷的、按需的网络访问，进入可配置的计算资源共享池（资源包括网络、服务器、存储、应用软件、服务），这些资源能够被快速提供，只需投入很少的管理工作，或与服务供应商进行很少的交互。

2）云计算的特点。云计算是通过使计算分布在大量的分布式计算机上，而非本地计算机或远程服务器中，企业数据中心的运行将与互联网更相似。这使得企业能够将资源切换到需要的应用上，根据需求访问计算机和存储系统。

被普遍接受的云计算特点如下。

a）超大规模。"云"具有相当的规模，公有云的提供商每个云计算中心的装机容量多达几万台。截至 2016 年的有关报告显示，Google 云计算已经拥有 100 多万台服务器，而对亚马逊 AWS 拥有服务器的预测值在 200 万台左右，像内蒙古的大数据云计算中心服务器装机能力达 70 万台，投入使用 30 万台。企业私有云一般也拥有数百甚至上千台服务器。

b）虚拟化。云计算支持用户在任意位置、使用各种终端获取应用服务。所请求的资源来自"云"，而不是固定的有形的实体。应用在"云"中某处运行，但实际上用户无需了解、也不用担心应用运行的具体位置。只需要一台笔记本或者一部手机，就可以通过网络服务来实现需要的一切，甚至包括超级计算这样的任务。

c）高可靠性。"云"使用了数据多副本容错、计算节点同构可互换等措施来保障服务的高可靠性，使用云计算比使用本地计算机更可靠。

d）通用性。云计算不针对特定的应用，在"云"的支撑下可以构造出千变万化的应用，同一个"云"可以同时支撑不同的应用运行。

e）高可扩展性。"云"的规模可以动态伸缩，满足应用和用户规模增长的需要。

f）按需服务。"云"是一个庞大的资源池，用户可以按需购买，同时可以像自来水、电、煤气那样尽量标准化地计费。

g）费用低廉。由于"云"的特殊容错措施可以采用极其廉价的节点来构成云，"云"的自动化集中式管理使大量企业无需负担日益高昂的数据中心管理成本，"云"的通用性使资源的利用率较之传统系统大幅提升，因此用户可以充分享受"云"的低成本优势，经常只要花费几百美元、几天时间就能完成以前需要数万美元、数月时间才能完成的任务。

h）潜在的危险性。云计算服务除了提供计算服务外，还必然提供了存储服务。但是云计算服务当前大多由私人机构（企业）经营，对于政府机构、特定商业机构（如像银行这样持有敏感数据的商业机构），应谨慎选择云计算服务。虽然云计算中的数据对于数据所有者以外的其他云计算用户是保密的，但是对于提供云计算的商业机构而言有时是毫无秘密可言的。

3）云计算的三种模式。

a）基础设施即服务（Infrastructure as a Service, IaaS）：这个是指系统、网络、存储等这些基础设施，通过用户的选择来购买不同相应的服务，就是基础设施服务。

b）平台即服务（Platform as a Service, PaaS）：这个是指云服务供应商提供一个开发平台给用户，包括开发工具、系统、Web 服务等给用户去开发。

c）软件即服务（Software as a Service, SaaS）：这个是指供应商会提供各种应用程序和软件给用户，这些软件由供应商去负责安装、管理和运营，用户可以直接登陆云系统去使用它们。

4）云计算的四种部署模型。

a）公有云。平时我们在使用的百度搜索引擎、还有像 51CTO 博客，大家注册后都可以去写博客，用里面的资源；还有百度网盘，开放给公众使用，上传各种资料，这些就是公有云。说到百度网盘，如果真是每个用户都分配给 2T 空间，那是不现实的，那云供应商就会因成本太高而垮掉，其实它们仅仅是做了链接，当用户上传某些相同文件的时候，如果它探测到该文件在库里已经存在，就不会再上传这个文件，而是建立一个软链接。所以有的时候，用户上传某些文件到百度网盘，只需要几秒钟就上传上去了，实际上这个文件，它们的库里面早有人存放了。

b）私有云。在企业中，假设一个公司有三十位开发人员，每位开发人员分配给他们一台测试机，那是不可能的，而且他们也不会完全用足一台机器的资源，这样会造成资源浪费；可以找三台性能配置比较高的计算机，用虚拟化技术给每台电脑装十台虚拟机，然后给他们每人用一台，这样就可以节省资源，但是只能供给企业内部用，不对外开放，这就是私有云。又或者有一个很大的数据资源，是公司的共享资源，但每个部门需要共享的内容不一样，可以通过给他们不同的权限到每一个不同的云角落找相应的数据，这也是私有云。

c）混合云。就是既有公有云，又有私有云，公有云和私有云的混合体，这就是混合云。有的大公司私有云建设好却又有资源闲置情况，就可对外提供云服务。

d）社区云。指由几家企业或几个团队组成的一个社区云，只能由他们这些圈子内的人去登录使用，而对其他人不开放，但是利用的资源也是由他们这些企业或者团队去平摊消费。

（3）步骤三：OpenStack 产品架构剖析。OpenStack 已经走过了 8 个年头。每半年会发布一个版本，版本以字母顺序命名。现在已经到第 15 个版本 Ocata（字母 O）。OpenStack 最初只有两个模块，现在已经有 20 余个，每个模块作为独立的子项目开发。OpenStack 含七个核心项目：Identity Management（Keystone）、User Interface Dashboard（Horizon）、Compute（Nova）、Networking（Neutron）、Image Service（Glance）、Block Storage（Cinder）、Object Storage（Swift）。各个服务之间的关系如图 1-1 所示。

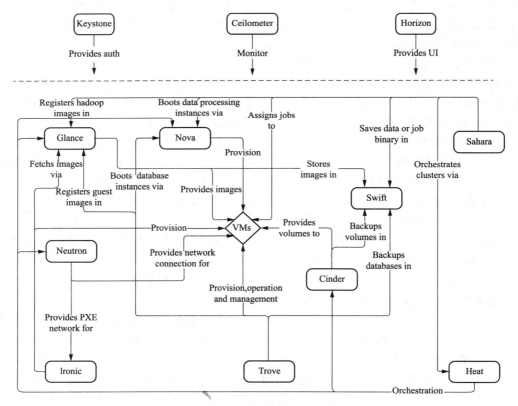

图 1-1　OpenStack 各服务之间的关系

1）认证服务 Keystone。Keystone（OpenStack Identity Service）行使 OpenStack 框架中负责身份验证、服务规则和服务令牌的功能，实现了 OpenStack 的 Identity API。Keystone 类似一个服务总线，也可以说是整个 OpenStack 框架的注册表，其他服务通过 Keystone 来注册其服务的 Endpoint（服务访问的 URL），任何服务之间相互的调用，需要经过 Keystone 的身份验证来获得目标服务的 Endpoint 来找到目标服务。

Keystone 基本概念介绍如下：

a）User。User 即用户，他们代表可以通过 Keystone 进行访问的人或程序。Users 通过认证信息（credentials，如密码、API Keys 等）进行验证。

b）Tenant。Tenant 即租户，它是各个服务中的一些可以访问的资源集合。例如，在 Nova 中一个 Tenant 可以是一些机器，在 Swift 和 Glance 中一个 Tenant 可以是一些镜像存储，在 Neutron 中一个 Tenant 可以是一些网络资源。

c）Role。Role 即角色，Roles 代表一组用户可以访问的资源权限，例如 Nova 中的虚拟机、Glance 中的镜像，Users 可以被添加到任意一个全局的或租户内的角色中。在全局的 Role 中，用户的 Role 权限作用于所有的租户，即可以对所有的租户执行 Role 规定的权限；在租户内的 Role 中，用户仅能在当前租户内执行 Role 规定的权限。

d）Service。Service 即服务，如 Nova、Glance、Swift。根据前三个概念（User、Tenant 和 Role）一个服务可以确认当前用户是否具有访问其资源的权限。但是当一个 user 尝试着访问其租户内的 service 时，他必须知道这个 service 是否存在以及如何访问这个 service，这里通常使用一些不同的名称表示不同的服务。在上文中谈到的 Role，实际上也是可以绑定到某个 service 的。例如当 Swift 需要一个管理员权限的访问进行对象创建时，对于相同的 Role 并不一定也需要对 Nova 进行管理员权限的访问。为了实现这个目标，应该创建两个独立的管理员 Role，一个绑定到 Swift，另一个绑定到 Nova，从而实现对 Swift 进行管理员权限访问不会影响到 Nova 或其他服务。

e）Endpoint。Endpoint，翻译为"端点"，可以理解它是一个服务暴露出来的访问点，如果需要访问一个服务，则必须知道它的 Endpoint。因此，在 Keystone 中包含一个 Endpoint 模板（Endpoint template，在安装 Keystone 的时候可以在 conf 文件夹下看到这个文件），这个模板提供了所有存在的服务 Endpoints 信息。一个 Endpoint Template 包含一个 URLs 列表，列表中的每个 URL 都对应一个服务实例的访问地址，并且具有 public、private 和 admin 这三种权限。public url 可以被全局访问（如 http：//compute. example. com），private url 只能被局域网访问（如 http：//compute. example. local），admin url 被从常规的访问中分离。

2）用户接口仪表盘（Horizon）。在整个 OpenStack 应用体系中，Horizon 就是整个应用的入口。提供了一个模块化的、基于 Web 的图形化界面服务门户。用户可以通过浏览器使用这个 WEB 图形化界面来访问、控制他们的计算、存储和网络资源。

3）计算服务（Nova）。Nova 提供虚拟机的全生命周期管理，属于 OpenStack 核心组件之一。主要包括：API 服务器（nova-api）、计算服务器（nova-compute）、网络控制器（nova-network）、调度器（nova-schedule）、卷控制器（nova-volume）、消息队列（queue）、DashBoard。

API 服务器作为云控制器扮演着 Web 服务前端的角色。这个云框架的核心是 API 服务器。API 服务器命令和控制 Hypervisor，存储还有网络，让用户可以实现云计算。API 端点是一个基础的 HTTP 网页服务，通过使用多种 API 接口来提供认证、授权、基础命令和控制功能，增强了 API 和多种其他供应商已经存在的资源池的兼容性。

计算控制器（Compute Controller）提供了计算服务器资源。Compute 控制器控制运行在宿主机上的计算实例，可以通过使用 API 的方式把命令分发到 Compute 控制器，进行以下的操作：运行实例、结束实例、暂停实例运行、重启实例、迁移实例、映射卷、分离卷、获得控制台输出、对象存储（Object Store）、授权管理器（Auth manager）、卷控制器（Volume controller）。

4）网络服务（Neutron）。OpenStack 网络服务（Neutron）管理 OpenStack 环境中所有虚拟网络基础设施（VNI）以及物理网络基础设施（PNI）的接入层等服务，同时也提供更高等级的网络服务，例如防火墙功能、负责均衡服务等。网络服务提供网络、子网以及路由这些对象的抽象概念。每个抽象概念都有自己的功能，可以模拟对应的物理设备：网络包括子网，路由在不同的子网和网络间进行路由转发。OpenStack Networking（neutron）允许创建、插入接口设备，这些设备由其他的 OpenStack 服务管理。插件式的实现可以容纳不同的网络设备和软件，为 Open-Stack 架构与部署提供了灵活性。

它包含下列组件：

a）Neutron-Server：接收和路由 API 请求到合适的 OpenStack 网络插件，以达到预想的目的。

b）OpenStack 网络插件和代理：插拔端口，创建网络和子网，以及提供 IP 地址，这些插件和代理依赖于供应商和技术而不同，OpenStack 网络基于插件和代理为 Cisco 虚拟和物理交换机、NEC OpenFlow 产品、Open vSwitch、Linux Bridging 以及 VMware NSX 产品穿线搭桥。

c）消息队列：用于在 Neutron-Server 和各种各样的代理进程间路由信息，也为某些特定的插件扮演数据库的角色，以存储网络状态。

OpenStack 网络主要和 OpenStack 计算交互，以提供网络连接到它的实例。

5）镜像服务（Glance）。Glance 服务提供虚拟机镜像的发现、注册和获取等服务。Glance 提供 Restful API 可以查询虚拟机镜像的 metadata，并且可以获得镜像。通过 Glance，虚拟机镜像可以被存储到多种存储上，比如简单的文件存储或者对象存储。

OpenStack 镜像服务包括以下组件。

a）glance-api：接收镜像 API 的调用，诸如镜像发现、恢复、存储。

b）glance-registry：存储、处理和恢复镜像的元数据，元数据包括项诸如大小和类型。

c）数据库：存放镜像元数据。

6）块存储服务（Cinder）。块存储服务（Cinder）为实例提供块存储，存储的分配和消耗是由块存储驱动器后端配置的驱动器决定的。

块存储服务通常包含下列组件：

a）cinder-api：接受 API 请求，并将其路由到"cinder-volume"执行。

b）cinder-volume：与块存储服务和调度例进程进行直接交互，它也可以与这些进程通过一个消息队列进行交互，该服务响应送到块存储服务的读写请求来维持状态，它也可以和多种存储提供者在驱动架构下进行交互。

c）cinder-scheduler 守护进程：选择最优存储提供节点来创建卷。

d）cinder-backup 守护进程：该服务提供任何种类备份卷到一个备份存储。

e）消息队列：在块存储的进程之间路由信息。

7）Object Storage（Swift）。Swift 使用普通的服务器来构建冗余的、可扩展的分布式对象存储集群，存储容量可达 PB 级。Swift 的是用 Python 开发，前身是 Rackspace Cloud Files 项目，随着 Rackspace 加入到 OpenStack 社区，Racksapce 也将 Cloud Files 的代码贡献给了社区，并逐渐形成现在 Swift。Swift 的基本架构如图 1-2 所示。

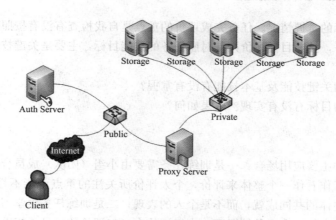

图 1-2　Swift 的基本架构

1.4.3　活动三　能力提升

查看 OpenStack 官网，了解 OpenStack 各组件之间的联系和 OpenStack 架构设计的原理。具体要求如下。

（1）掌握 OpenStack 架构设计原理。

（2）理解并掌握 OpenStack 七大核心组件各自的功能和原理。

（3）理解 OpenStack 七大核心组件之间是如何协调进行工作。

1.5　效果评价

在技能训练中，效果评价可分为学习者自我评价、小组评价和教师评价三种方式，三种评价的方式相互结合，共同构成一个完整的评价系统。训练任务不同，三种评价方式的使用也会有差异，但必须要突出以学习者自我评价为主体。

训练任务既可以作为培训使用，也可以用于考核评价使用，不论在哪种使用场合，对训练的效果进行评价都是非常必要的，但两种使用场合评价的目的略有不同。如果作为培训使用，则效果评价应以关键技能的掌握情况评价为主，任务完成情况的评价为辅，即重点对学习者的训练过程进行评价，详细考评技能点、操作过程的步骤等；如果作为考核使用，则效果评价应重点对任务的完成情况进行考核，如果任务未完成，则考核结果为不及格，在这种情形下需要考评者明确指出任务未完成的原因，如果需要给出一个对应的分数，则可以根据每一项关键技能目标的掌握情况，给予合理的配分。

1.5.1　成果点评

由教师组织，可以小组形式也可以全体学员一起，对学生学习的成果进行展示、点评。

（1）学生展示（演示）学习成果。

（2）教师对优秀成果进行点评。

（3）教师对共同存在的问题进行总结。

1.5.2　结果评价

1. 自我评价

自我评价是指由学习者对训练任务目标的掌握情况进行评价，评价的主要内容是训练任务的完成情况和技能目标的掌握情况。任务完成评价的重点是自我检查有没有按照质量要求在规定的时间内完成训练任务，技能目标评价则是对照任务的技能目标，主要是关键技能目标，逐条检查实际掌握情况。

（1）训练任务的关键技能及基本技能有没有掌握？

（2）训练任务的目标有没有实现？效果如何？

评价情况：

2. 小组评价

小组评价有两种主要应用场合：一是训练任务需要由小组（团队）成员合作完成，此时需要将小组所有成员的工作看作一个整体来评价，个人评价所关注的重点可能不是小组的工作重点，小组评价更加注重整体的共同成就，而不是个人的表现；二是训练任务由学习者独立完成的，没有小组（团队）成员合作，在这种情况下，小组评价中参与评价的成员承担着第三方的角色，通过参与评价，也是一个学习和提高的过程。

在小组评价过程中，被评级人员通过分析、讲解、演示等活动，不仅可以展示学习效果，还可以全面提供综合能力。当然，从评价的具体结果来看，小组评价是对任务完成情况进行评价，主要包括任务完成质量、效率、工艺水平以及被评价者的方案设计、表达能力等，小组评价可以看表 1-1 的评价标准进行。

（1）训练任务的关键技能及基本技能有没有掌握？

评价情况：

（2）训练任务的目标有没有实现？效果如何？

评价情况：

参评人员：

3. 教师评价

教师评价是对学习者的训练过程、训练结果进行整体评估，并且在必要的时候考评学习者的设计方案、流程分析等内容，评价标准可以参考表 1-1。

（1）训练任务的完成情况及完成质量。

（2）训练过程中有没有违反安全操作规程，有没有造成设备损坏及人身伤害？

（3）职业核心能力及职业规范。

评价情况：

参评教师：

表 1-1　　　　　　　　　　　　　　　结　果　评　价

评价项目	评价内容	配分	完成情况	得分	合计	评价标准
安全操作	未按安全规范操作，出现设备及人身安全事故，则评价结果为 0 分					
能力目标	1. 符合质量要求的任务完成情况	50	是□ 否□			若完成情况为"是"，则该项得满分，否则得 0 分
	2. 完成知识准备	5	是□ 否□			
	3. 云计算能够解决什么问题	20	是□ 否□			
	4. 讲述 OpenStack 架构原理	25	是□ 否□			

1.6 相关知识与技能

OpenStack 是由 NASA（美国国家航空航天局）和 Rackspace 合作研发并发起的旨在为公有云和私有云提供开发源码的解决方案。

OpenStack 是一个开源的云计算管理平台项目，由几个主要的组件组合起来完成具体工作。OpenStack 支持几乎所有类型的云环境，项目目标是提供实施简单、可大规模扩展、丰富、标准统一的云计算管理平台。OpenStack 通过各种互补的服务提供了基础设施即服务（IaaS）的解决方案，每个服务提供 API 以进行集成。

OpenStack 是一个旨在为公共及私有云的建设与管理提供软件的开源项目，它的社区拥有超过 130 家企业及 2000 位开发者，这些机构与个人都将 OpenStack 作为基础设施即服务（IaaS）资源的通用前端。OpenStack 项目的首要任务是简化云的部署过程并为其带来良好的可扩展性。

OpenStack 云计算平台帮助服务商和企业内部实现类似于 Amazon EC2 和 S3 的云基础架构服务（Infrastructure as a Service，IaaS）。OpenStack 包含两个主要模块：Nova 和 Swift，前者是 NASA 开发的虚拟服务器部署和业务计算模块，后者是 Rackspace 开发的分布式云存储模块，两者可以一起用，也可以分开单独用。OpenStack 除了有 Rackspace 和 NASA 的大力支持外，还有包括 Dell、Citrix、Cisco、Canonical 等重量级公司的贡献和支持，发展速度非常快。

1. OpenStack 的发展现状

OpenStack 有着众多的版本，但是，OpenStack 在标识版本的时候，并不采用其他软件版本采用数字的标识方法。OpenStack 采用了 A~Z 开头的不同的单词来表示各种不同的版本信息。

2010 年发布了 Austin 版本，也是 OpenStack 的第一版本。从 Austin 版本开始，经历了 Bexar、Cactus、Diablo、Essex、Folsom、Grizzly……Austin 版本只是有两个模块：Nova 和 Glance。在 Bexar 版本中，加入了云存储模块 Swift，此时 Bexar 版本拥有了云计算与云存储两个重要的模块。但是 Bexar 版本还存在相当多的问题，在安装、部署和使用上都比较困难。发展至 Cactus 版本的时候，OpenStack 才真正具备了可用性。但是在易用性方面，还是只能通过命令行进行交互。此外，值得一提的是，到 Cactus 为止，OpenStack 一直都使用的是 Amazon 的 API 接口。

Folsom 版本的出现，则标志着 OpenStack 开始真正走向正轨。Folsom 中，将 OpenStack 分为三大组件：Nova、Swift 和 Quantum。这三个组件分别负责云计算、云存储和网络虚拟化。Folsom 也是 OpenStack 中较为稳定的版本。

目前，OpenStack 已经发展了十几个版面，其组件已经发展到 20 多个。在企业中也开始了大规模的应用。

2. OpenStack 的优势

（1）模块松耦合。与其他开源软件相比，OpenStack 模块分明，添加独立功能的组件非常简单。有时候，不需要通读整个 OpenStack 的代码，只需要了解其接口规范及 API 使用，就可以轻松地添加一个新的模块。

（2）组件配置灵活。和其他开源软件一样，OpenStack 也需要不同的组件，但是 OpenStack 的组件安装异常灵活，可以全部都装在一台物理机上，也可以分散至多个物理机中，甚至可以把所有的结点都装在虚拟机中。

（3）二次开发容易。OpenStack 发布的 OpenStack API 是 Rest-full API，其他所有组件也是采用这种统一的规范，因此基于 OpenStack 做二次开发较为简单，而其他开源软件则由于耦合性太强，导致添加功能较为困难。

练习与思考

一、单选题（10 道）

1. ASCII 码拓展字符集采用（ ）位表示一个字符集。
   A. 5   B. 6   C. 7   D. 8

2. 开放源代码的云产品软件有（ ）。
   A. OpenStack   B. AWS   C. vmware   D. Hyper-V

3. Linux 系统每个用户都有自己（ ）和用户名。
   A. IC   B. ID   C. DD   D. II

4. "云"的规模可以（ ），满足应用和用户规模增长的需要。
   A. 按需增加   B. 按需减少   C. 按需购买   D. 动态伸缩

5. Sudo 是允许系统管理员让普通用户执行一些或全部（ ）命令的一个工具。
   A. root   B. administrator   C. 外部   D. 内部

6. （ ）是指系统、网络、存储等这些基础设施，通过用户的选择来购买不同相应的服务，就是基础设施即服务。
   A. IaaS   B. PaaS   C. SaaS   D. CaaS

7. Linux 用户 root 是一个（ ）。
   A. 空用户   B. 普通用户   C. 超级用户   D. 特权用户

8. （ ）是指云服务供应商提供一个开发平台给用户，包括开发工具、系统、Web 服务等。
   A. IaaS   B. PaaS   C. SaaS   D. CaaS

9. 在 Linux 系统中所有内容都被表示为文件，而组织文件的各种方法便称为不同的（ ）。
   A. 文件系统   B. I/O 系统   C. 进程管理系统   D. 内容体现

10. "云"使用了数据（ ）、计算节点同构可互换等措施来保障服务的高可靠性。
    A. 透传   B. 多副本容错   C. 重定向   D. 加密

二、多选题（10 道）

11. 云计算的三种模式包括（ ）。
    A. 基础设施即服务（IaaS）   B. 平台即服务（PaaS）
    C. 软件即服务（SaaS）   D. 计算即服务（CaaS）
    E. 存储即服务（SaaS）

12. 信息技术的诞生到现在，信息技术系统架构经历了（ ）三个阶段。
    A. 纯物理设备的发展阶段   B. 面向资源的虚拟化计算发展阶段
    C. 面向服务的云计算发展阶段   D. 中小规模集成电路计算机阶段
    E. 大规模集成电路计算机阶段

13. 云计算（Cloud Computing）是基于互联网的相关服务的（ ），通常涉及通过互联网来提供动态易扩展且经常是虚拟化的资源。
    A. 增加   B. 删除   C. 使用   D. 交付模式
    E. 共享

14. OpenStack 核心项目有（ ）。
    A. Nova   B. Neutron   C. Glance   D. Cinder
    E. Swift

15. 云计算的特点有（   ）。
    A. 超大规模　　　B. 虚拟化　　　　C. 高可靠性　　　　D. 通用性
    E. 按需服务

16. 下面关于操作系统的说法正确的有（   ）。
    A. 操作系统管理计算机中的各种资源　　B. 操作系统为用户提供良好的界面
    C. 操作系统用户与程序必须交替运行　　D. 操作系统位于各种软件的最底层
    E. 操作系统只管理计算机的硬件资源

17. 操作系统相关优化包括（   ）。
    A. 系统安装优化　　　　　　　　　　B. 系统内核参数优化
    C. 网络参数优化　　　　　　　　　　D. 文件系统优化
    E. 服务软件参数优化

18. 云计算是一种按使用量付费的模式，这种模式提供（   ）的网络访问。
    A. 加密　　　　　B. 可用　　　　　C. 便捷　　　　　D. 按需
    E. 高速

19. KeyStone 基本概念包含（   ）。
    A. User 用户　　　B. Tenant 租户　　　C. Role 角色　　　D. Service 服务
    E. Endpoint 端点

20. 计算资源包括（   ）。
    A. 网络　　　　　B. 服务器　　　　C. 存储　　　　　D. 应用软件
    E. 服务

三、判断题（10 道）

21. 云计算是一种按使用量付费的模式。

22. "云"是一个庞大的资源池，用户按需购买。

23. 通过 Glance，虚拟机镜像仅可以被存储到一种固定存储上。

24. 既有公有云，又有私有云，公有云和私有云的混合体，这个就是混合云。

25. 操作系统用户与应用程序必须交替运行。

26. 块存储服务（Cinder）为实例提供块存储。

27. Nova 提供虚拟机的全生命周期管理，属于 OpenStack 核心组件之一。

28. Linux 系统权限最大的用户是 administrator。

29. 软件即服务（SaaS）是指供应商会提供各种应用程序和软件给用户，这些软件由供应商去负责安装、管理和运营，用户可以登录云系统直接去使用。

30. "云"能赋予用户前所未有的计算能力。

练习与思考题参考答案

1. D	2. A	3. B	4. D	5. A	6. A	7. C	8. B	9. A	10. B
11. ABC	12. ABC	13. ACD	14. ABCDE	15. ABCDE	16. ABD	17. ABCDE	18. BCD	19. ABCDE	20. ABCDE
21. √	22. √	23. ×	24. √	25. ×	26. √	27. √	28. ×	29. √	30. √

任务 2

Linux操作系统安装及基础优化

该训练任务建议用 9 个学时完成学习。

2.1 任务来源

操作系统是用户和计算机的接口，同时也是计算机硬件和其他软件的接口。云计算操作系统也是运行于基础的操作系统之上。

2.2 任务描述

通过 USB 存储设备给服务器安装 CentOS Linux 操作系统，操作系统镜像采用最新版 CentOS-7-x86_64-Minimal-1611。

2.3 能力目标

2.3.1 技能目标

完成本训练任务后，读者应当能（够）掌握以下技能。

1. 关键技能

（1）会三种常用操作系统的安装。

（2）会 CentOS Linux 操作系统的安装。

（3）会制作 USB 启动镜像。

2. 基本技能

（1）会设置服务器的硬件虚拟化功能。

（2）会设置 USB 设备作为服务器的第一引导区功能。

（3）会利用 U 盘安装 CentOS Linux 操作系统。

（4）会设置 Linux 操作系统中网卡的 ip 地址。

2.3.2 知识目标

完成本训练任务后，读者应当能（够）学会以下知识。

（1）网络无人值守安装系统原理。

（2）Linux 操作系统主要特性。

(3) Linux 操作系统相关目录及用途。

2.3.3 职业素质目标

完成本训练任务后，读者应当能（够）具备以下素质。

(1) 具有守时、诚信、敬业精神。

(2) 具有安全意识、质量意识、保密意识。

(3) 遵守系统调试标准规范，养成严谨科学的学习态度。

(4) 养成总结训练过程和结果的习惯，为再次实训总结经验。

(5) 树立学习新知识、掌握新技能的自信心。

2.4 任务实施

2.4.1 活动一 知识准备

(1) 三种常用操作系统的安装方法

1) 传统光盘镜像安装。

2) 网络安装。

3) 移动 USB 镜像安装。

(2) 安装 CentOS Linux 操作系统磁盘需要创建的最少分区数。

1) 交换分区 swap。

2) 根分区/。

3) 引导分区/boot。

2.4.2 活动二 示范操作

1. 活动内容

开启服务器的硬件辅助虚拟化功能，设置服务器的第一启动引导设置，然后重启服务器并安装 Linux 操作系统，操作系统安装完成后，对系统进行相应操作，具体要求如下。

(1) 制作的 USB 引导镜像采用最新的 CentOS-7-x86_64-Minimal-1611.iso 版本。

(2) 系统安装完成后，需要对系统进行基础的性能和安全优化。

2. 操作步骤

(1) 步骤一：对服务器 BIOS 进行设置。

1) 开启服务器电源，按 F2 键（不同服务器品牌引导 BIOS 的方式不同，具体视屏幕提示而定），进入 BIOS 设置，找到高级设置 CPU 设置，然后设置 Virtualization Technology 为 Enabled，VT-d 为 Enabled，如图 2-1 所示。

2) 设置服务器的第一引导启动设置，方法同 1)，进入 BIOS 设置界面，找到 startup 功能栏回车，进入 Primary Boot Sequence 设置窗口，设置 USB HDD 为第一启动引导，如图 2-2 所示。

(2) 步骤二：制作 USB 引导镜像。在 Windows 环境下使用软件 UltraISO 可以把 ISO 文件刻录到 U 盘，具体步骤如下。

1) 打开 UltraISO，点击"文件"按钮，选择打开已下载好的 ISO 文件，如图 2-3 所示。

2) 在 UltraISO 点击"启动"按钮，选择"写入硬盘映像"，如图 2-4 所示。

任务 2

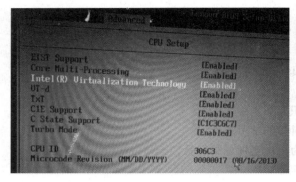 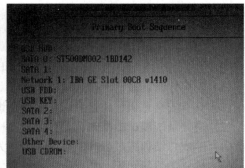

图 2-1　开启 CPU 硬件辅助虚拟化功能　　　图 2-2　设置服务器第一引导启动设置

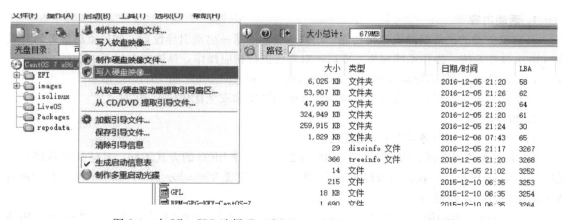

图 2-3　CentOS-7-x86_64-Minimal-1611.iso 文件内容

图 2-4　在 UltraISO 选择 CentOS-7-x86_64-Minimal-1611.iso 映像

3）在硬盘驱动器列表选择相应的 U 盘进行刻录，如果系统只插了一个 U 盘，则默认以此 U 盘进行刻录和写入。在刻录前，注意备份 U 盘内容。其他选项按照默认设置。点击"写入"按钮，在新界面中点击"是"按钮进行确认，UltraISO 将会把此 ISO 刻录到 U 盘，如图 2-5 所示。

至此，ISO 镜像已经刻录到 U 盘。此时 U 盘可用来作为启动盘，支持 Legacy 模式和 UEFI 模式引导。

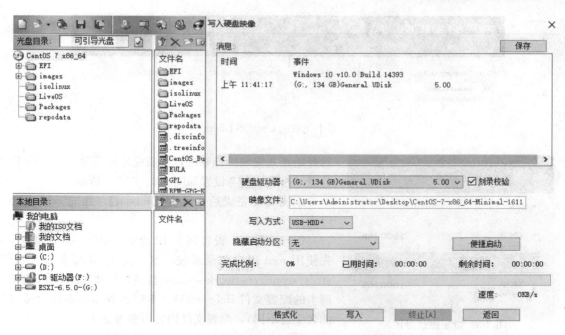

图 2-5　在 UltraISO 确认写入 CentOS-7-x86_64-Minimal-1611. iso 映像

（3）步骤三：安装操作系统。

插入制作好的启动盘，开启服务器，此时服务器会从启动盘开始引导系统安装。默认选择 "Install CentOS Linux 7" 开始安装操作系统，如图 2-6 所示。

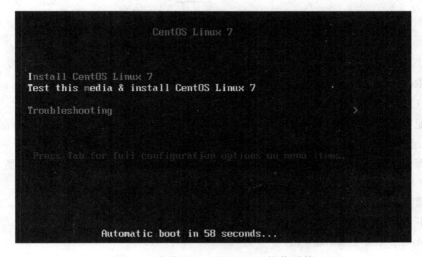

图 2-6　安装 CentOS Linux 7 操作系统

在进入安装界面后，已经预先配置默认选项：时区—亚洲东八区，语言—English，键盘— English（United States）。由于此 iso 为 mini iso 文件，在安装时无需选择安装包模式，采用默认 安装模式，如图 2-7 所示。

选择对应的磁盘进行安装，磁盘采用手动分区模式，在安装时手动给磁盘指定三个分区 swap、/ boot 和 / 分区，点击【Done】返回上一界面。设置好基础设置以后，点击【install】，此

任务
②

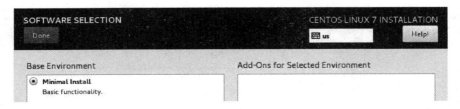

图 2-7　最小化安装 CentOS Linux 7

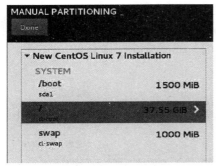

图 2-8　指定磁盘分区

时开始正式安装操作系统，安装完成后需要设置 root 用户的登录密码，参考设置如图 2-8、图 2-9 所示。

系统安装完成后，点击【reboot】，此时系统安装完成。

（4）步骤四：设置网卡 IP 地址。系统 reboot 以后，先使用 root 用户登录系统，然后使用 cd 命令切入到/etc/sysconfig/network-scripts/目录，再使用 vi 工具编辑网卡的配置文件 ifcfg-eno33（不同服务器在系统中体现的名字会不同），配置文件内容可参考如下：

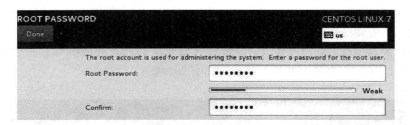

图 2-9　设置 root 用户登录密码

BOOTPROTO＝static，ONBOOT＝yes，IPADDR＝ipaddress，NETMASK＝netmask，DNS1＝114.114.114.114，GATEWAY＝getway。

编辑好配置文件后，使用命令 systemctl restart network.service 重启 network 服务，此时，网卡的 IP 地址将设置完成。

（5）步骤五：设置 hostname。使用命令 hostnamectl set-hostname OpenStack 设置该服务器的 hostname 为 OpenStack。

（6）步骤六：系统内核优化。使用命令 vi/etc/sysctl.conf 编辑 sysctl.conf 文件，在该配置文件中添加以下 Linux 内核优化项：

net.ipv4.tcp_fin_timeout = 2

net.ipv4.tcp_tw_reuse = 1

net.ipv4.tcp_tw_recycle = 1

net.ipv4.tcp_syncookies = 1

net.ipv4.tcp_keepalive_time = 30

net.ipv4.tcp_max_syn_backlog = 16384

net.ipv4.tcp_max_tw_buckets = 36000

net.ipv4.route.gc_timeout = 100

net. ipv4. tcp_syn_retries = 1

net. ipv4. tcp_synack_retries = 1

net. core. somaxconn = 16384

net. core. netdev_max_backlog = 16384

net. ipv4. tcp_max_orphans = 16384

使用命令：sysctl-p 使配置文件生效，
如图 2-10 所示。

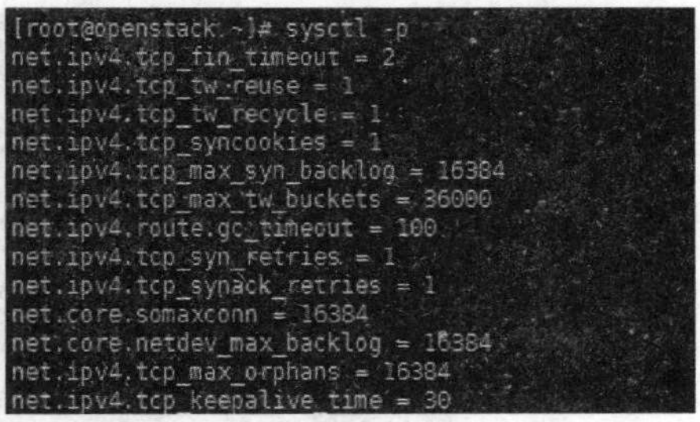

（7）步骤七：系统安全优化。

图 2-10 内核优化

1）关闭 selinux。执行以下命令关闭 selinux：

＃ sed-i's＃SELINUX = enforcing＃SELINUX = Disabled＃g'/etc/selinux/config

＃ setenforce0

＃ getenforce

修改配置文件内容后，其内容如图 2-11 所示。

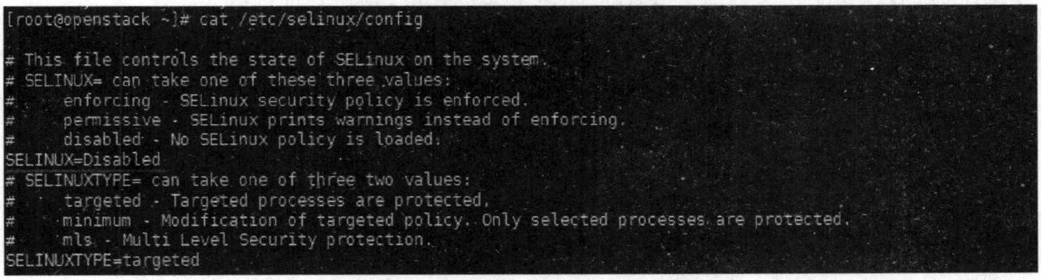

图 2-11 关闭 selinux

2）清空 iptables。执行以下命令清空 iptables：

＃ iptables-F

＃ iptables-L   查看防火墙规则命令

此时 iptables-L 查看到的防火墙规则全部被清空，如图 2-12 所示。

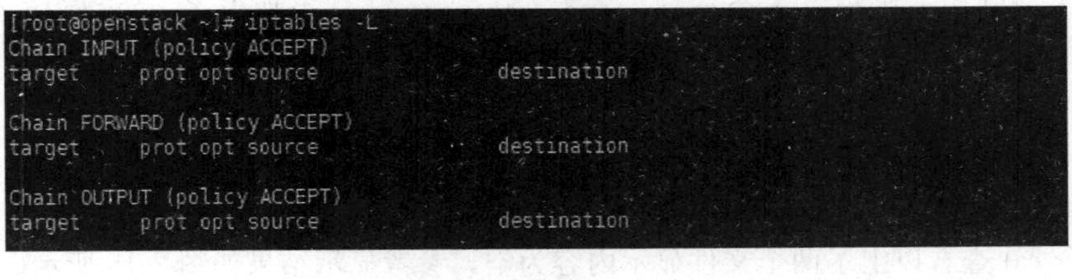

图 2-12 清空 iptables

3）添加普通用户并进行 sudo 授权管理。执行以下命令：

＃ useradd admin

＃ echo"123456"|passwd--stdin admin

＃ visudo

visudo 文件添加如图 2-13 所示内容。

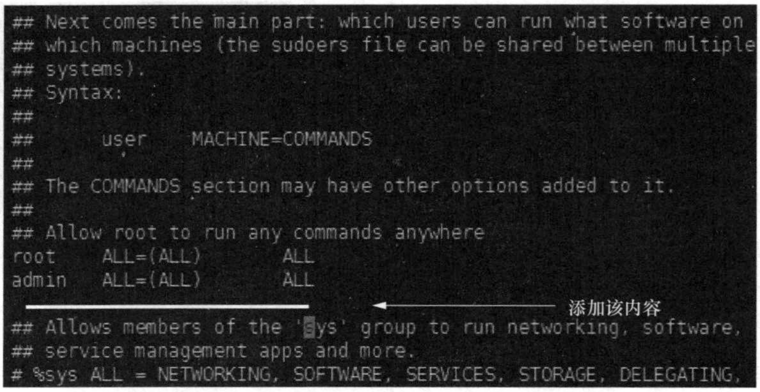

图 2-13　sudo 配置文件添加该内容

4）变更默认的 ssh 服务端口，禁止 root 用户远程连接。执行以下命令：

vim /etc/ssh/sshd_config

PermitRootLogin no　　　　　　#root 用户黑客都知道，禁止它远程登录

PermitEmptyPasswords no　　　　　#禁止空密码登录

UseDNS no　　　　　#不使用 DNS

Port 2200　　　　　　　　　#变更默认端口为 2200

systemctl restart sshd. service

5）锁定关键文件系统。锁定关键文件系统命令如下：

chattr[-RVf][-+ = aAcCdDeijsStTu][-v version]files...

su-

chattr + i/etc/passwd　　　　　　锁定密码文件

chattr + i/etc/inittab

chattr + i/etc/group

chattr + i/etc/shadow

chattr + i/etc/gshadow

执行以上命令锁定用户和组有关的密码文件以及系统初始化文件，当然还可以锁定一些关键的配置文件等。例如：执行以上命令后，查看/etc/passwd 是否加上了 i 的权限，结果显示如图 2-14 所示。

6）去除系统内核版本显示。执行命令如下：

>/etc/redhat-release

>/etc/issue

通过命令 cat 查看以上了两个文件显示内容为空，参考显示结果如图 2-15 所示。至此，系统安装和基础优化已经完成。

图 2-14　查看 passwd 文件是否添加 i 权限

图 2-15　清空内核版本显示

2.4.3 能力提升

插入制作好的 USB 引导盘，重新引导系统安装，具体要求如下。

（1）按照以上实验的安装步骤，个人独立重复一遍系统安装步骤。

（2）待系统安装完成后，对系统内核进行性能优化。

（3）对系统安全进行优化。

2.5 效果评价

效果评价参见任务 1，评价标准见附录任务 2。

2.6 相关知识与技能

2.6.1 Linux 系统概述

Linux 是一套免费使用和自由传播的类 Unix 操作系统，是一个基于 POSIX 和 UNIX 的多用户、多任务、支持多线程和多 CPU 的操作系统。它能运行主要的 UNIX 工具软件、应用程序和网络协议，它支持 32 位和 64 位硬件。Linux 继承了 Unix 以网络为核心的设计思想，是一个性能稳定的多用户网络操作系统。

Linux 操作系统诞生于 1991 年 10 月 5 日（这是第一次正式向外公布时间），Linux 存在着许多不同的版本，但它们都使用了 Linux 内核。Linux 可安装在各种计算机硬件设备中，比如手机、平板电脑、路由器、视频游戏控制台、台式计算机、大型机和超级计算机。

严格来讲，Linux 这个词本身只表示 Linux 内核，但实际上人们已经习惯了用 Linux 来形容整个基于 Linux 内核，并且使用 GNU 工程各种工具和数据库的操作系统。

1. 主要特性

（1）基本思想。Linux 的基本思想有两点：第一，一切都是文件；第二，每个软件都有确定的用途。其中第一条详细来讲就是系统中的所有都归结为一个文件，包括命令、硬件和软件设备、操作系统、进程等对于操作系统内核而言，都被视为拥有各自特性或类型的文件。

（2）完全免费。Linux 是一款免费的操作系统，用户可以通过网络或其他途径免费获得，并可以任意修改其源代码。这是其他的操作系统所做不到的。正是由于这一点，来自全世界的无数程序员参与了 Linux 的修改、编写工作，程序员可以根据自己的兴趣和灵感对其进行改变，这让 Linux 吸收了无数程序员的精华，不断壮大。

（3）完全兼容 POSIX1.0 标准。这使得可以在 Linux 下通过相应的模拟器运行常见的 DOS、Windows 的程序，这为用户从 Windows 转到 Linux 奠定了基础。许多用户在考虑使用 Linux 时，就想到以前在 Windows 下常见的程序是否能正常运行，这一点就消除了他们的疑虑。

（4）多用户、多任务。Linux 支持多用户，各个用户对于自己的文件设备有自己特殊的权利，保证了各用户之间互不影响。多任务则是现在电脑最主要的一个特点，Linux 可以使多个程序同时并独立地运行。

（5）良好的界面。Linux 同时具有字符界面和图形界面。在字符界面用户可以通过键盘输入相应的指令来进行操作。它同时也提供了类似 Windows 图形界面的 X-Window 系统，用户可以使用鼠标对其进行操作。在 X-Window 环境中就和在 Windows 中相似，可以说是一个 Linux 版的

Windows。

（6）支持多种平台。Linux 可以运行在多种硬件平台上，如具有 x86、680x0、SPARC、Alpha 等处理器的平台。此外 Linux 还是一种嵌入式操作系统，可以运行在掌上电脑、机顶盒或游戏机上。同时 Linux 也支持多处理器技术，多个处理器同时工作，使系统性能大大提高。

2. 桌面环境

（1）基本情况。在图形计算中，一个桌面环境（Desktop environment，有时称为桌面管理器）为计算机提供一个图形用户界面（GUI），但严格来说窗口管理器和桌面环境是有区别的。桌面环境就是桌面图形环境，它的主要目标是为 Linux/Unix 操作系统提供一个更加完备的界面以及大量各类整合工具和使用程序，其基本易用性吸引着大量的新用户。桌面环境名称来自桌面比拟，对应于早期的文字命令行界面（CLI）。一个典型的桌面环境提供图标、视窗、工具栏、文件夹、壁纸以及像拖放这样的能力。整体而言，桌面环境在设计和功能上的特性，赋予了它与众不同的外观和感觉。

（2）种类。现今主流的桌面环境有 KDE、gnome、Xfce、LXDE 等，除此之外还有 Ambient、EDE、IRIX Interactive Desktop、Mezzo、Sugar、CDE 等。

（3）gnome。即 GNU 网络对象模型环境（The GNU Network Object Model Environment），GNU 计划的一部分，开放源码运动的一个重要组成部分，是一种让使用者容易操作和设定电脑环境的工具。目标是基于自由软件，为 Unix 或者类 Unix 操作系统构造一个功能完善、操作简单以及界面友好的桌面环境，它是 GNU 计划的正式桌面。

（4）Xfce。即 XForms Common Environment，创建于 2007 年 7 月，类似于商业图形环境 CDE，是一个运行在各类 Unix 下的轻量级桌面环境。原作者 Olivier Fourdan 最先设计 XFce 是基于 XForms 三维图形库，Xfce 设计目的是用来提高系统的效率，在节省系统资源的同时，能够快速加载和执行应用程序。

（5）Fluxbox。是一个基于 GNU/Linux 的轻量级图形操作界面，它虽然没有 GNOME 和 KDE 那样精致，但由于它的运行对系统资源和配置要求极低，其菜单和有关配置被保存于用户根目录下的 fluxbox 目录里，这样使得它的配置极为便利。

（6）Enlightenment。是一个功能强大的窗口管理器，它的目标是让用户轻而易举地配置所见即所得的桌面图形界面。现在 Enlightenment 的界面已经相当豪华，它拥有像 AfterStep 一样的可视化时钟以及其他浮华的界面效果，用户不仅可以任意选择边框和动感的声音效果，最有吸引力的是由于它开放的设计思想，每一个用户可以根据自己的爱好，任意地配置窗口的边框、菜单以及屏幕上其他各个部分，而不须要接触源代码，也不须要编译任何程序。

3. Linux 操作系统的主要目录

/：根目录，所有的目录、文件、设备都在/之下，/就是 Linux 文件系统的组织者，也是最上级的领导者。

/bin：bin 就是二进制（binary）英文缩写。在一般的系统当中，都可以在这个目录下找到 Linux 常用的命令，系统所需要的那些命令位于此目录。

/boot：Linux 的内核及引导系统程序所需要的文件目录，比如 vmlinuz initrd. img 文件都位于这个目录中。在一般情况下，GRUB 或 LILO 系统引导管理器也位于这个目录。

/dev：dev 是设备（device）的英文缩写。这个目录对所有的用户都十分重要，因为在这个目录中包含了所有 Linux 系统中使用的外部设备，但是这里并不是放的外部设备的驱动程序，这一点和常用的 Windows、Dos 操作系统不一样，它实际上是一个访问这些外部设备的端口，可以非常方便地去访问这些外部设备，和访问一个文件一个目录没有任何区别。

/etc：etc 这个目录是 Linux 系统中最重要的目录之一。在这个目录下存放了系统管理时要用到的各种配置文件和子目录，要用到的网络配置文件、文件系统、x 系统配置文件、设备配置信息、设置用户信息等都在这个目录下。

/home：如果建立一个用户，用户名是"xx"，那么在/home 目录下就有一个对应的/home/xx 路径，用来存放用户的主目录。

/lib：lib 是库（library）英文缩写。这个目录是用来存放系统动态连接共享库的。几乎所有的应用程序都会用到这个目录下的共享库。因此，用户千万不要轻易对这个目录进行操作，一旦发生问题，整个系统就不能工作了。

/mnt：这个目录一般是用于存放挂载储存设备的挂载目录的，比如有 cdrom 等目录，可以查看/etc/fstab 的内容。

/media：有些 Linux 的发行版使用这个目录来挂载那些 usb 接口的移动硬盘（包括 U 盘）、CD/DVD 驱动器等。

/opt：这里主要存放那些可选的程序。

/proc：可以在这个目录下获取系统信息，这些信息是在内存中，由系统自己产生的。

/root：Linux 超级权限用户 root 的家目录。

/sbin：这个目录是用来存放系统管理员的系统管理程序。大多是涉及系统管理的命令的存放，是超级权限用户 root 的可执行命令存放地，普通用户无权限执行这个目录下的命令，这个目录和/usr/sbin、/usr/X11R6/sbin 或/usr/local/sbin 目录是相似的，凡是目录 sbin 中包含的都是 root 权限才能执行的。

/usr：这是 Linux 系统中占用硬盘空间最大的目录。用户的很多应用程序和文件都存放在这个目录下，这里可以找到那些不适合放在/bin 或/etc 目录下的额外的工具。

/usr/local：这里主要存放那些手动安装的软件，即不是通过"新立得"或 apt-get 安装的软件，它和/usr 目录具有相类似的目录结构。

2.6.2 网络无人值守安装系统

（1）cobbler 简介。Cobbler 是一个 Linux 服务器安装的服务，可以通过网络启动（PXE）的方式来快速安装、重装物理服务器或虚拟机，同时还可以管理 DHCP、DNS 等。

Cobbler 可以使用命令行方式管理，也提供了基于 Web 的界面管理工（cobbler-web），还提供了 API 接口，可以方便二次开发使用。

Cobbler 是较早前的 kickstart 的升级版，优点是比较容易配置，还自带 Web 界面，比较易于管理。

Cobbler 内置了一个轻量级配置管理系统，但它也支持和其他配置管理系统集成，如 Puppet，暂时不支持 SaltStack。

（2）Cobbler 集成服务。

PXE 服务支持

DHCP 服务管理

DNS 服务管理（可选 bind，dnsmasq）

电源管理

Kickstart 服务支持

YUM 仓库管理

TFTP（PXE 启动时需要）

Apache（提供 kickstart 的安装源，并提供定制化的 kickstart 配置）

（3）配置 epelyum 源安装 cobbler。

［root@console～］# mkdir cobbler

［root@console～］# cd cobbler/

［root@console～］# wget http://dl.fedoraproject.org/pub/epel/7/x86_64
/epel-release-7-2.noarch.rpm

［root@console～］# rpm-ivh epel-release-7-2.noarch.rpm

［root@console～］# yum-y install cobbler cobbler-web pykickstart　　　tftp-server httpd
dhcp

［root@console～］# rpm-ql cobbler

/etc/cobbler

/etc/cobbler/settings

与此同时还需要确保 web 服务正常工作，因为 cobbler 高级功能是依赖于 httpd，安装完后其路径位于/etc/cobbler/目录下。

［root@console ～］# ls/etc/cobbler/

auth.conf	modules.conf	settings
cheetah_macros	mongodb.conf	settings.bak
cobbler_bash	named.template	tftpd.template
completions	power	users.conf
dhcp.template	pxe	users.digest
dnsmasq.template	reporting	version
import_rsync_whitelist	rsync.exclude	zone.template
iso	rsync.template	zone_templates

（4）启动 cobbler。cobbler 依赖于 httpd，所以首先启动 httpd 再启动 cobbler。

［root@console ～］#/etc/init.d/httpd start

［root@console ～］#/etc/init.d/cobblerd start

［root@console ～］# cobbler check

查看监听端口。

［root@console ～］# netstat-lntup|grep cobbler

tcp　　LISTEN　　0　　5　　127.0.0.1:25151

:　　users:(("cobblerd",2568,9))

（5）同步 cobbler。同步 cobbler，将所有数据都会同步到对应的目录下。

［root@console ～］# cobbler sync

［root@console ～］# ll /var/lib/tftpboot/

total 332

drwxr-xr-x 3 root root 4096 Aug 8 05:14 boot

drwxr-xr-x 2 root root 4096 Jan 24 2016 etc

drwxr-xr-x 2 root root 4096 Aug 8 05:14 grub

drwxr-xr-x 3 root root 4096 Aug 8 05:14 images

drwxr-xr-x 2 root root 4096 Jan 24 2016 images2

```
-rw-r--r--   2 root root   26268 Oct 16   2014 memdisk
-rw-r--r--   2 root root   54964 May 16 03:41 menu. c32
drwxr-xr-x 2 root root    4096 Jan 24   2016 ppc
-rw-r--r--   2 root root   16794 May 16 03:41 pxelinux. 0
drwxr-xr-x 2 root root    4096 Aug  8 05:14 pxelinux. cfg
drwxr-xr-x 2 root root    4096 Aug  8 05:14 s390x
-rw-r--r--   2 root root 198236 May 16 03:41 yaboot
```

（6）使用 cobbler。cobbler 是可以自行定义管理模块的，先看下 modules. conf。

```
[root@console cobbler]# cd/etc/cobbler/
[root@console cobbler]# vim modules. conf
[dns]
module = manage_bind
[dhcp]
module = manage_isc
```

默认所有服务都是独立运行的，因为没有必要去管理独立服务，如果有必要的话修改文件。

```
[root@console cobbler]# vim settings
```

找到相关参数，以 tftp 为例。

```
manage_tftpd：1     ＃将其默认值 0 改为 1 即可
```

这里不需要让其独立管理所以还是使用默认值

（7）配置 DHCP。

```
[root@console cobbler]# yum install-y dhcp
[root@console cobbler]# cp/usr/share/doc/dhcp-4. 1. 1/dhcpd. conf. sample
/etc/dhcp/dhcpd. conf
```

配置 cobbler 管理 dhcp 服务，则需要以下操作。

直接替换参数，1 为使 cobbler 进行管理。

```
[root@console cobbler]# sed-i's/manage_dhcp:0/manage_dhcp:1/g'
/etc/cobbler/settings
```

把 manage_dhcp 的值改为 1，这样 cobbler 会根据 dhcp. template 生成 dhcp. conf。

```
[root@console cobbler]# vim/etc/cobbler/dhcp. template
subnet 10. 10. 1. 0 netmask 255. 255. 255. 0 {
    Option routers           10. 10. 1. 21;
    Option domain-name-servers        10. 10. 1. 21;
    Option subnet-mask       255. 255. 255. 0;
    Range dynamic-bootp      10. 10. 1. 100 10. 10. 1. 200;
    default-lease-time       21600;
    max-lease-time           43200;
    next-server           $ next_server;
}
```

保存退出。

```
[root@console cobbler]# cobbler sync
[root@console cobbler]#/etc/init. d/dhcpd status
```

dhcpd (pid 2652) is running…

dhcp 服务是由 cobbler 来管理，所以每次修改 dhcp.template 并执行 cobbler sync，就会自动更新到/etc/dhcpd.conf 中，如果同步时发现服务关闭，会自动将其重启。

（8）启动 tftp。

[root@console cobbler]# yum install-y tftp tftp-server

[root@console cobbler]# chkconfig tftp on

[root@console cobbler]# /etc/init.d/xinetd restart

Stopping xinetd: [OK]

Starting xinetd: [OK]

查看监听端口。

[root@console cobbler]# netstat-lntup|grep 69

tcp   0   0 :::873   ::: *

LISTEN   9569/xinetd

udp   0   0 0.0.0.0:69   0.0.0.0: *   9569/xinetd

（9）将镜像导入到 cobbler 中。显示已经导入的 distro 的列表。

[root@console ~]# cobbler distro list

同样使用 profile list 也可以显示。

[root@console ~]# cobbler profile list

（10）定义 kickstart。

[root@console ~]# vim /var/lib/cobbler/kickstarts/ks.cfg

将 repo 开头的行注释。

#repo --name = "CentOS" --baseurl = cdrom:sr0--cost = 100

加入分区信息，但是 centos6.cfg 里没有其信息，所以将 anaconda-ks.cfg 内的信息复制到 ks.cfg，内容如下。

在 clearpart 参数下面开始复制。

part /boot --fstype = ext4 --size = 300

part swap --size = 512

part / --fstype = ext4 --grow --size = 200

关键的参数。

url--url = "http://10.10.1.21/cobbler/ks_mirror/centos-7.2-x86_64/"

（11）为 cobbler 添加 profile。拷贝镜像完毕后，查看其 distro 列表。

[root@console cobbler]# cobbler distro list

centos-7.2-x86_64

[root@console cobbler]# cobbler profile list

centos-7.2-x86_64

如果 distro 要想真正地去使用，还需要定义 profile，添加 profile。profile 一定是继承 distro 的，所以定义任何 profile 必须明确说明指定哪个 distro。

#指定自定义名称

#指定 distro 是哪个

#指定 kickstart 文件

[root@console cobbler]# cobbler profile add--name = centos-7.2-x86_64-basic--distro = centos-7. 2-x86_64--kickstart = /root/ks. cfg

查看 profile。

[root@console cobbler]# cobbler profile list

centos-7. 2-x86_64

centos-7. 2-x86_64-basic

确保无误，将 cobbler 同步。

[root@console cobbler]# cobbler sync

trying

hardlink/var/www/cobbler/ks_mirror/centos-7. 2-x86_64/images/pxeboot/vmlinuz->/var/www/

cobbler/images/centos-7. 2-x86_64/vmlinuz

trying

hardlink/var/www/cobbler/ks_mirror/centos-7. 2-x86_64/images/pxeboot/initrd. img->/var/

www/cobbler/images/centos-7. 2-x86_64/initrd. img

将其路径下的 vmlinuz initrd 链接至 cobbler 的目录下，明确说明其引导的时候指定的内核和 initrd，然后查看其配置。

[root@console cobbler]# cd/var/lib/tftpboot/pxelinux. cfg/

[root@node1pxelinux. cfg]# ll

total 4

-rw-r--r--. 1 root root 806 Aug 12 14:33 default

[root@console pxelinux. cfg]# cat default

DEFAULT menu

PROMPT 0

MENU TITLE Cobbler|http://www. cobblerd. org/

TIMEOUT 200

TOTALTIMEOUT 6000

ONTIMEOUT local

LABEL local

      MENU LABEL(local)

      MENUDEFAULT

      LOCALBOOT-1

LABEL centos-7. 2-x86_64

      kernel/images/centos-7. 2-x86_64/vmlinuz

      MENU LABELcentos-7. 2-x86_64

      appendinitrd = /images/centos-7. 2-x86_64/initrd. img ksdevice = bootif lang = kssendmac

text ks = http://10. 0. 10. 61/cblr/svc/op/ks/profile/centos-7. 2-x86_64

ipappend 2

LABEL centos-7. 2-x86_64-basic

kernel/images/centos-7. 2-x86_64/vmlinuz

MENU LABEL centos-7. 2-x86_64-basic

append initrd = /images/centos-7. 2-x86_64/initrd. img

ksdevice = bootiflang = kssendmac

text ks = http://10.10.1.21/cblr/svc/op/ks/profile/centos-7.2-x86_64-basic

ipappend 2

MENU end

　　http://10.10.1.21/cblr/svc/op/ks/profile/centos-7.2-basic 此路径是专门为 ks 存放 ks 文件的路径，而这个文件将会被附加在 pxe 对应 lebel 的对应内核的内核参数上。

　　(12) 安装系统。新建一台虚拟机，开机安装系统检验配置 ok 后，出现以下画面，证明配置是可以的。

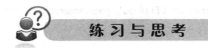

图 2-16　检验配置

练 习 与 思 考

一、单选题（10 道）

1. （　　）和手动分区是 CentOS Linux 操作系统安装的两种分区方式。

　　A. 使用时再分区　　B. 不分区　　　　　　C. 自动分区　　　　　D. 选择分区

2. 以下不属于操作系统常用的安装方式的是（　　）。

　　A. 克隆　　　　　　B. 光盘安装　　　　　C. USB 安装　　　　　D. 网络安装

3. Linux 超级账户 root 认证方式设置至少要包含（　　）个字符。

　　A. 1　　　　　　　B. 4　　　　　　　　C. 8　　　　　　　　D. 6

4. 以下不是 Linux 系统安装时必须创建的分区的是（　　）。

　　A. 根分区　　　　　B. /boot 分区　　　　C. /home 分区　　　D. swap 分区

5. 光盘镜像的文件系统格式是（　　）。

　　A. Etx4　　　　　　B. Etx3　　　　　　C. ISO-9660　　　　D. xfs

6. CentOS Linux7 默认的文件系统是（　　）。

　　A. xfs　　　　　　B. Etx3　　　　　　C. Etx4　　　　　　D. ISO-9660

7. Linux 操作系统普通用户 admin 的家目录是（　　）。

　　A. /home/admin　　B. /home/root　　　C. /root　　　　　　D. /home

8. Intel cpu 支持的虚拟化技术是（　　）。

　　A. VT-x　　　　　　B. V/RVI　　　　　C. TV　　　　　　　D. V/TV-x

9. 以下不是 Linux 操作系统的是（　　）。

　　A. Unix　　　　　　B. CentOS　　　　　C. ubuntu　　　　　D. debain

10. CentOS Linux7 不支持的文件系统是（　　）。

　　A. Ext5　　　　　　B. Etx3　　　　　　C. Etx4　　　　　　D. xfs

二、多选题（10 道）

11. 通常用到的网络连接线材有（　　）。

A. 双绞线　　　　B. 光纤　　　　　　C. 裸露铜线　　　　D. 电话线

E. 同轴电缆

12. 计算机组网用到的双绞线主要包括（　　）。

A. 5 类线　　　　B. 超 5 类线　　　　C. 6 类线　　　　D. 超 6 类或 6A 线

E. 7 类线

13. CentOS Linux7 操作系统安装过程中需要设置以下（　　）几个步骤。

A. 设置系统语言　　　　　　　　　B. 设置系统安装环境所用语言

C. 设置格式化磁盘方式　　　　　　D. 选择安装包

E. 设置超级账户认证

14. Vmware workstation12 pro 支持的网络连接方式有（　　）。

A. 桥接　　　　　B. NAT　　　　　　C. 网络对接　　　　D. 交换路由

E. 仅主机模式

15. 安装 Linux 操作系统至少要划分以下（　　）几个分区。

A. 根分区 "/"　　B. /boot 分区　　　C. swap 分区　　　D. /root 分区

E. /home 分区

16. Linux 超级用户 root 和普通用户 admin 的家目录是（　　）。

A. /root　　　　　B. /home　　　　　C. /boot　　　　　D. /home/admin

E. /lib

17. 以下哪些步骤是 CentOS Linux 操作系统安装时需要经过的（　　）。

A. 设置系统语言　　　　　　　　　B. 选择分区方式

C. 选择安装包　　　　　　　　　　D. 设置 root 账号认证密码

E. 设置时区

18. 常用的操作系统安装方法有（　　）。

A. 光盘安装　　　B. 网络安装　　　　C. 克隆安装　　　　D. 复制安装

E. USB 引导安装

19. CentOS Linux 操作系统与网卡设置有关的命令有（　　）。

A. ip　　　　　　B. ifconfig　　　　　C. ifup　　　　　　D. ifdown

E. brctl

20. 网络拓扑主要有（　　）。

A. 环形结构　　　B. 树形结构　　　　C. 总线结构　　　　D. 星型结构

E. 混合结构

三、判断题（10 道）

21. CentOS Linux7 默认的文件系统是 xfs。

22. 选择安装包是 CentOS Linux7 安装过程中的一个步骤之一。

23. 1 类线是常用的以太网组网线缆。

24. CentOS Linux7 在安装的过程中不需要分区即可安装。

25. Linux 是 Unix 的变种或升级版本。

26. Linux 光盘镜像不可以安装操作系统。

27. 5 类线和 6 类线是以太网常用的组网线缆。

28. OpenStack 是一款商业的云计算平台。

29. CentOS Linux7 操作系统安装完成以后可以不对网络进行设置。

30．CentOS Linux7 是一款类 unix 操作系统。

 练习与思考题参考答案

1. C	2. A	3. D	4. C	5. C	6. A	7. A	8. A	9. A	10. A
11. ABDE	12. ABCDE	13. ABCDE	14. ABE	15. ABC	16. AD	17. ABCDE	18. ABE	19. ABCDE	20. ABCDE
21. √	22. √	23. ×	24. ×	25. √	26. ×	27. √	28. ×	29. √	30. √

任务 3

OpenStack组件和认证服务部署

该训练任务建议用 6 个学时完成学习。

3.1 任务来源

现今云计算相关产品逐渐成为一种新兴技术潮流，学习好云计算技术有利于顺应 IT 技术发展趋势，例如 OpenStack 就是一个典型案例。OpenStack 是一款开源的云计算操作系统，2010 年 7 月由美国国家航天与 Rackspace 合作，分别贡献出 NASA Nelula 平台代码和 Rackspace 云文件平台代码，并以 Apache 许可证开源发布了 OpenStack。

3.2 任务描述

掌握 OpenStack 的基础架构原理，然后通过实践部署 OpenStack 的认证服务。

3.3 能力目标

3.3.1 技能目标

完成本训练任务后，读者应当能（够）掌握以下技能。

1. 关键技能

（1）熟练掌握 OpenStack 的常用部署方法。

（2）会安装数据库、消息队列、缓存服务。

2. 基本技能

（1）熟练使用 Linux 操作系统。

（2）会运用主流的云计算技术解决 OpenStack 云产品手动部署中的参数设置问题。

（3）会配置认证服务系统环境。

3.3.2 知识目标

完成本训练任务后，读者应当能（够）学会以下知识。

（1）理解云计算的基本概念。

（2）掌握 OpenStack 云产品的基本架构原理。

（3）掌握 OpenStack 认证服务的工作原理。

（4）掌握 OpenStack 七个核心组件原理及功能。

3.3.3 职业素质目标

完成本训练任务后，读者应当能（够）具备以下素质。

（1）具有守时、诚信、敬业精神。

（2）具有安全意识、质量意识、保密意识。

（3）遵守系统调试标准规范，养成严谨科学的学习态度。

（4）养成总结训练过程和结果的习惯，为再次实训总结经验。

（5）树立学习新知识、掌握新技能的自信心。

3.4 任务实施

3.4.1 活动一　知识准备

OpenStack 目前共涵盖了如下七个核心组件。

（1）认证（keystone）。

（2）用户界面（hovizon）。

（3）计算服务（nova）。

（4）网络服务（neutron）。

（5）对象存储服务（swift）。

（6）块存储服务（cinder）。

（7）镜像服务（glance）。

3.4.2 活动二　示范操作

1. 活动内容

（1）介绍 OpenStack 的基本架构原理。

（2）OpenStack 主要模块功能介绍。

（3）手动部署 OpenStack 认证服务。

2. 操作步骤

（1）步骤一：OpenStack 基本架构介绍。作为一款 IaaS 范畴的云平台，OpenStack 包含很多的组件，各组件之间协同工作，共同完成整个云平台的交互工作。

OpenStack 的核心服务主要包括：

1）nova 计算服务（compute as a service）。

2）neutron 网络服务（network as a service）。

3）swift 对象存储服务（object storage as a service）。

4）cinder 块存储服务（block storage as a service）。

OpenStack 的公共服务主要包括：

1）glance 镜像服务（image as a service）。

2）keystone 认证服务（identity as a service）。

3）horizon 图形界面（dashborad as a service）。

鉴于 OpenStack 架构的复杂性，其他组件不做详细说明。

（2）步骤二：OpenStack 七大重要组件介绍。

1）Compute。计算的代号是 nova，主要提供计算服务。nova 服务包括 nova-api、nova-compute、nova-conductor、nova-network、nova-console、nova-consoleauth、nova-cert、nova-object-store 和 nova-db 九大功能组件。

a）nova-api 是 nova 对外提供服务的窗口，它接受并响应来自用户的 API 调用。

b）nova-compute 是按照在计算主机上的功能组件，该组件接收请求并执行与虚拟机相关的操作，这些操作会调用底层的 hypervisor api 来完成任务。

c）nova-conductor 是计算机服务于数据库之间通信的一个组件。

d）nova-network 提供网络连接服务。

e）nova-console 是虚拟机的控制台服务，运行该用户通过代理服务器访问虚拟机的控制台。

f）nova-consoleauth 是控制台服务的验证服务。

g）nova-cert 提供 x509 验证管理服务。

h）nova-objectstore 提供用户在 glance 注册镜像的接口服务。

i）nova-db 用于记录虚拟机的各种状态和关系服务。

2）Identity。Identity 服务代号为 keystone，为 OpenStack 提供身份验证和收取，跟踪用户的行为和权限，提供可用服务及 api 列表。

3）Dashboard。该项目的代号为 horizon，它为所有 OpenStack 服务提供模块化的界面，用户通过该界面可以进行 OpenStack 的各种管理操作。

4）Network。该服务的项目代号是 neutron，专门提供网络连接服务。其中包含 neutron-server、neutron-agent、neutron-provider 和 neutron-plugin 等相关服务。

a）neutron-server 用于接受来自外部的 api 请求，并将请求提交给相应的插件进行处理。

b）neutron-agent 负责插拔端口，建立网络和子网，提供 IP 地址等服务。

c）neutron-provider 负责具体的网络服务动作执行。

d）neutron-plugin 与硬件设备进行交互的底层驱动。

5）Image Service。该服务代号是 glance，是 OpenStack 的镜像服务组件。glance 主要提供虚拟机镜像的存储、查询和检索服务，通过提供一个虚拟磁盘镜像的目录和存储库，为 nova 的虚拟机提供镜像服务。

glance 由两个组件组成，分别是 glance-api 和 glance-db。

a）glance-api 接收来自外部的 api 镜像请求，并负责存储、处理和获取镜像元数据。

b）glance-db 存储镜像的元数据。

6）Block Storage。该项目代号是 cinder，提供块存储服务。

cinder 由 cinder-api、cinder-volume、cinder-scheduler 和 cinder-db 等组件组成。

a）cinder-api 负责接收外部 api 请求，并把请求交给 cinder-volume 执行。

b）cinder-volume 负责与底层的块存储服务交互，底层的不同存储服务商都通过 driver 的方式来与 cinder-volume 实现交互。

c）cinder-scheduler 负责调度，通过调度机制寻找最佳的节点来创建 volume。

d）cinder-db 负责存储块设备的元数据。

7）Object Storage。该服务的项目代号为 swift，提供对象存储服务。对象存储服务通过 restful api 管理大量的无结构数据。

swift 包括 proxy-server、account-server、container-server 和 object-server 等服务。

a）proxy-server 处于 swift 系统内部与外部之间，负责接收 api 请求或 http 请求。

b）account-server 用于账号管理。

c）container-server 管理存储容器的映射关系。

d）object-server 管理存储在存储节点上的实际对象。

（3）步骤三：安装服务前准备工作。

1）创建安全密码。OpenStack 服务支持各种各样的安全方式，包括密码 password、policy 和 encryption，本实验采用密码的方式进行部署。

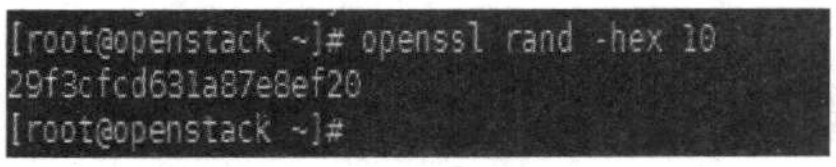

```
[root@openstack ~]# openssl rand -hex 10
29f3cfcd631a87e8ef20
[root@openstack ~]#
```

图 3-1　生成一个 10 字节的密码

使用命令 openssl rand-hex 10 生成一个 10 个字节，且以 hex 格式显示，如图 3-1 所示。

2）网络配置。在生成环境中，OpenStack 网络设置通常采用管理网络和数据网络分开的方式进行部署，本实验采用双网卡的方式进行部署，其中第一块网卡作为管理网络，需要通过 NAT 的方式接通 Internet 网络，第二块网卡作为数据网络。由于服务器品牌的不同，网卡的名字会有所不同，具体配置根据实际情况予以配置，网络配置参考如图 3-2 所示。

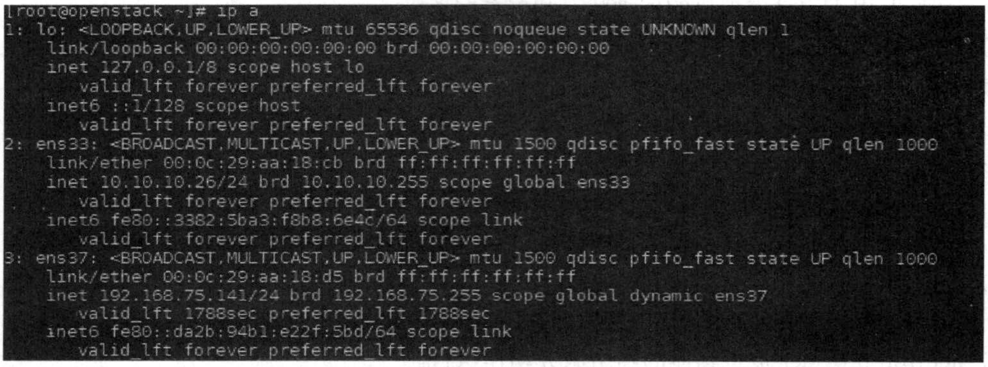

```
[root@openstack ~]# ip a
1: lo: <LOOPBACK,UP,LOWER_UP> mtu 65536 qdisc noqueue state UNKNOWN qlen 1
    link/loopback 00:00:00:00:00:00 brd 00:00:00:00:00:00
    inet 127.0.0.1/8 scope host lo
       valid_lft forever preferred_lft forever
    inet6 ::1/128 scope host
       valid_lft forever preferred_lft forever
2: ens33: <BROADCAST,MULTICAST,UP,LOWER_UP> mtu 1500 qdisc pfifo_fast state UP qlen 1000
    link/ether 00:0c:29:aa:18:cb brd ff:ff:ff:ff:ff:ff
    inet 10.10.10.26/24 brd 10.10.10.255 scope global ens33
       valid_lft forever preferred_lft forever
    inet6 fe80::3382:5ba3:f8b8:6e4c/64 scope link
       valid_lft forever preferred_lft forever
3: ens37: <BROADCAST,MULTICAST,UP,LOWER_UP> mtu 1500 qdisc pfifo_fast state UP qlen 1000
    link/ether 00:0c:29:aa:18:d5 brd ff:ff:ff:ff:ff:ff
    inet 192.168.75.141/24 brd 192.168.75.255 scope global dynamic ens37
       valid_lft 1788sec preferred_lft 1788sec
    inet6 fe80::da2b:94b1:e22f:5bd/64 scope link
       valid_lft forever preferred_lft forever
```

图 3-2　网络配置参考

3）配置网络时间服务。生产环境中，控制节点应该安装 Chrony，配置控制器节点引用更准确的（lower stratum）NTP 服务器，然后其他节点引用控制节点。由于本实验采用 all-in-one 的方式进行部署，故不需要配置 NTP 时间同步服务。

4）配置 OpenStack 服务软件包安装源。使用命令：yum install-ycentos-release-OpenStack-ocata 启用 OpenStack mitaka 版本库，安装 OpenStack 版本库如图 3-3 所示。

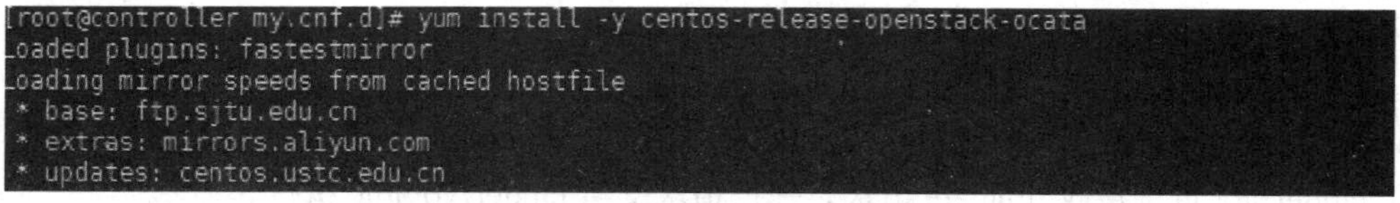

```
[root@controller my.cnf.d]# yum install -y centos-release-openstack-ocata
Loaded plugins: fastestmirror
Loading mirror speeds from cached hostfile
 * base: ftp.sjtu.edu.cn
 * extras: mirrors.aliyun.com
 * updates: centos.ustc.edu.cn
```

图 3-3　安装 OpenStack 版本库

5）更新系统。使用命令 yum upgrade-y 更新系统到最新状态。

6）安装 OpenStack 客户端。使用命令：yum install -ypython-OpenStackclient 安装 OpenStack 客户端，如图 3-4 所示。

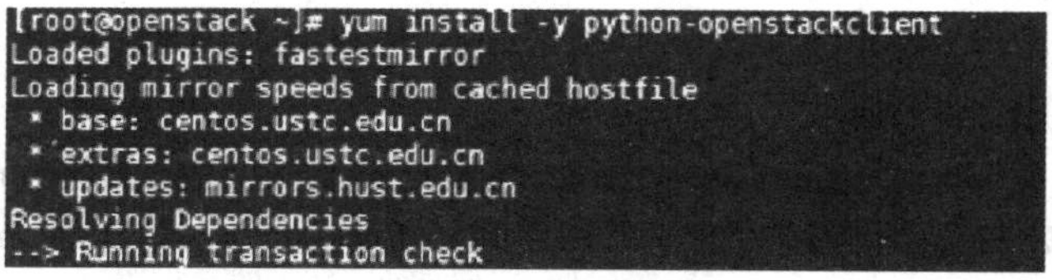

```
[root@openstack ~]# yum install -y python-openstackclient
Loaded plugins: fastestmirror
Loading mirror speeds from cached hostfile
 * base: centos.ustc.edu.cn
 * extras: centos.ustc.edu.cn
 * updates: mirrors.hust.edu.cn
Resolving Dependencies
--> Running transaction check
```

图 3-4　安装 OpenStack 客户端

7）安装 OpenStack-selinux 软件包。使用命令：yum install -y OpenStack-selinux 安装 OpenStack-selinux 软件包。

（4）步骤四：安装数据库。大多数 OpenStack 服务使用 SQL 数据库来存储信息。数据库运行在控制节点上。本实验采用官方推荐的 MariaDB 作为数据库软件。

1）安装数据库软件包。使用命令：yum install -y mariadb mariadb-server python3-PyMySQL 安装数据库软件包，如图 3-5 所示。

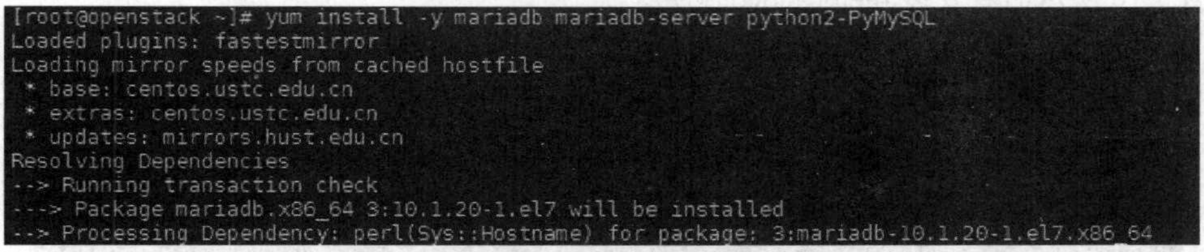

```
[root@openstack ~]# yum install -y mariadb mariadb-server python2-PyMySQL
Loaded plugins: fastestmirror
Loading mirror speeds from cached hostfile
 * base: centos.ustc.edu.cn
 * extras: centos.ustc.edu.cn
 * updates: mirrors.hust.edu.cn
Resolving Dependencies
--> Running transaction check
---> Package mariadb.x86_64 3:10.1.20-1.el7 will be installed
--> Processing Dependency: perl(Sys::Hostname) for package: 3:mariadb-10.1.20-1.el7.x86_64
```

图 3-5 安装数据软件包

2）编辑数据库配置文件。使用命令：touch /etc/my.cnf.d/OpenStack.cnf 创建 OpenStack.cnf 配置文件，编辑该配置文件并添加如图 3-6 所示内容，保存并退出。注意：bind-address 项 IP 地址为控制节点 IP。

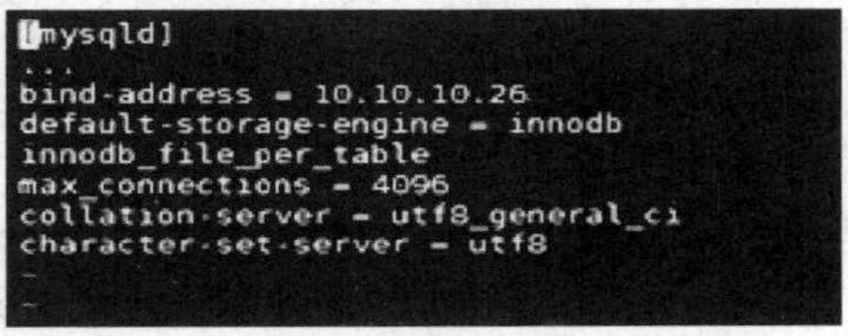

```
[mysqld]
...
bind-address = 10.10.10.26
default-storage-engine = innodb
innodb_file_per_table
max_connections = 4096
collation-server = utf8_general_ci
character-set-server = utf8
~
~
```

图 3-6 数据库配置文件内容

3）配置数据库服务开机自启动。使用如图 3-7 所示命令设置数据库服务开机自启动并开始数据库服务。

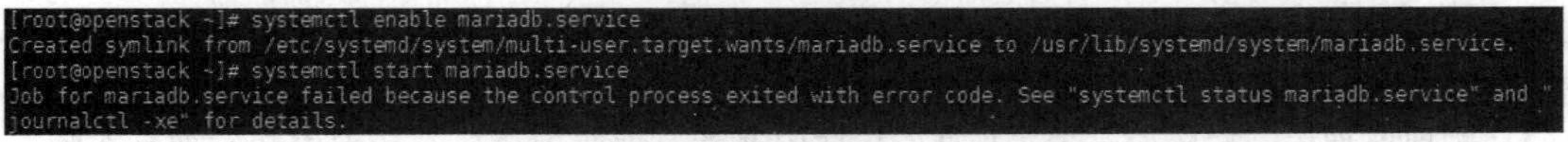

```
[root@openstack ~]# systemctl enable mariadb.service
Created symlink from /etc/systemd/system/multi-user.target.wants/mariadb.service to /usr/lib/systemd/system/mariadb.service.
[root@openstack ~]# systemctl start mariadb.service
Job for mariadb.service failed because the control process exited with error code. See "systemctl status mariadb.service" and "
journalctl -xe" for details.
```

图 3-7 设置数据库服务开机自启动并开始数据库服务

4）设置数据库 root 用户密码。运行如图 3-8 所示脚本设置数据库 root 用户密码。

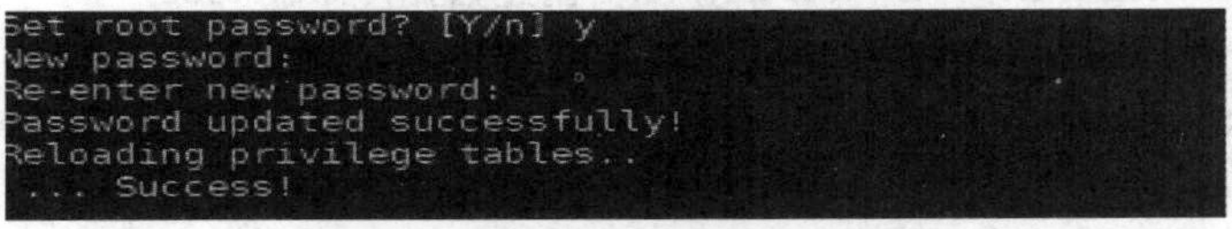

```
Set root password? [Y/n] y
New password:
Re-enter new password:
Password updated successfully!
Reloading privilege tables..
 ... Success!
```

图 3-8 设置数据库 root 用户密码

（5）步骤五：安装消息队列服务。OpenStack 使用消息队列服务协调操作和各服务的状态信息。消息队列服务一般运行在控制节点上。OpenStack 支持几种消息队列服务，其中包括 RabbitMQ，Qpid 和 ZeroMQ。本实验安装 RabbitMQ 消息队列服务。

1）安装 RabbitMQ 软件并配置组件。使用如图 3-9 所示命令安装 RabbitMQ 服务。

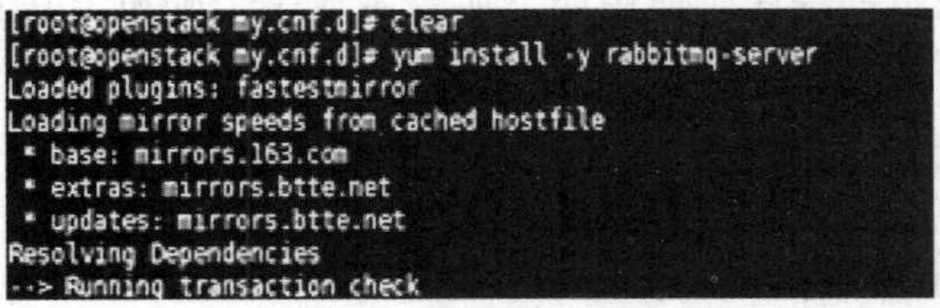

```
[root@openstack my.cnf.d]# clear
[root@openstack my.cnf.d]# yum install -y rabbitmq-server
Loaded plugins: fastestmirror
Loading mirror speeds from cached hostfile
 * base: mirrors.163.com
 * extras: mirrors.btte.net
 * updates: mirrors.btte.net
Resolving Dependencies
--> Running transaction check
```

图 3-9 安装消息队列服务

2）启动消息队列服务并将其配置为随系统启动。使用如下命令启动消息队列服务并将其配置为随系统启动：

```
# systemctl enable rabbitmq-server.service
# systemctl start rabbitmq-server.service
```

3）添加 OpenStack 用户。使用如下命令添加 OpenStack 用户并设置密码为：password。

#rabbitmqctl add_user OpenStack password

4）为 OpenStack 用户设置读写权限。使用如下命令为 OpenStack 用户设置读写权限。

#rabbitmqctl set_permissions OpenStack ".*" ".*" ".*"

（6）步骤六：安装缓存服务。

1）认证服务认证缓存使用 memcached 缓存令牌。缓存服务 memecached 运行在控制节点。使用如图 3-10 所示命令安装 memcached 服务。

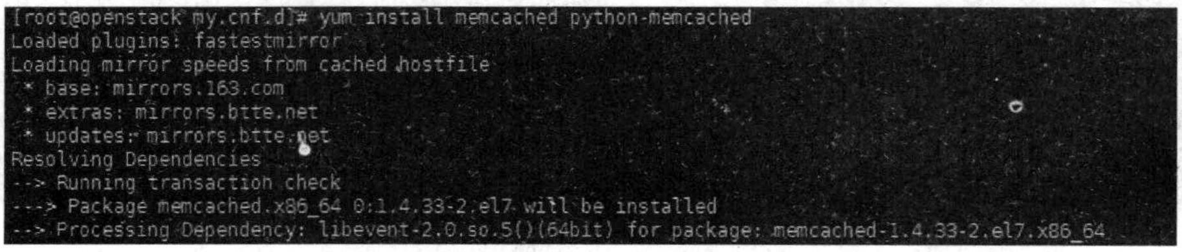

```
[root@openstack my.cnf.d]# yum install memcached python-memcached
Loaded plugins: fastestmirror
Loading mirror speeds from cached hostfile
 * base: mirrors.163.com
 * extras: mirrors.btte.net
 * updates: mirrors.btte.net
Resolving Dependencies
--> Running transaction check
---> Package memcached.x86_64 0:1.4.33-2.el7 will be installed
--> Processing Dependency: libevent-2.0.so.5()(64bit) for package: memcached-1.4.33-2.el7.x86_64
```

图 3-10 安装 memcached 缓存服务

2）启动 memcached 服务，并且配置为随机启动。使用如下命令启动 memcached 服务，并且配置为随机启动。

#systemctl enable memcached.service

#systemctl start memcached.service

（7）步骤七：部署 OpenStack 认证服务。OpenStack keystone 服务为认证管理、授权管理和服务目录服务管理提供单点整合。其他 OpenStack 服务将身份认证服务当作通用统一 API 来调用。为了从 identity 服务中获益，其他的 OpenStack 服务需要与它合作。当某个 OpenStack 服务收到来自用户的请求时，该服务询问 identity 服务，验证该用户是否有权限进行此次请求。

1）配置数据库。配置 OpenStack 身份认证服务前，需要创建一个数据库和管理员令牌。完成下列步骤以完成数据库配置。

a）使用命令 #mysql-u root-p 登录数据库，密码为步骤（四）设置的 password。

b）使用命令 CREATE DATABASE keystone 创建数据库 keystone。

c）使用如下命令授予 keystone 一定的权限并退出数据库客户端。

```
#GRANT ALL PRIVILEGES ONkeystone.* TO 'keystone'@'localhost'\
IDENTIFIED BY'password';
#GRANT ALL PRIVILEGES ONkeystone.* TO 'keystone'@'%'\
IDENTIFIED BY'password';
```

2）生成一个随机值在初始的配置中作为管理员的令牌。使用如下命令生成一个随机值在初始的配置中作为管理员的令牌。

```
#openssl rand-hex 10
ea1d9e83a9c79afeb444
```

3）安装 keystone 软件包。使用如图 3-11 所示命令安装 keystone 软件包。

4）编辑文件/etc/keystone/keystone.conf 并完成如下步骤。

a）在‘[database]’部分，配置数据库访问如下内容：

connection = mysql + pymysql://keystone:password@OpenStack/keystone

b）在‘[token]’部分，配置 Fernet UUID 令牌的提供者为如下内容：

provider = fernet

图 3-11　安装 keystone 服务

c）使用如下命令初始化认证服务的数据库：

＃su-s/bin/sh-c "keystone-manage db_sync" keystone

d）使用如下命令初始化 fernet keys 值：

＃keystone-manage fernet_setup--keystone-user keystone--keystone-group keystone

＃keystone-managecredential_setup--keystone-user keystone--keystone-group keystone

e）使用如下命令配置引导认证服务：

keystone-manage bootstrap--bootstrap-password ADMIN_PASS\

　　--bootstrap-admin-url http://controller:35357/v3/\

　　--bootstrap-internal-url http://controller:5000/v3/\

　　--bootstrap-public-url http://controller:5000/v3/\

　　--bootstrap-region-idRegionOne

使用合适的管理密码替换"ADMIN_PASS"。

（8）步骤八：配置 http 服务。

1）编辑"/etc/httpd/conf/httpd.conf"文件，配置"ServerName"选项为 OpenStack。

2）创建一个软链接

ln-s/usr/share/keystone/wsgi-keystone.conf/etc/httpd/conf.d/

3）用下面的内容创建文件/etc/httpd/conf.d/wsgi-keystone.conf：

Listen 5000

Listen 35357

＜VirtualHost * :5000＞

　　　WSGIDaemonProcess keystone-public processes = 5 threads = 1 user = keystone group = keystone display-name = %｛GROUP｝

　　　WSGIProcessGroup keystone-public

　　　WSGIScrIPtAlias//usr/bin/keystone-wsgi-public

　　　WSGIApplicationGroup %｛GLOBAL｝

　　　WSGIPassAuthorization On

　　　ErrorLogFormat" %｛cu｝t %M"

　　　ErrorLog/var/log/httpd/keystone-error.log

　　　CustomLog/var/log/httpd/keystone-access.log combined

　　　＜Directory/usr/bin＞

　　　　　Require all granted

　　　＜/Directory＞

＜/VirtualHost＞

＜VirtualHost * :35357＞

WSGIDaemonProcess keystone-admin processes = 5 threads = 1 user = keystone group = keystone display-name = % {GROUP}

WSGIProcessGroup keystone-admin

WSGIScrIPtAlias//usr/bin/keystone-wsgi-admin

WSGIApplicationGroup % {GLOBAL}

WSGIPassAuthorization On

ErrorLogFormat" % {cu}t % M"

ErrorLog/var/log/httpd/keystone-error. log

CustomLog/var/log/httpd/keystone-access. log combined

<Directory/usr/bin>

    Require all granted

</Directory>

</VirtualHost>

4）启动 httpd 服务。使用如下命令设置 httpd 服务开机随系统启动并启动 httpd 服务：

systemctl enable httpd. service

systemctl start httpd. service

5）配置管理账户。

export OS_USERNAME = admin

export OS_PASSWORD = ADMIN_PASS

export OS_PROJECT_NAME = admin

export OS_USER_DOMAIN_NAME = Default

export OS_PROJECT_DOMAIN_NAME = Default

export OS_AUTH_URL = http://controller:35357/v3

export OS_IDENTITY_API_VERSION = 3

使用合适的密码替换"ADMIN _ PASS"。

（9）步骤九：创建服务实体和 API 端点。使用如下命令创建服务实体和 API 端点。

1）使用如下命令创建一个 domain 项目：

OpenStack project create--domain default\

--descrIPtion "Service Project" service

2）使用如下命令创建一个 demo 项目：

OpenStack project create--domain default\

--descrIPtion"Demo Project"demo

3）使用如下命令创建一个 demo 用户：

OpenStack user create--domain default\

--password-prompt demo

4）使用如下命令创建 user 角色：

OpenStack role create user

5）添加 user 角色到 demo 项目和用户：

OpenStack role add--project demo--user demo user

（10）步骤十：核实查证操作。

1）编辑/etc/keystone/keystone-paste. ini 文件，删除文件 [pIPeline:public_api]、 [pIPeline:admin_api] 和 [pIPeline:api_v3] 部分的 “admin_token_auth” 字符。

2）使用如下命令设置 OS _ AUTH _ URLand OS _ PASSWORD 环境变量：

＃unset OS_AUTH_URL OS_PASSWORD

3）使用如图 3-12 所示命令为 admin 用户设置认证令牌（认证令牌自行设定）。

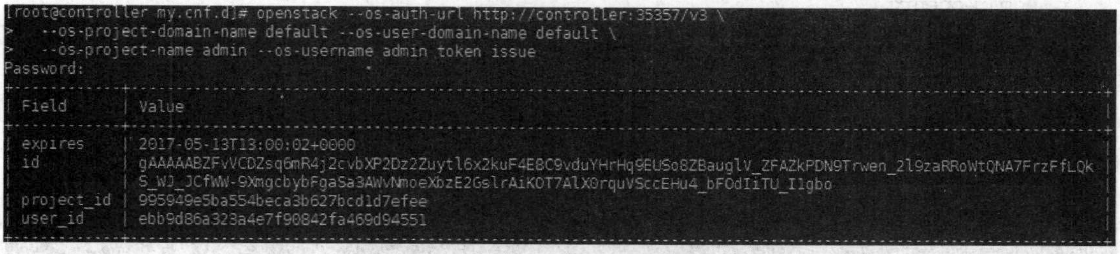

```
[root@controller my.cnf.d]# openstack --os-auth-url http://controller:35357/v3 \
>   --os-project-domain-name default --os-user-domain-name default \
>   --os-project-name admin --os-username admin token issue
Password:
+------------+-----------------------------------------------------------------------------------------------------+
| Field      | Value                                                                                               |
+------------+-----------------------------------------------------------------------------------------------------+
| expires    | 2017-05-13T13:00:02+0000                                                                            |
| id         | gAAAAABZFvVCDZsq6mR4j2cvbXP2Dz2Zuytl6x2kuF4E8C9vduYHrHq9EUSo8ZBauglV_ZFAZkPDN9Trwen_2l9zaRRoWtQNA7FrzFfLQk |
|            | S_WJ_JCfWW-9XmgcbybFgaSa3AWvNmoeXbzE2GslrAiKOT7AlX0rquVSccEHu4_bFOdIiTU_Ilgbo                        |
| project_id | 995949e5ba554beca3b627bcd1d7efee                                                                    |
| user_id    | ebb9d86a323a4e7f90842fa469d94551                                                                    |
+------------+-----------------------------------------------------------------------------------------------------+
```

图 3-12　设置 admin 用户认证令牌

4）使用如图 3-13 所示命令为 demo 用户设置认证令牌（认证令牌自行设定）。

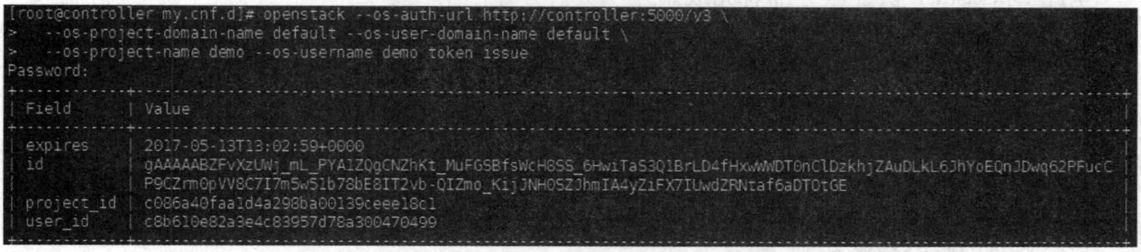

```
[root@controller my.cnf.d]# openstack --os-auth-url http://controller:5000/v3 \
>   --os-project-domain-name default --os-user-domain-name default \
>   --os-project-name demo --os-username demo token issue
Password:
+------------+-----------------------------------------------------------------------------------------------------+
| Field      | Value                                                                                               |
+------------+-----------------------------------------------------------------------------------------------------+
| expires    | 2017-05-13T13:02:59+0000                                                                            |
| id         | gAAAAABZFvXzUWj_mL_PYA1ZQgCNZhKt_MuFGSBfsWcH8SS_6HwiTaS3Q1BrLD4fHxwWWDT0nClDzkhjZAuDLkL6JhYoEQnJDwq62PFucC |
|            | P9CZrm0pVV8C7I7m5w51b78bE8IT2vb-QIZmo_KijJNH0SZJhmIA4yZiFX7IUwdZRNtaf6aDTOtGE                        |
| project_id | c086a40faa1d4a298ba00139ceee18c1                                                                    |
| user_id    | c8b610e82a3e4c83957d78a300470499                                                                    |
+------------+-----------------------------------------------------------------------------------------------------+
```

图 3-13　设置 demo 用户认证令牌

（11）步骤十一：创建以下 OpenStack 客户端环境变量并设置脚本。

1）使用如下内容创建 admin 项目和用户的环境变量并设置脚本 admin-openrc。

```
export OS_PROJECT_DOMAIN_NAME = Default
export OS_USER_DOMAIN_NAME = Default
export OS_PROJECT_NAME = admin
export OS_USERNAME = admin
export OS_PASSWORD = ADMIN_PASS
export OS_AUTH_URL = http://controller:35357/v3
export OS_IDENTITY_API_VERSION = 3
export OS_IMAGE_API_VERSION = 2
```

使用创建 admin 项目时用的密码替代 “ADMIN _ PASS” 部分。

2）使用如下内容创建 demo 项目和用户的环境变量并设置脚本 demo-openrc。

```
export OS_PROJECT_DOMAIN_NAME = Default
export OS_USER_DOMAIN_NAME = Default
export OS_PROJECT_NAME = demo
export OS_USERNAME = demo
export OS_PASSWORD = DEMO_PASS
export OS_AUTH_URL = http://controller:5000/v3
export OS_IDENTITY_API_VERSION = 3
```

export OS_IMAGE_API_VERSION = 2

使用创建 demo 项目时用的密码替代"DEMO_PASS"部分。

（12）步骤十二：加载 admin 用户环境变量并获取令牌。

1）使用如下命令加载 admin 用户环境变量：

Admin-openrc

2）使用如图 3-14 所示命令获取 admin 用户认证令牌。

```
[root@controller ~]# openstack token issue
+------------+--------------------------------------------------------------------+
| Field      | Value                                                              |
+------------+--------------------------------------------------------------------+
| expires    | 2017-05-13T13:17:56+0000                                           |
| id         | gAAAAABZFvlO3pOhFSV4iUtBhEGztQGAzgRzuWFI633r-3hHAqfJXcO-g5KBcRTw-   |
|            | aZopl9VJ1Wukz5Ywz7pQCB7s97S5Usknp3kPYeIOk                          |
|            | JmoF6h7tOlZKsGCczSHh2dYJgGcnseJ1nAYcCXYfPsStpFK3ntkN40dzQs5-34ljp  |
|            | hbGyvbsVL_vO                                                       |
| project_id | 995949e5ba554beca3b627bcd1d7efee                                   |
| user_id    | ebb9d86a323a4e7f90842fa469d94551                                   |
+------------+--------------------------------------------------------------------+
```

图 3-14 admin 用户获取认证令牌

至此 OpenStack 认证服务部署完成。

3.4.3 能力提升

独立安装操作系统进行 OpenStack 认证服务部署，具体要求如下。

（1）按照以上实验的安装前准备工作，独立进行 OpenStack 安装前准备工作步骤。

（2）安装数据库服务。

（3）安装消息队列服务。

（4）安装缓存服务。

（5）安装 OpenStack 认证服务。

（6）配置 http 服务。

（7）创建服务实体和 API 端点。

（8）验证 OpenStack 认证服务。

3.5 效果评价

效果评价参见任务 1，评价标准见附录的任务 3。

3.6 相关知识与技能

如果把宾馆比作 OpenStack，那么宾馆的安全认证系统就是 Keystone，入住宾馆的人就是 User，宾馆可以提供不同的服务（Service）。在入住宾馆前，User 需要给出身份证（Credential），安全认证系统（Keystone）在确认 User 的身份后（Authenticaiton），会给用户一个钥匙（Token）和导航地图（Endpoint）。不同 VIP（Role）级别的 User，拥有不同权限的钥匙（Token），如果用户的 VIP（Role）等级高，用户可以享受到豪华的总统套房。然后 User 拿着钥匙（Token）和地图（Endpoint），就可以进入特定的房间去享受不同的 Services。

Keystone V3 的新特性：Tenant 重命名为 Project，添加了 Domain 的概念，添加了 Group 的概念。V3 的改进如下。

（1）V3 利用 Domain 的概念实现真正的多租户（multi-tenancy）架构，Domain 担任 Project

的高层容器。云服务的客户是 Domain 的所有者，客户可以在自己的 Domain 中创建多个 Projects、Users、Groups 和 Roles。通过引入 Domain，云服务客户可以对其拥有的多个 Project 进行统一管理，而不必再像过去那样对每一个 Project 进行单独管理。简而言之，Domain 的引入是为了将多个 Project 进行封装，成为单一实体再交付给相应的一个客户使用。

（2）V3 引入了 Group 的概念，Group 是一组 Users 的容器，可以向 Group 中添加用户，并直接给 Group 分配角色，那么在这个 Group 中的所有用户就都拥有了 Group 所拥有的角色权限。通过引入 Group 的概念，Keystone V3 实现了对用户组的管理，达到了同时管理一组用户权限的目的。这与 V2 中直接向 User/Project 指定 Role 不同，使得对云服务进行管理更加便捷。

Authentication 认证功能的应用过程如图 3-15 所示。

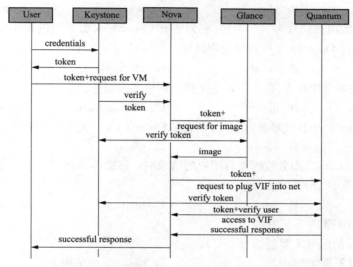

图 3-15 Authentication 认证功能的应用过程

Keystone 和其他 OpenStack service 之间的交互和协同工作。首先 User 向 Keystone 提供自己的 Credentials（凭证：用于确认用户身份的数据，EG. username/password）。Keystone 会从 SQL Database 中读取数据对 User 提供的 Credentials 进行验证，当验证通过后会向 User 返回一个 Token，该 Token 限定了可以在有效时间内被访问的 OpenStack API Endpoint 和资源，此后 User 所有的 Request 都会使用该 Token 进行身份验证。如用户向 Nova 申请虚拟机服务，Nova 会将 User 提供的 Token 发送给 Keystone 进行 Verify 验证，Keystone 会根据 Token 判断 User 是否拥有执行申请虚拟机操作的权限，若验证通过那么 Nova 会向其提供相对应的服务。

练 习 与 思 考

一、单选题（10 道）

1. "云"使用了数据（   ）、计算节点同构可互换等措施来保障服务的高可靠性，因此使用云计算比使用本地计算更可靠。

　　A. 加密　　　　　　　B. 多副本容错　　　　　C. 重传　　　　　　　　D. 审计

2. OpenStack 通过各种互补的服务提供了（   ）的解决方案，每个服务提供 API 以进行集成。

　　A. 平台即服务（PaaS）　　　　　　　　B. 基础设施即服务（IaaS）

C. 软件即服务（SaaS）　　　　　　　　D. 计算即服务（CaaS）

3. Identity 服务代号为（　　　），它为 OpenStack 提供身份验证和收取、跟踪用户的行为和权限、提供可用服务及 API 列表。

    A. keystone　　　　B. horizon　　　　　C. glance　　　　　D. cinder

4. Object storage 服务的项目代号为（　　　），主要提供对象存储服务。

    A. cinder　　　　　B. neutron　　　　　C. glance　　　　　D. swift

5. Block storage 的项目代号是（　　　），主要提供块存储服务。

    A. swift　　　　　B. cinder　　　　　C. keystone　　　　D. nova

6. 计算的代号是（　　　），主要提供计算服务。

    A. nova　　　　　B. Horizon　　　　　C. neutron　　　　D. glance

7. Dashboard 的项目代号为（　　　），它为所有 OpenStack 服务提供模块化的界面，通过该界面，用户可以进行 OpenStack 的各种管理操作。

    A. nova　　　　　B. keystone　　　　C. Horizon　　　　D. swift

8. Network 的项目代号为（　　　），主要提供网络连接服务。

    A. Neutron　　　　B. glance　　　　　C. Management　　　D. cinder

9. Image service 的项目代号是（　　　），它是 OpenStack 的镜像服务组件。

    A. cinder　　　　　B. ghost　　　　　　C. glance　　　　　D. iso

10. 当某个 OpenStack 服务收到来自用户的请求时，该服务询问（　　　）服务，验证该用户是否有权限进行此次请求。

    A. swift　　　　　B. nova　　　　　　C. neutron　　　　D. Identity

二、多选题（10 道）

11. OpenStack 的服务主要包括（　　　）。

    A. nova 计算服务　　　　　　　　　　　B. neutron 网络服务

    C. swift 对象存储服务　　　　　　　　　D. cinder 块存储服务

    E. glance 镜像服务

12. 云计算是一种按使用量付费的模式，这种模式提供可用的、便捷的、按需的网络访问，进入可配置的计算资源共享池，这些资源包括（　　　）。

    A. 网络　　　　　B. 服务器　　　　　C. 存储　　　　　D. 应用软件

    E. 服务

13. 云计算的四种部署模型是（　　　）。

    A. 公有云　　　　B. 私有云　　　　　C. 企业云　　　　D. 混合云

    E. 社区云

14. glance 由两个组件组成，分别是（　　　）。

    A. glance-api　　　B. glance-db　　　　C. glance-co　　　D. glance-st

    E. glance-net

15. neutron 提供网络连接服务，其中包含（　　　）等相关服务。

    A. neutron-server　B. neutron-api　　　C. neutron-agent　D. neutron-provider

    E. neutron-plugin

16. cinder 由（　　　）等组件组成。

    A. cinder-api　　　B. cinder-volume　　C. cinder-scheduler　D. cinder-db

    E. cinder-client

17. nova 服务包括（   ）nova-console、nova-cert、nova-objectstore 和 nova-db 九大功能组件。

    A. nova-api   B. nova-compute   C. nova-conductor   D. ova-netwrok

    E. nova-consoleauth

18. 云计算（CloudComputing）是基于互联网的相关服务的（   ），通常涉及通过互联网来提供动态易扩展且经常是虚拟化的资源。

    A. 增加   B. 使用   C. 定义   D. 交付模式

    E. 概念

19. 云计算的三种分类是（   ）。

    A. 基础设施即服务（IaaS）   B. 计算即服务（CaaS）

    C. 平台即服务（PaaS）   D. 软件即服务（SaaS）

    E. 存储即服务（SaaS）

20. 云计算的特点有（   ）。

    A. 超大规模   B. 虚拟化   C. 高可靠性   D. 通用性

    E. 按需服务

三、判断题（10 道）

21. OpenStack 是一个 PaaS 层的云平台。

22. Dashboard 为所有 OpenStack 服务提供模块化的界面，通过该界面，用户可以进行 OpenStack 的各种管理操作。

23. OpenStack 不是一款开源的云计算操作系统。

24. 在某一特定租户内的 role 中，用户可在其他租户内执行 role 规定的权限。

25. OpenStack 是一个由 NASA（美国国家航空航天局）和 Rackspace 合作研发并发起的，以 Apache 许可证授权的自由软件和开放源代码项目。

26. OpenStack 项目的首要任务是简化云的部署过程并为其带来良好的可扩展性。

27. glance 是 OpenStack 的网络连接服务组件。

28. Block storage 的项目代号是 cinder，提供块存储服务。

29. OpenStack 服务支持各种各样的安全方式，包括密码 password、policy 和 encryption。

30. OpenStack 网络设置通常采用管理网络和数据网络分开的方式进行部署。

练习与思考题参考答案

1. B	2. B	3. A	4. D	5. B	6. A	7. C	8. A	9. C	10. D
11. ABCDE	12. ABCDE	13. ABDE	14. AB	5. ACDE	16. ABCD	17. ABCDE	18. ABD	19. ACD	20. ABCDE
21. √	22. √	23. ×	24. ×	25. √	26. √	27. ×	28. √	29. √	30. √

任务 ④

OpenStack镜像和计算服务部署

该训练任务建议用 9 个学时完成学习。

4.1 任务来源

镜像服务（glance）和计算服务（nova）是 OpenStack 七大核心服务中的两个，镜像服务为虚拟机提供镜像，计算服务为云计算虚拟机提供运行环境。通过手动部署方式，熟悉和掌握 OpenStack 服务之间的通信原理。

4.2 任务描述

通过动手实践部署 OpenStack 镜像服务和计算服务。

4.3 能力目标

4.3.1 技能目标

完成本训练任务后，读者应当能（够）掌握以下技能。

1. 关键技能

（1）会部署 OpenStack 镜像服务。

（2）会部署 OpenStack 计算服务。

（3）会验证部署的 OpenStack 镜像与计算服务是否正确。

2. 基本技能

（1）会熟练使用 Linux 操作系统。

（2）掌握 mariadb 数据库的基本操作。

（3）会配置镜像服务和计算服务系统环境。

4.3.2 知识目标

完成本训练任务后，读者应当能（够）学会以下知识。

（1）掌握 mariadb 数据库的相关知识。

（2）掌握 OpenStack 的镜像服务原理。

（3）掌握 OpenStack 的计算服务原理。

（4）掌握 OpenStack 各组件的设计原理。

4.3.3 职业素质目标

完成本训练任务后，读者应当能（够）具备以下素质。

（1）具有守时、诚信、敬业精神。

（2）具有安全意识、质量意识、保密意识。

（3）遵守系统调试标准规范，养成严谨科学的学习态度。

（4）养成总结训练过程和结果的习惯，为再次实训总结经验。

（5）树立学习新知识、掌握新技能的自信心。

4.4 任务实施

4.4.1 活动一 知识准备

（1）OpenStack 镜像服务概述。OpenStack 镜像服务是 IaaS 的核心服务，它接受磁盘镜像或服务器镜像 API 请求和来自终端用户或 OpenStack 计算组件的元数据定义，它也支持包括 Open-Stack 对象存储在内的多种类型仓库上的磁盘镜像或服务器镜像存储。

OpenStack 镜像服务包括以下组件。

1）glance-api：接收镜像 API 的调用，如镜像发现、恢复、存储。

2）glance-registry：存储、处理和恢复镜像的元数据，元数据包括镜像的大小和类型。

3）数据库：存放镜像元数据。

4）存储仓库：支持多种类型的仓库，它们有普通文件系统、对象存储、RADOS 块设备、HTTP 以及亚马逊 S3。

5）元数据定义服务：通用的 API 是用于为厂商、管理员、服务以及用户自定义元数据。这种元数据可用于不同的资源，例如镜像、工件、卷、配额以及集合。一个定义包括了新属性的键、描述、约束以及可以与之关联的资源的类型。

（2）OpenStack 计算服务概述。OpenStack 使用计算服务来托管和管理云计算系统。Open-Stack 计算服务是基础设施即服务（IaaS）系统的主要部分。

OpenStack 计算组件请求 OpenStack Identity 服务进行认证；请求 OpenStack Image 服务提供磁盘镜像；为 OpenStack dashboard 提供用户与管理员接口。磁盘镜像访问限制在项目与用户上；配额以每个项目进行设定。OpenStack 组件可以在标准硬件上水平大规模扩展，并且下载磁盘镜像启动虚拟机实例。

OpenStack 计算服务由下列组件所构成。

1）nova-api 服务：接收和响应来自最终用户的计算 API 请求。

2）nova-api-metadata 服务：接收来自虚拟机发送的元数据请求。

3）nova-scheduler 服务：拿到一个来自队列请求虚拟机实例，然后决定哪台服务器主机来运行它。

4）nova-conductor 模块：媒介作用于 nova-compute 服务与数据库之间。它排除了由 nova-compute 服务对云数据库的直接访问。nova-conductor 模块可以水平扩展。但是，不要将它部署在运行 nova-compute 服务的主机节点上。

5）nova-cert 模块：服务器守护进程向 Nova Cert 服务提供 X509 证书，用来为 euca-bundleimage 生成证书。

6) nova-network worker 守护进程：与 nova-compute 服务类似，从队列中接收网络任务，并且操作网络，执行任务例如创建桥接的接口或者改变 IPtables 的规则。

7) nova-consoleauth 守护进程：授权控制台代理所提供的用户令牌。

8) nova-novncproxy 守护进程：提供一个代理，用于访问正在运行的实例，通过 VNC 协议，支持基于浏览器的 novnc 客户端。

9) nova-spicehtml5proxy 守护进程：提供一个代理，用于访问正在运行的实例，通过 SPICE 协议，支持基于浏览器的 HTML5 客户端。

10) nova-xvpvncproxy 守护进程：提供一个代理，用于访问正在运行的实例，通过 VNC 协议，支持 OpenStack 特定的 Java 客户端。

11) nova-cert 守护进程：X509 证书。

12) nova 客户端：用于用户作为租户管理员或最终用户来提交命令。

13) 队列：一个在守护进程间传递消息的中央集线器。

14) SQL 数据库：存储构建时和运行时的状态，为云计算基础设施，包括有可用实例类型、使用中的实例、可用网络和项目。

4.2.2 活动二　示范操作

1. 活动内容

(1) 手动部署 OpenStack 镜像服务。

(2) 手动部署 OpenStack 计算服务。

2. 操作步骤

(1) 步骤一：部署镜像服务前准备。镜像服务（glance）允许用户发现、注册和获取虚拟机镜像。同时通过 REST API，允许用户查询虚拟机镜像的 metadata 并获取一个现存的镜像。

1) 通过如下步骤创建 glance 数据库并授权。

a) 通过如图 4-1 所示命令登录数据库并创建数据库 glance。

```
[root@controller ~]# mysql -u root -p
Enter password:
Welcome to the MariaDB monitor.  Commands end with ; or \g.
Your MariaDB connection id is 19
Server version: 10.1.20-MariaDB MariaDB Server

Copyright (c) 2000, 2016, Oracle, MariaDB Corporation Ab and others.

Type 'help;' or '\h' for help. Type '\c' to clear the current input statement.

MariaDB [(none)]> CREATE DATABASE glance;
Query OK, 1 row affected (0.00 sec)
```

图 4-1　创建 glance 数据库

b) 通过如图 4-2 所示的命令对数据库 glance 进行操作授权并退出，如下'password'字符使用合适的密码进行替代。

2) 使用如下命令获得 admin 凭证来获取只有管理员能执行的命令的访问权限。

♯ admin_openrc　（admin_openrc 为任务 2 中创建的 admin 用户环境变量脚本名称）

3) 使用如图 4-3 所示命令创建 glance 用户。

4) 使用如下命令添加 admin 角色到 glance 用户和 service 项目上。

```
MariaDB [(none)]> GRANT ALL PRIVILEGES ON glance.* TO 'glance'@'localhost' \
    ->   IDENTIFIED BY 'password';
Query OK, 0 rows affected (0.00 sec)

MariaDB [(none)]> GRANT ALL PRIVILEGES ON glance.* TO 'glance'@'%' \
    ->   IDENTIFIED BY 'password';
Query OK, 0 rows affected (0.00 sec)
```

图 4-2　对 glance 数据库进行操作授权

```
[root@controller ~]# openstack user create --domain default --password-prompt glance
User Password:
Repeat User Password:
+---------------------+----------------------------------+
| Field               | Value                            |
+---------------------+----------------------------------+
| domain_id           | default                          |
| enabled             | True                             |
| id                  | ad27339f523645249d9fbb7debb0d2e6 |
| name                | glance                           |
| options             | {}                               |
| password_expires_at | None                             |
+---------------------+----------------------------------+
```

图 4-3　创建 glance 用户

OpenStack role add--project service--user glance admin

5）使用如图 4-4 所示命令创建 glance 服务实体。

```
[root@controller ~]# openstack service create --name glance \
>   --description "OpenStack Image" image
+-------------+----------------------------------+
| Field       | Value                            |
+-------------+----------------------------------+
| description | OpenStack Image                  |
| enabled     | True                             |
| id          | f65a4df6d5b44406b313810f85ee57aa |
| name        | glance                           |
| type        | image                            |
+-------------+----------------------------------+
```

图 4-4　创建 glance 服务实体

6）使用如下命令创建镜像服务的 API 端点。

OpenStack endpoint create--region RegionOne\

image public http://controller:9292

OpenStack endpoint create--region RegionOne\

image internal http://controller:9292

OpenStack endpoint create--region RegionOne\

image admin http://controller:9292

（2）步骤二：安装 glance 服务。

1）通过如图 4-5 所示命令安装 glance 服务。

```
[root@controller ~]# yum install -y openstack-glance
Loaded plugins: fastestmirror
base                                                    | 3.6 kB  00:00:00
centos-ceph-jewel                                       | 2.9 kB  00:00:00
centos-openstack-ocata                                  | 2.9 kB  00:00:00
centos-qemu-ev                                          | 2.9 kB  00:00:00
extras                                                  | 3.4 kB  00:00:00
updates                                                 | 3.4 kB  00:00:00
Loading mirror speeds from cached hostfile
```

图 4-5　安装 glance 服务

2）编辑文件/etc/glance/glance-api. conf 并完成如下操作。

a) 在 [database] 部分，配置数据库访问以下内容：

connection = mysql + pymysql://glance:GLANCE_DBPASS@controller/glance

使用合适的密码替代 GLANCE_DBPASS。

b) 在 [keystone_authtoken] 和 [paste_deploy] 部分，分别配置如下内容：

[keystone_authtoken]

...

auth_uri = http://controller:5000

auth_url = http://controller:35357

memcached_servers = controller:11211

auth_type = password

project_domain_name = default

user_domain_name = default

project_name = service

username = glance

password = GLANCE_PASS

[paste_deploy]

...

flavor = keystone

使用合适的密码替换 GLANCE_PASS。

c) 在 [glance_store] 部分，配置本地文件系统存储和镜像文件位置，后续任务将会讲解如何配置外置存储，本节任务配置的内容参考如下：

[glance_store]

...

stores = file,http

default_store = file

filesystem_store_datadir = /var/lib/glance/images/

3) 编辑文件 '/etc/glance/glance-registry.conf' 并完成如下操作。

a) 在 [database] 部分，配置数据库访问内容如下：

[database]

...

connection = mysql + pymysql://glance:GLANCE_DBPASS@controller/glance

使用合适的密码将 GLANCE_DBPASS 替换为读者为镜像服务设定的密码。

b) 在 [keystone_authtoken] 和 [paste_deploy] 部分，配置认证服务访问：

[keystone_authtoken]

...

auth_uri = http://controller:5000

auth_url = http://controller:35357

memcached_servers = controller:11211

auth_type = password

project_domain_name = default

user_domain_name = default

project_name = service

username = glance

password = GLANCE_PASS

[paste_deploy]

…

flavor = keystone

将 GLANCE_PASS 替换成读者在认证服务中为 glance 用户设定的密码。

4）将以上配置的内容写入数据库，命令如图 4-6 所示。

```
[root@controller ~]# su -s /bin/sh -c "glance-manage db_sync" glance
Option "verbose" from group "DEFAULT" is deprecated for removal. Its value may be silently ignored in the future.
/usr/lib/python2.7/site-packages/oslo_db/sqlalchemy/enginefacade.py:1241: OsloDBDeprecationWarning: EngineFacade is deprecated; please use oslo_db.sqlalchemy.enginefacade
  expire_on_commit=expire_on_commit, _conf=conf)
INFO  [alembic.runtime.migration] Context impl MySQLImpl.
INFO  [alembic.runtime.migration] Will assume non-transactional DDL.
INFO  [alembic.runtime.migration] Running upgrade  -> liberty, liberty initial
INFO  [alembic.runtime.migration] Running upgrade liberty -> mitaka01, add index on created_at and updated_at columns of 'images' table
```

图 4-6　将镜像服务配置写入数据库

5）启动镜像服务并配置为开机自启动，命令如下：

systemctl enable\

OpenStack-glance-api. service　OpenStack-glance-registry. service

systemctl start\

OpenStack-glance-api. service　OpenStack-glance-registry. service

至此，glance 服务部署完成。

（3）步骤三：安装控制节点 nova 服务前准备。

1）按照以下步骤创建相关数据库并授权。

a）使用数据库连接客户端以 root 用户连接数据库服务器，命令如下：

mysql -u root -p

b）创建 nova-api 和 nova 两个数据库，命令如图 4-7 所示。

图 4-7　创建 nava-api 和 nova 数据库

c）使用如下命令对数据库进行正确授权：

GRANT ALL PRIVILEGES ON nova_api. * TO 'nova'@ 'localhost'\

IDENTIFIED BY 'NOVA_DBPASS';

GRANT ALL PRIVILEGES ON nova_api. * TO 'nova'@ '%'\

IDENTIFIED BY 'NOVA_DBPASS';

GRANT ALL PRIVILEGES ON nova. * TO 'nova'@ 'localhost'\

IDENTIFIED BY 'NOVA_DBPASS';

GRANT ALL PRIVILEGES ON nova. * TO 'nova'@ '%'\

IDENTIFIED BY 'NOVA_DBPASS';

数据库设置完成后退出客户端。

2）使用如下命令获得 admin 凭证来获取只有管理员能执行的命令的访问权限：

admin_openrc（admin_oepnrc 为认证服务中创建的环境变量脚本文件）

3）使用如图 4-8 所示的命令创建 nova 用户。

4）使用如下命令给 nova 用户添加 admin 角色：

♯ OpenStack role add—project service

　--user nova admin

5）使用如图 4-9 所示创建 nova 服务实体。

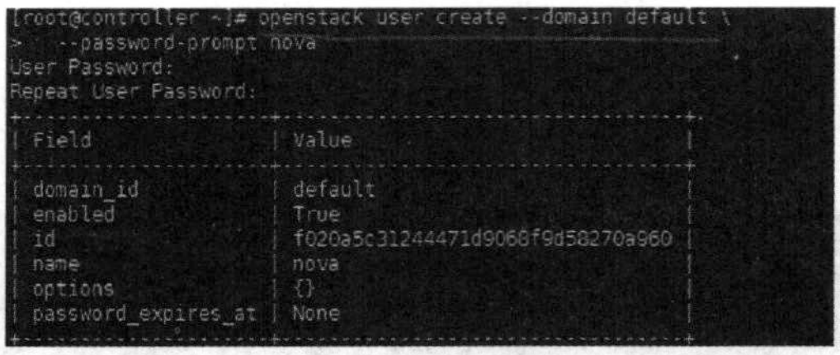

图 4-8　创建 nova 用户

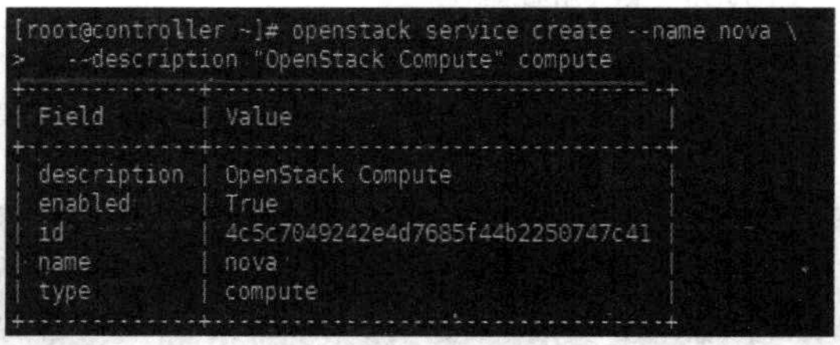

图 4-9　创建 nova 服务实体

6）使用下列命令创建计算服务 API 端点：

♯ OpenStack endpoint create—region\

RegionOne compute public http://\

controller:8774/v2.1/%\(tenant_id\)s

♯ OpenStack endpoint create—region\

RegionOne compute internal http://\

controller:8774/v2.1/%\(tenant_id\)s

♯ OpenStack endpoint create—region RegionOne\

compute adminhttp://controller:8774/v2.1/%\(tenant_id\)s

7）使用如图 4-10 所示命令安装 nova 服务相关软件包。

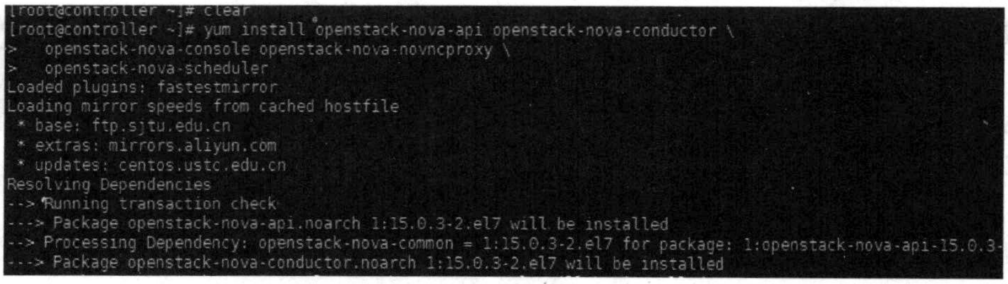

图 4-10　安装 nova 服务相关软件包

8）编辑/etc/nova/nova.conf 配置文件并完成下面的操作。

a）在［DEFAULT］部分，只启用计算和元数据 API：

［DEFAULT］

enabled_apis = osapi_compute,metadata

b）在［api_database］和［database］部分，配置数据库的连接：

［api_database］

connection = mysql + pymysql://nova:NOVA_DBPASS@controller/nova_api

［database］

connection = mysql + pymysql://nova:NOVA_DBPASS@controller/nova

c) 在［DEFAULT］和［oslo_messaging_rabbit］部分，配置"RabbitMQ"消息队列访问：

［DEFAULT］

rpc_backend = rabbit

［oslo_messaging_rabbit］

rabbit_host = controller

rabbit_userid = OpenStack

rabbit_password = RABBIT_PASS

使用安装 rabbit 服务时设置的密码替代 RABBIT_PASS。

d) 在［DEFAULT］和［keystone_authtoken］部分，配置认证服务访问：

［DEFAULT］

auth_strategy = keystone

［keystone_authtoken］

auth_uri = http://controller:5000

auth_url = http://controller:35357

memcached_servers = controller:11211

auth_type = password

project_domain_name = default

user_domain_name = default

project_name = service

username = novapassword = NOVA_PASS

使用读者在身份认证服务中设置的 nova 用户的密码替换 NOVA_PASS。

e) 在［DEFAULT］部分，配置 my_ip 来使用控制节点管理接口的 IP 地址。

［DEFAULT］

my_ip = 10.0.0.11

f) 在［DEFAULT］部分，配置 Networking 服务：

［DEFAULT］

use_neutron = True

firewall_driver = nova.virt.firewall.NoopFirewallDriver

g) 在［vnc］部分，配置 VNC 代理使用控制节点的管理接口 IP 地址：

［vnc］

vncserver_listen = $my_ip

vncserver_proxyclient_address = $my_ip

h) 在［glance］区域，配置镜像服务 API 的位置：

［glance］

api_servers = http://controller:9292

i) 在［oslo_concurrency］部分，配置锁路径：

［oslo_concurrency］

lock_path = /var/lib/nova/tmp

j) 在［placement］部分配置 placement API：

［placement］

os_region_name = RegionOne

project_domain_name = Default

project_name = service

auth_type = password

user_domain_name = Default

auth_url = http://controller:35357/v3

username = placement

password = PLACEMENT_PASS

使用合适的密码替换 PLACEMENT_PASS。

9）创建并编辑/etc/httpd/conf.d/00-nova-placement-api.conf 文件，添加如下内容：

<Directory/usr/bin>

<IfVersion> = 2.4>

Require all granted

</IfVersion>

<IfVersion<2.4>

Order allow,deny

Allow from all

</IfVersion></Directory>

10）使用如下命令同步数据库：

su-s/bin/sh-c"nova-manage api_db sync"nova

11）使用如下命令注册 cell0 数据库：

su-s/bin/sh-c"nova-manage cell_v2 map_cell0"nova

12）使用如下命令创建 cell1 cell

su-s/bin/sh-c"nova-manage cell_v2 create_cell—name = cell1—verbose"nova

13）使用如下命令构建 nova 数据库：

su-s/bin/sh-c"nova-manage db sync"nova

14）使用如下命令核实 nova cell0 和 cell1：

nova-manage cell_v2 list_cells

15）使用如下命令设置服务开机自启动并启动服务：

systemctl enable OpenStack-nova-api.service\

OpenStack-nova-consoleauth.service OpenStack-nova-scheduler.service\

OpenStack-nova-conductor.service OpenStack-nova-novncproxy.service

systemctl start OpenStack-nova-api.service\

OpenStack-nova-consoleauth.service OpenStack-nova-scheduler.service\

OpenStack-nova-conductor.service OpenStack-nova-novncproxy.service

（4）步骤四：安装计算节点 nova 服务。

1）使用如下命令安装软件包：

yum install-yOpenStack-nova-compute

2）编辑/etc/nova/nova.conf 文件，在对应的部分添加以下对应内容。

a）在［DEFAULT］部分添加以下内容：

[DEFAULT]

enabled_apis = osapi_compute,metadata

transport_url = rabbit://OpenStack:RABBIT_PASS@controller

my_ip = MANAGEMENT_INTERFACE_IPADDRESS

use_neutron = True

firewall_driver = nova.virt.firewall.NoopFirewallDriver

使用 rabbit 的 OpenStack 用户密码替换 RABBIT_PASS，使用计算节点管理网络接口 ip 地址替换 MANAGEMENT_INTERFACE_IP_ADDRESS。

b）在［api］和［］部分添加以下对应内容：

[api]

auth_strategy = keystone

[keystone_authtoken]

auth_uri = http://controller:5000

auth_url = http://controller:35357

memcached_servers = controller:11211

auth_type = password

project_domain_name = default

user_domain_name = default

project_name = service

username = nova

password = NOVA_PASS

使用认证服务中为 nova 用户创建的密码替换 NOVA_PASS。

c）在［vnc］部分添加以下内容：

[vnc]

enabled = True

vncserver_listen = 0.0.0.0

vncserver_proxyclient_address = $my_ip

novncproxy_base_url = http://controller:6080/vnc_auto.html

d）在[glance]、[oslo_concurrency]和[placement]部分分别添加以下对应部分的内容：

[glance]

api_servers = http://controller:9292

[oslo_concurrency]

lock_path = /var/lib/nova/tmp

[placement]

os_region_name = RegionOne

project_domain_name = Default

project_name = service

auth_type = password

user_domain_name = Default

auth_url = http://controller:35357/v3

username = placement

password = PLACEMENT_PASS

使用合适密码替换 PLACEMENT_PASS 部分。

3）执行以下命令查看计算节点是否支持硬件辅助虚拟化功能。

＃egrep-c'(vmx|svm)'/proc/cpuinfo

如果显示值为'0'，表示不支持硬件辅助虚拟化功能，否则支持。如果不支持硬件辅助虚拟化功能，需要在配置文件/etc/nova/nova.conf的［libvirt］部分配置为以下内容：

［libvirt］

virt_type = qemu

否则，配置 virt_type 值为 kvm 即可。

4）通过以下命令设置服务自启动和启动服务：

＃ systemctl enable libvirtd. service OpenStack-nova-compute. service

＃ systemctl start libvirtd. service OpenStack-nova-compute. service

（5）步骤五：添加计算节点到 cell 数据库。

1）在管理节点上执行环境变量脚本，命令如下：

＃admin_openrc

2）使用如下命令列出计算节点支持的 hypervisor：

＃OpenStack hypervisor list

3）在管理节点上执行如下命令发现 compute 计算节点：

＃su-s/bin/sh-c"nova-manage cell_v2 discover_hosts--verbose"nova

4）编辑管理节点/etc/nova/nova.conf 文件，在［scheduler］部分添加以下内容：

［scheduler］

discover_hosts_in_cells_interval = 300

5）通过如下命令验证 nova 服务

＃OpenStack compute service list

至此，nova 服务部署完成。

4.4.3 能力提升

插入制作好的 usb 引导盘，重新引导系统安装，系统安装完成后按照本任务的步骤重新部署 OpenStack 镜像和计算服务，具体要求如下。

（1）按照任务 1 的安装步骤，个人独立重复一遍系统安装步骤。

（2）待系统安装完成后，按照本任务实验步骤重新部署 OpenStack 镜像服务。

（3）按照本任务实验步骤重新部署 OpenStack 计算服务。

4.5 效果评价

效果评价参见任务 1，评价标准见附录任务 4。

4.6 相关知识与技能

Glance 项目提供虚拟机镜像的发现、注册和获取等服务。Glance 提供 restful API 可以查询虚拟机镜像的 metadata，并且可以获得镜像。通过 Glance，虚拟机镜像可以被存储到多种存储上，比如简单的文件存储或者对象存储。

Glance 像所有的 OpenStack 项目一样，遵循以下思想。

（1）基于组件的架构，便于快速增加新特性。

（2）高可用性，支持大负荷。

（3）容错性，独立的进程避免串行错误。

（4）开放标准，对社区驱动的 API 提供参考实现。

Glance 的几个重要概念如下。

（1）Image identifiers。Image 使用 URI 作为唯一标识，URL 符合以下格式：

<Glance Server Location>/images/<ID>

Glance Server Location 是镜像的所在位置，ID 是镜像在 Glance 的唯一标识。

（2）Image Statuses。

queued	标识该镜像 ID 已经被保留，但是镜像还未上传
saving	标识镜像正在被上传
active	标识镜像在 Glance 中完全可用
killed	标识镜像上传过程中出错，镜像完全不可用

（3）Disk and Container format。

Disk Format：raw vhd vmdk vdi iso qcow2 aki ari ami

Container Format：ovf bare aki ari ami

当 disk format 为 aki ari ami 时，disk format 和 container format 一致。

（4）Image Registries。使用 Glance，镜像 metadata 可以注册至 image registries。只要为 image metadata 提供了 rest like API，任何 Web 程序可以作为 image registries 与 Glance 对接。

Glance 的架构：Glance 被设计为可以使用多种后端存储。前端通过 API Server 向多个 Client 提供服务。Glance 目前提供的参考实现中 Registry Server 仅是使用 Sql 数据库存储 metadata，Glance 目前支持 S3、Swift、简单的文件存储及只读的 HTTPS 存储。

练习与思考

一、单选题（10 道）

1. 创建数据库 glance 的命令是（   ）。

    A. CREATE DATABASE glance   B. DROP DATABASE glance

    C. UPDATE DATABASE glance   D. INSERT DATABASE glance

2. 计算节点 nova 服务的配置文件是（   ）。

    A. /etc/nova. conf   B. /etc/nova/nova. conf

    C. /etc/systemd/nova. conf   D. /etc/init. d/nova. conf

3. 查看计算节点是否支持硬件辅助虚拟化功能的命令是（   ）。

    A. grep'（vmx | svm)'/proc/cpuinfo   B. egrep'（vmx | svm)'/proc/cpuinfo

    C. egrep'{vmx | svm}'/proc/cpuinfo   D. grep'{vmx | svm}'/proc/cpuinfo

4. Image 使用 URI 作为唯一标识，URL 符合以下（   ）格式。

    A. <Glance Server Location>/images/<ID>

    B. <Glance Server Location>/<ID>/images

    C. <ID>/images/<Glance Server Location>

    D. images/<Glance Server Location>/<ID>

5. Image Statuses 的 queued 状态表示（   ）。

    A. 标识该镜像 ID 已经被保留，但是镜像还未上传

B. 标识镜像正在被上传

C. 标识镜像在 Glance 中完全可用

D. 标识镜像上传过程中出错，镜像完全不可用

6. 接受来自虚拟机发送的元数据请求是 OpenStack 计算服务（　　）组件。

    A. nova-api 服务　　　　　　　　　　　　B. nova-api-metadata 服务

    C. nova-scheduler 服务　　　　　　　　　D. nova 客户端

7. 一个在守护进程间传递消息的中央集线器是 OpenStack 计算服务（　　）组件。

    A. 队列　　　　　　　　　　　　　　　　B. nova-consoleauth 守护进程

    C. nova-novncproxy 守护进程　　　　　　D. nova-spicehtml5proxy 守护进程

8. 使用（　　）命令安装计算节点 nova 的服务软件包。

    A. yum install-y OpenStack-nova-compute

    B. yum install-q OpenStack-nova-compute

    C. yum update-y OpenStack-nova-compute

    D. yum update-q OpenStack-nova-compute

9. 标识某个镜像正在被上传的 Image Statuses 状态是（　　）。

    A. queued　　　　　B. saving　　　　　C. active　　　　　D. killed

10. 使用数据库连接客户端以 root 用户连接数据库服务器，这个命令是（　　）。

    A. mysql-p root-u　　　　　　　　　　　B. mysql-u root-p

    C. mysql-U root-P　　　　　　　　　　　D. mysql-P root-U

二、多选题（10 道）

11. OpenStack 镜像服务包括（　　）等组件。

    A. glance-api　　　B. glance-registry　　　C. 数据库　　　　D. 存储仓库

    E. 元数据定义服务

12. OpenStack 计算服务由（　　）几个组件所构成。

    A. nova-api 服务　　B. nova-scheduler　　C. nova-conductor　　D. nova-network

    E. nova-cert 守护进程

13. OpenStack 镜像服务的存储仓库支持的类型有（　　）。

    A. 普通文件系统　　B. 对象存储　　　　C. RADOS 块设备　　D. HTTP

    E. 亚马逊 S3

14. Glance 像所有的 OpenStack 项目一样，遵循着（　　）思想。

    A. 基于组件的架构　　　　　　　　　　　B. 高可用性

    C. 容错性　　　　　　　　　　　　　　　D. 私有标准

    E. 开放标准

15. Image Statuses 有（　　）几种状态。

    A. deleted　　　　　B. queued　　　　　C. saving　　　　　D. active

    E. killed

16. Glance 服务的 Disk Format 支持以下（　　）格式。

    A. raw　　　　　　　B. vhd　　　　　　C. vmdk　　　　　D. iso

    E. qcow2

17. Glance 服务的 Container Format 支持以下（　　）格式。

    A. ovf　　　　　　　B. bare　　　　　　C. aki　　　　　　D. ari

E. ami

18. Glance 服务的 disk format 为（   ）时，disk format 和 container format 一致。

    A. ari　　　　　　B. qcow2　　　　　　C. aki　　　　　　D. iso

    E. ami

19. Glance 项目提供虚拟机镜像的（   ）等服务。

    A. 发现　　　　　B. 注册　　　　　C. 获取　　　　　D. 增加

    E. 升级

20. OpenStack 计算服务的 SQL 数据库是存储构建和运行时的状态，为云计算的基础设施，包括有（   ）。

    A. 可用实例类型　B. 使用中的实例　　C. 可用网络　　　　D. 项目

    E. 虚拟机

三、判断题（10 道）

21. 镜像服务为虚拟机提供镜像。

22. nova 服务为云计算虚拟机提供运行环境。

23. Glance Server Location 是镜像的所在位置，ID 是镜像在 Glance 的唯一标识。

24. OpenStack 使用对象存储服务来托管和管理云计算系统。

25. 使用 glance，镜像 metadata 不可以注册至 image registries。

26. glance 被设计为可以使用多种后端存储。

27. glance 目前提供的参考实现中 Registry Server 仅是使用 Sql 数据库存储 metadata。

28. glance 项目提供虚拟机镜像的发现、注册和获取等服务。

29. glance 提供 restful API 可以查询虚拟机镜像的 metadata，并且可以获得镜像。

30. OpenStack 镜像服务是 SaaS 的核心服务。

练习与思考题参考答案

1. A	2. B	3. B	4. A	5. A	6. B	7. A	8. D	9. B	10. B
11. ABCDE	12. ABCDE	13. ABCDE	14. ABCE	15. BCDE	16. ABCDE	17. ABCDE	18. ACE	19. ABC	20. ABCD
21. √	22. √	23. √	24. ×	25. ×	26. √	27. √	28. √	29. √	30. ×

任务 5

OpenStack网络和Dashboard服务部署

该训练任务建议用 6 个学时完成学习。

5.1 任务来源

网络服务（neutron）是 OpenStack 七大核心组件之一，主要负责虚拟环境下的网络，为云主机实例提供 L2 和 L3 层网络功能，以及高级的网络服务等。Dashboard 为 OpenStack 提供交互界面。通过手动部署各组件服务来加深理解 OpenStack 各组件之间的工作原理。

5.2 任务描述

在掌握 OpenStack 基础架构原理的基础上，安装 OpenStack 网络（neutron）服务和 OpenStack Web 界面（horizon）服务。

5.3 能力目标

5.3.1 技能目标

完成本训练任务后，读者应当能够掌握以下技能。

1. 关键技能

（1）会部署 OpenStack 网络（neutron）服务。

（2）会部署 OpenStack Web 界面（horizon）服务。

（3）会验证部署的 OpenStack 网络服务和 OpenStack Web 界面是否正确。

2. 基本技能

（1）会 mariadb 数据库的基本操作。

（2）会熟练使用 Linux 操作系统。

（3）会配置 OpenStack 网络服务和 OpenStack Web 界面服务系统环境。

5.3.2 知识目标

完成本训练任务后，读者应当能够学会以下知识。

（1）掌握 mariadb 数据库的相关知识。

（2）掌握 OpenStack 网络服务（neutron）的相关知识。

（3）掌握 OpenStack Web 界面服务（horizon）的相关知识。

5.3.3 职业素质目标

完成本训练任务后，读者应当能够具备以下素质。

（1）具有守时、诚信、敬业精神。

（2）具有安全意识、质量意识、保密意识。

（3）遵守系统调试标准规范，养成严谨科学的学习态度。

（4）养成总结训练过程和结果的习惯，为再次实训总结经验。

（5）树立学习新知识、掌握新技能的自信心。

5.4 任务实施

5.4.1 活动一 知识准备

（1）OpenStack 各组件的设计原理。

（2）OpenStack 网络（neutron）相关知识。

（3）OpenStack Dashboard 相关知识。

5.4.2 活动二 示范操作

1. 活动内容

（1）手动安装 OpenStack 网络服务（neutron）。

（2）手动安装 OpenStack Web 界面服务（horizon）。

2. 操作步骤

（1）步骤一：控制节点安装网络服务（neutron）。OpenStack Networking（neutron）允许创建、插入接口设备，这些设备由其他的 OpenStack 服务管理。插件式的实现可以容纳不同的网络设备和软件，为 OpenStack 架构与部署提供了灵活性。它包含下列组件。

neutron-server：接收和路由 API 请求到合适的 OpenStack 网络插件，以达到预想的目的。

OpenStack 网络插件和代理：插拔端口，创建网络和子网，以及提供 IP 地址，这些插件和代理因供应商和技术差异而不同，OpenStack 网络基于插件和代理为 Cisco 虚拟和物理交换机、NEC OpenFlow 产品、Open vSwitch、Linux bridging 以及 VMware NSX 产品穿线搭桥。

消息队列：大多数的 OpenStack Networking 安装都会用到，用于 neutron-server 和各种各样的代理进程间路由信息，也为某些特定的插件扮演数据库的角色，以存储网络状态。

OpenStack 网络主要和 OpenStack 计算交互，以提供网络连接到它的实例。

1）控制节点安装网络服务前准备。

a）创建数据库。通过以下步骤创建数据库。

• 将数据库连接客户端以 root 用户连接到数据库服务器。使用如下命令，将数据库连接客户端以 root 用户连接到数据库服务器：

```
# mysql-u root-p
```

• 创建 neutron 数据库。使用如下命令，创建 neutron 数据库：

```
# CREATE DATABASE neutron
```

●　对 neutron 数据库授予合适的访问权限。使用如下命令，对 neutron 数据库授予合适的访问权限：

　　♯ GRANT ALL PRIVILEGES ON neutron. ＊ TO 'neutron'@ 'localhost' ＼　 IDENTIFIED BY'
NEUTRON_DBPASS';

　　♯ GRANT ALL PRIVILEGES ON neutron. ＊ TO 'neutron'@ '％' ＼　 IDENTIFIED BY'NEUTRON_
DBPASS';

使用合适的密码替换 NEUTRON_DBPASS。退出数据库客户端。

●　获得 admin 凭证来获取只有管理员能执行的命令的访问权限。使用任务 2 编写的环境变量脚本获得 admin 凭证来获取只有管理员能执行的命令的访问权限：

　　♯ . admin-openrc

b）创建服务证书。通过下列步骤创建服务证书。

●　创建 neutron 用户。使用如下命令，创建 neutron 用户：

　　♯ OpenStack user create—domain default—password-prompt neutron

●　添加 admin 角色到 neutron 用户。使用如下命令添加 admin 角色到 neutron 用户：

　　♯ OpenStack role add—project service—user neutron admin

●　创建 neutron 服务实体。使用如下命令创建 neutron 服务实体

　　♯ OpenStack service create—name neutron＼

　　—description"OpenStack Networking"network

●　创建网络服务 api 端点。使用如下命令创建网络服务 api 端点：

　　♯ OpenStack endpoint create—region RegionOne＼

　　network public http://controller:9696

　　♯ OpenStack endpoint create—region RegionOne＼

　　network internal http://controller:9696

　　♯ OpenStack endpoint create—region RegionOne＼

　　network admin http://controller:9696

2）安装 neutron 软件包与配置网络选项。

a）安装 neutron 软件包。使用如下命令安装软件包：

　　♯ yum install-y OpenStack-neutron OpenStack-neutron-ml2 ＼

　　OpenStack-neutron-linuxbridge ebtables

b）编辑/etc/neutron/neutron. conf 文件。

●　在 ［database］ 部分，配置数据库访问：

　　［database］

　　connection = mysql + pymysql://neutron:NEUTRON_DBPASS@controller/neutron

使用数据库密码替换 NEUTRON_DBPASS。

●　在 ［DEFAULT］ 部分，启用 ML2 插件并禁用其他插件：

　　［DEFAULT］

　　core_plugin = ml2

　　service_plugins =

●　在 ［DEFAULT］ 和 ［oslo_messaging_rabbit］ 部分，配置 "RabbitMQ" 消息队列的连接：

　　［DEFAULT］

　　rpc_backend = rabbit

[oslo_messaging_rabbit]

rabbit_host = controller

rabbit_userid = OpenStack

rabbit_password = RABBIT_PASS

用 RabbitMQ 中为 OpenStack 设置的密码替换 RABBIT_PASS。

• 在 [DEFAULT] 和 [keystone_authtoken] 部分，配置认证服务访问：

[DEFAULT]

auth_strategy = keystone

[keystone_authtoken]

auth_uri = http://controller:5000

auth_url = http://controller:35357

memcached_servers = controller:11211

auth_type = password

project_domain_name = default

userdomain_name = default

project_name = service

username = neutron

password = NEUTRON_PASS

使用读者在认证服务中为 neutron 用户设置的密码替换 NEUTRON_PASS。

• 在 [keystone_authtoken] 中注释或者删除其他选项。

• 在 [DEFAULT] 和 [nova] 部分，配置网络服务来通知计算节点的网络拓扑变化：

[DEFAULT]

notify_nova_on_port_status_changes = True

notify_nova_on_port_data_changes = True

[nova]

auth_url = http://controller:35357

auth_type = password

project_domain_name = default

user_domain_name = default

region_name = RegionOne

project_name = service

username = novapassword = NOVA_PASS

使用读者在身份认证服务中设置的 nova 用户的密码替换 NOVA_PASS。

• 在 [oslo_concurrency] 部分，配置锁路径：

[oslo_concurrency]

lock_path = /var/lib/neutron/tmp

c) 编辑/etc/neutron/plugins/ml2/ml2_conf.ini 文件以配置 ml2 插件。

• 在 [ml2] 部分，配置以下内容：

[ml2]

type_drivers = flat,vlan   启用 flat 和 VLAN 网络

tenant_network_types =   禁用私有网络

mechanism_drivers = linuxbridge 启用 Linuxbridge 机制

extension_drivers = port_security 启用端口安全扩展驱动

- 在［ml2_type_flat］部分，配置公共虚拟网络为 flat 网络：

  ［ml2_type_flat］

  flat_networks = provider

- 在［securitygroup］部分，启用 ipset 增加安全组规则的高效性：

  ［securitygroup］

  enable_ipset = True

d）编辑/etc/neutron/plugins/ml2/linuxbridge_agent.ini 文件。

- 在［Linux_bridge］部分，将公共虚拟网络和公共物理网络接口对应起来：

  ［Linux_bridge］

  physical_interface_mappings = provider:PROVIDER_INTERFACE_NAME

将 PUBLIC_INTERFACE_NAME 替换为底层的物理公共网络接口。

- 在［vxlan］部分，禁止 VXLAN 覆盖网络：

  ［vxlan］

  enable_vxlan = False

- 在［securitygroup］部分，启用安全组并配置 Linuxbridge iptables firewall driver：

  ［securitygroup］

  enable_security_group = True

  firewall_driver = neutron.agent.Linux.iptables_firewall.\

  IptablesFirewallDriver

e）编辑/etc/neutron/dhcp_agent.ini 文件。在［DEFAULT］部分，配置 Linuxbridge 驱动接口，DHCP 驱动并启用隔离元数据，这样在公共网络上的实例就可以通过网络来访问元数据。

  ［DEFAULT］

  interface_driver = linuxbridge

  dhcp_driver = neutron.agent.Linux.dhcp.Dnsmasq

  enable_isolated_metadata = True

3）配置元数据代理。

a）编辑/etc/neutron/metadata_agent.ini 文件。在［DEFAULT］部分，配置元数据主机以及共享密码：

  ［DEFAULT］

  nova_metadata_ip = controller

  metadata_proxy_shared_secret = METADATA_SECRET

使用元数据代理设置的密码替换 METADATA_SECRET。

b）为计算节点配置网络服务。

- 编辑/etc/nova/nova.conf 文件。在［neutron］部分，配置访问参数，启用元数据代理并设置密码：

  ［neutron］

  url = http://controller:9696

  auth_url = http://controller:35357

```
auth_type = password
project_domain_name = default
user_domain_name = default
region_name = RegionOne
project_name = service
username = neutron
password = NEUTRON_PASS
service_metadata_proxy = True
metadata_proxy_shared_secret = METADATA _ SECRET
```

将 NEUTRON_PASS 替换为认证服务中为 neutron 用户选择的密码，使用元数据代理设置的密码替换 METADATA_SECRET。

• 创建超链接/etc/neutron/plugin. ini 指向 ML2 插件配置文件/etc/neutron/plugins/ml2/ml2_conf. ini。

网络服务初始化脚本需要一个超链接/etc/neutron/plugin. ini 指向 ML2 插件配置文件/etc/neutron/plugins/ml2/ml2_conf. ini。如果超链接不存在，使用下面的命令创建：

```
# ln-s/etc/neutron/plugins/ml2/ml2_conf. ini/etc/neutron/plugin. ini
```

• 同步数据库。

```
# su-s/bin/sh-c"neutron-db-manage--config-file/etc/neutron/neutron. conf\--config-file/etc/neutron/plugins/ml2/ml2_conf. ini upgrade head"neutron
```

数据库的同步发生在 Networking 之后，因为脚本需要完成服务器和插件的配置文件。

c）重启计算 API 服务。使用下列命令重启计算 API 服务：

```
# systemctl restart OpenStack-nova-api. service
```

d）配置 Networking 服务开机自启动并配置服务启动。使用下列命令配置 Networking 服务开机自启动并配置服务启动。

```
# systemctl enable neutron-server. service\
    neutron-linuxbridge-agent. service neutron-dhcp-agent. service\
    neutron-metadata-agent. service
# systemctl start neutron-server. service\
    neutron-linuxbridge-agent. service neutron-dhcp-agent. service\
    neutron-metadata-agent. service
```

e）启用 layer-3 服务并设置其随系统自启动。使用如下命令启用 layer-3 服务并设置其随系统自启动：

```
# systemctl enable neutron-l3-agent. service
# systemctl start neutron-l3-agent. service
```

（2）步骤二：计算节点安装网络服务（neutron）。

1）安装 neutron 软件包。使用如下命令安装软件包：

```
# yum install-yOpenStack-neutron-linuxbridge ebtables ipset
```

2）配置组件。编辑/etc/neutron/neutron. conf 文件。

• 在［database］部分，注释所有 connection 项，因为计算节点不直接访问数据库。

• 在［DEFAULT］和［oslo_messaging_rabbit］部分，配置 RabbitMQ 消息队列的连接：

```
［DEFAULT］
```

rpc_backend = rabbit

[oslo_messaging_rabbit]

rabbit_host = controller

rabbit_userid = OpenStack

rabbit_password = RABBIT_PASS

使用在 RabbitMQ 中为 OpenStack 选择的密码替换 RABBIT_PASS。

- 在［DEFAULT］和［keystone_authtoken］部分，配置认证服务访问：

[DEFAULT]

auth_strategy = keystone

[keystone_authtoken]

auth_uri = http://controller:5000

auth_url = http://controller:35357

memcached_servers = controller:11211

auth_type = password

project_domain_name = default

user_domain_name = default

project_name = service

username = neutron

password = NEUTRON_PASS

使用认证服务中为 neutron 设置的用户密码替换 NEUTRON_PASS。

- 在［keystone_authtoken］中注释或者删除其他选项。
- 在［oslo_concurrency］部分，配置锁路径：

[oslo_concurrency]

lock_path = /var/lib/neutron/tmp

（3）步骤三：计算节点配置网络选项。网络选项配置为公共网络，编辑/etc/neutron/plugins/ml2/linuxbridge_agent.ini。

1）在［Linux_bridge］部分，将公共虚拟网络和公共物理网络接口对应起来：

[Linux_bridge]

physical_interface_mappings = provider:PROVIDER_INTERFACE_NAME

将 PUBLIC_INTERFACE_NAME 替换为底层的物理公共网络接口。例如：eno1。

2）在［vxlan］部分，禁止 VXLAN 覆盖网络：

[vxlan]

enable_vxlan = False

3）在［securitygroup］部分，启用安全组并配置 Linuxbridge iptables 防火墙驱动：

[securitygroup]

enable_security_group = True

firewall_driver = neutron. agent. Linux. iptables_firewall. \

IptablesFirewallDriver

（4）步骤四：为计算节点配置网络服务。编辑/etc/nova/nova. conf 文件，在［neutron］部分，配置访问参数：

[neutron]

```
url = http://controller:9696
auth_url = http://controller:35357
auth_type = password
project_domain_name = default
user_domain_name = default
region_name = RegionOne
project_name = service
username = neutron
password = NEUTRON_PASS
```

将 NEUTRON_PASS 替换为在认证服务中为 neutron 用户设置的密码。

（5）步骤五：完成安装。

1）重启计算服务。使用如下命令重启计算服务：

```
# systemctl restart OpenStack-nova-compute.service
```

2）启动 Linuxbridge 代理并配置它开机自启动。使用如下命令启动 Linuxbridge 代理并配置它开机自启动：

```
# systemctl enable neutron-linuxbridge-agent.service
# systemctl start neutron-linuxbridge-agent.service
```

（6）步骤六：安装 Dashboard 服务。

1）安装 Dashboard 软件包。使用如下命令安装软件包：

```
# yum install-yOpenStack-dashboard
```

2）编辑文件/etc/OpenStack-dashboard/local_settings。

a）在 controller 节点上配置仪表盘以使用 OpenStack 服务：

```
OPENSTACK_HOST = "controller"
```

b）允许所有主机访问仪表板：

```
ALLOWED_HOSTS = [' * ',]
```

c）配置 memcached 会话存储服务：

```
SESSION_ENGINE = 'django.contrib.sessions.backends.cache'
CACHES = {
    'default':{
        'BACKEND':'django.core.cache.backends.memcached.MemcachedCache',
        'LOCATION':'controller:11211',
    }
}
```

d）启用第 3 版认证 API：

```
OPENSTACK_KEYSTONE_URL = "http:// % s:5000/v3" % OPENSTACK_HOST
```

e）启用对域的支持：

```
OPENSTACK_KEYSTONE_MULTIDOMAIN_SUPPORT = True
```

f）配置 API 版本：

```
OPENSTACK_API_VERSIONS = {"identity":3,"image":2,"volume":2,}
```

g）通过仪表盘创建用户时的默认域配置为 default：

```
OPENSTACK_KEYSTONE_DEFAULT_DOMAIN = "default"
```

h）通过仪表盘创建的用户默认角色配置为 user：

```
OPENSTACK_KEYSTONE_DEFAULT_ROLE = "user"
```

如果读者选择网络参数 1，禁用支持 3 层网络服务：

```
OPENSTACK_NEUTRON_NETWORK = {        …
    'enable_router':False,
    'enable_quotas':False,
    'enable_distributed_router':False,
    'enable_ha_router':False,
    'enable_lb':False,
    'enable_firewall':False,
    'enable_vpn':False,
    'enable_fip_topology_check':False,
}
```

i）配置时区：

```
TIME_ZONE = "TIME_ZONE"
```

使用恰当的时区标识替换'TIME_ZONE'。

（7）步骤七：完成安装。重启 Web 服务器以及会话存储服务：

```
# systemctl restart httpd. service memcached. service
```

至此，Dashboard 服务安装完成。

5.4.3 能力提升

插入制作好的 USB 引导盘，重新引导系统安装后，按照本任务的示范步骤重新部署 Open-Stack 网络和 Dashboard 服务，具体要求如下。

（1）按照任务 1 的安装步骤，独立重复一遍系统安装步骤。

（2）系统安装完成后，独立重复一遍 OpenStack 网络服务安装步骤。

（3）OpenStack 网络服务安装完成以后，独立重复一遍 Dashboard 服务安装步骤。

5.5　效果评价

效果评价参见任务 1，评价标准见附录任务 5。

5.6　相关知识与技能

5.6.1 OpenStack 网络（neutron）相关概念

OpenStack 网络（neutron）管理 OpenStack 环境中所有虚拟网络基础设施（VNI）、物理网络基础设施（PNI）的接入层。OpenStack 网络允许租户创建包括像防火墙、负载均衡和虚拟私有网络（VPN）等高级虚拟网络拓扑。网络服务提供网络、子网以及路由这些对象的抽象概念。对于任意一个给定的网络都必须包含至少一个外部网络、不像其他的网络那样，外部网络不仅仅是一个定义的虚拟网络。相反，它代表了一种 OpenStack 安装之外的能从物理的、外部的网络访问的视图，外部网络上的 IP 地址可供外部网络上的任意的物理设备访问。外部网络之外，任何 Networking 设置拥有一个或多个内部网络。这些软件定义的网络直接连接到虚拟机。仅仅在给定网络上的虚拟机，或那些在通过接口连接到相近路由的子网上的虚拟机，能直接访问连接到那个网络上的虚拟机。如果外部网络想要访问实例或者实例想要访问外部网络，那么网络之间的路由就是必要的了。每一个路由都配有一个网关用于连接到外部网络，以及一个或多个连接到内部网络的接口，就像一个物理路由一样，子网可以访问同一个路由上其他子网中的机器，并且机器也可以通过路由的网关访问外部网络。另外，读者可以将外部网络的 IP 地址分配给内部网络的端口。不管什么时候一旦有连接访问到子网，那么这个连接被称作端口。读者可以给实例的端口分配外部网络的 IP 地址，通过这种方式，外部网络上的实体可以访问实例。

网络服务同样支持安全组。安全组允许管理员在安全组中定义防火墙规则。一个实例可以属于一个或多个安全组，网络为这个实例配置这些安全组中的规则、阻止或者开启端口、端口范围或者通信类型。

每一个 Networking 使用的插件都有其自有的概念。虽然对操作 VNI 和 OpenStack 环境不是至关重要的，但理解这些概念能帮助读者设置 Networking。所有的 Networking 安装使用了一个核心插件和一个安全组插件（或仅是空操作安全组插件）。另外，防火墙即服务（FWaaS）和负载均衡即服务（LBaaS）插件也是可用的。

5.6.2 OpenStack Dashboard 相关知识

1. OpenStack Dashboard 功能结构分析

OpenStack Dashboard 是 OpenStack 体系中的人机交互 Web 界面，使用 python 语言开发而成，也是入手 OpenStack 的入口之一。

Dashboard（在 django 里称为 App）通常情况下由四个组件组成，分别为 panel、可选 tab、table 和 view。其中 panel、tab 和 table 用于导航，真正展示数据的在 view 里面。它们之间的关系如下：panel 包含 tab，tab 包含 table，view 包含 table 或者 tab。

Horizon 是 OpenStack 的一个子项目，用于提供一个 Web 前端控制台（称为 Dashboard），以此来展示 OpenStack 的功能。通常情况下，都是从 Dashboard 开始来了解 OpenStack 的。实际上，Horizon 并不会为 OpenStack 添加任何一个新的功能，它只是使用了 OpenStack 部分 API 功能，因此，可以扩展 Horizon 的功能，扩展 Dashboard。

Horizon 是一个基于 Django 项目的 OpenStack 云的可扩展框架。它使用 OpenStack API，意在为 OpenStack 云管理员提供一个完整的 OpenStack 云的操作面板（Web ui 交互界面），随着可重用组件的加入，使开发者可以轻松构建新的仪表盘子件，但是在实际使用中，读者会发现，Horizon 并没能全部分封装到所有 OpenStack 各个组件的 API 接口，因此在 OpenStack 云的管理中，horizon 也还有不能全面应付的难题。

关于 horizon 的基本安装环境，除了需要 python 这个编程语言的支持之外（只支持 python2.7-)，django 这个 python 的 Web 开发框架必不可少，还有就是 OpenStack 的基础组件，毕竟，Horizon 也是对 OpenStack 的部分 api 的封装，因此必须有 OpenStack 的运行空间，其中 nova、keystone、glance、neutron 必不可少。

2. Dashboard 概览图

图 5-1 是 Dashboard 界面图，供读者学习时参考。

图 5-1　Dashboard 界面

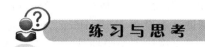

一、单选题（10 道）

1. 华为或者 CISCO 交换机每个接口都有一个缺省 VLAN，默认 VLAN 是（　　）。

　　A. VLAN1　　　　　　B. VLAN 999　　　　　C. VLAN 99　　　　　　D. VLAN 101

2. 在一个双绞线网络中的一个网络接口上监测到网络冲突，从这个表述中，有关这个网络接口，说法正确的是（　　）。

　　A. 这是一个 10Mb/s 接口　　　　　　　　B. 这是一个 100Mb/s 接口

　　C. 这是一个半双工以太网接口　　　　　　D. 这是一个全双工以太网接口

3. 在交换机上 switchport trunk native vlan 999 这个命令的作用是（　　）。

　　A. 没有标记的流量都打上 vlan999　　　　B. 阻塞 VLAN999 从这个链路通过

　　C. 创立 vlan999 端口　　　　　　　　　　D. 制定所有的未知标记帧为 VLAN999

4. 一个交换机的所有端口分配在 VLAN2，且使用的是全双工快速以太网。现在把交换机的端口划分到新的 vlan 中会发生的情况是（　　）。

　　A. 更多的冲突域将会创建　　　　　　　　B. IP 地址利用率将会更有效

　　C. 比以前需要更多的带宽　　　　　　　　D. 一个额外的广播域将会创建

5. 一个二层交换机根据（　　）确定收到的帧往哪里转发。

　　A. 源 MAC 地址　　　B. 源 IP 地址　　　　　C. 源端口　　　　　　D. 目的 MAC 地址

6. 如图 5-2 所示，一个管理员 ping 默认网关，并且看到以下输出，这是 OSI 的哪一层问题？（　　）

```
C:\> ping 10.10.10.1

Pinging 10.10.10.1 with 32 bytes of data:
Request timed out.
Request timed out.
Request timed out.
Request timed out.
Ping statistics for 10.10.10.1:
Packets: Sent = 4, Received = 0, Lost = 4 (100% loss)
```

图 5-2　任务 5 习题图

　　A. 数据链路层　　　　B. 应用层　　　　　　　C. 访问层　　　　　　D. 网络层

7. VLAN ID 的有效取值范围是（　　　）。
   A. 0 到 4095　　　　B. 1 到 4094　　　　C. 1 到 999　　　　D. 0 到 999

8. 交换机及路由器初始化配置采用（　　　）。
   A. console 方式　　B. Web 方式　　　　C. telnet 方式　　　D. tftp 方式

9. 交换机是基于（　　）转发数据帧的。
   A. MAC 地址　　　　B. IP 地址　　　　　C. 报文　　　　　　D. 数据包

10. 下列关于交换机中 vlan 的描述正确的是（　　　）。
    A. 当接受到一个来自 802.1Q 链路的数据包时，vlan 号是依靠源 MAC 地址表来确定的
    B. 未知的单播帧只在相同的 vlan 端口之间传播
    C. 交换机端口之间应该配置成 access 模式，以便 vlan 之间能穿过端口
    D. 广播和多播帧，可以通过配置转发到不同的 vlan 当中

二、多选题（10 道）

11. OpenStack 网络允许租户创建包括像（　　　）等高级虚拟网络拓扑。
    A. 防火墙　　　　　　　　　　　　B. 负载均衡
    C. 虚拟私有网络（VPN）　　　　　D. 存储仓库
    E. 元数据

12. 华为交换机接口类型可以设置为（　　　）几种。
    A. Access 接口　　　　　　　　　B. Trunk 接口
    C. Hybrid 接口　　　　　　　　　D. Colsole 接口
    E. Ethernet 接口

13. 下列（　　　）三项是 vlan 的优势。
    A. 他们增加了冲突域的大小
    B. 他们允许根据使用者功能进行逻辑分组
    C. 他们能提高网络安全性
    D. 他们增加了广播域的大小，并减少冲突域的数量
    E. 他们增加了广播域的数量并减少了广播域的大小

14. 实施 vlan 有（　　　）三项好处。
    A. 广播风暴会被抑制，通过增大广播域的数量和减少广播域的大小
    B. 广播风暴会被抑制，通过减小广播域的数量和增大广播域的大小
    C. 通过分割不同的网络数据从而达到更高的网络安全
    D. 基于端口的 vlan 提高了交换机端口的使用效率，由于采用的是 802.1Q
    E. 一个更有效利用带宽，这样可以允许更多的逻辑组使用同一个网络基础设施

15. 交换机可以划分 VLAN 基于（　　　）几种方式。
    A. 根据 MAC 地址划分 VLAN　　　　B. 根据网络层划分 VLAN
    C. 根据 IP 组播划分 VLAN　　　　　D. 基于规则的 VLAN
    E. 根据应用层划分 VLAN

16. OSI 参考模型包含（　　　）。
    A. 应用层和网络层　　　　　　　　B. 会话层和表示层
    C. 物理层　　　　　　　　　　　　D. 数据链路层
    E. 传输层

17. 在升级一个新的 IOS 版本之前，在交换机或者路由器上需要检查（　　　）。

A. 有效的 ROM
B. 可用的 FLASH 和 RAM 内存

C. 查看版本
D. 查看进程

E. 查案运行配置

18. Neutron 二层网络提供了对十多种网络设备的支持，比较常用的两种是（　　）。

A. Linux 网桥　　　B. Openvswitch　　　C. 交换机　　　D. 集线器

E. 路由器

19. 三层路由分为（　　）两种。

A. 静态路由　　　B. EIGRP　　　C. 动态路由　　　D. ERP

E. OSPF

20. Neutron 二层网络包括三个核心实体分别是（　　）。

A. 虚拟网络　　　B. 网段　　　C. 网络端口　　　D. 网桥

E. 子网

三、判断题（10 道）

21. Dashboard 为 OpenStack 提供交互界面。

22. 交换机利用 VLAN 标签中的 VID 来识别数据帧所属的 VLAN。

23. 华为交换机执行命令 ♯port link-type trunk 配置接口类型为 trunk。

24. 交换机是基于源 MAC 来学习，基于目标 MAC 来转发数据帧。

25. 缺省 VLAN 又称 PVID（Port Default VLAN ID）。

26. 交换机工作在网络层。

27. Neutron 提供虚拟网络服务，每个租户可以拥有互相隔离的虚拟网络。

28. Neutron 提供了 OSI 所定义的七层网络中从二层到七层的网络服务。

29. 二层网络是 TCP/IP 七层网络中的网络层。

30. OpenStack 支持基于 GRE 和 VxLAN 技术的二层网络，还有和 SDN 的集成。

练习与思考题参考答案

1. A	2. C	3. A	4. D	5. D	6. D	7. B	8. A	9. A	10. B
11. ABC	12. ABC	13. BCE	14. ACE	15. ABCD	16. ABCDE	17. BC	18. AB	19. AC	20. ABC
21. √	22. √	23. √	24. √	25. √	26. ×	27. √	28. √	29. ×	30. √

任务 6

OpenStack块存储和对象存储服务安装

该训练任务建议用 6 个学时完成学习。

6.1 任务来源

在 OpenStack 云计算环境中，块存储服务为实例提供块存储，对象存储提供对象存储服务。

6.2 任务描述

通过动手实践安装 OpenStack 块存储服务和对象存储服务。

6.3 能力目标

6.3.1 技能目标

完成本训练任务后，读者应当能（够）掌握以下技能。

1. 关键技能

（1）掌握 OpenStack 云产品块存储服务（cinder）的手动安装方法。

（2）掌握 OpenStack 云产品对象存储服务（swift）的手动安装方法。

2. 基本技能

（1）mariadb 数据库的基本操作。

（2）会块存储与对象存储在云计算中的运用。

6.3.2 知识目标

完成本训练任务后，读者应当能（够）学会以下知识。

（1）会存储体系基本知识。

（2）会 OpenStack 云产品块存储服务（cinder）的基本工作原理。

（3）会 OpenStack 云产品对象存储服务（swift）的基本工作原理。

6.3.3 职业素质目标

完成本训练任务后，读者应当能（够）具备以下素质。

（1）具有守时、诚信、敬业精神。

（2）具有安全意识、质量意识、保密意识。

（3）遵守系统调试标准规范，养成严谨科学的学习态度。

（4）养成总结训练过程和结果的习惯，为再次实训总结经验。

（5）树立学习新知识、掌握新技能的自信心。

6.4　任务实施

6.4.1　活动一　知识准备

1. OpenStack 块存储服务（cinder）

OpenStack 块存储服务（cinder）为虚拟机添加持久的存储，块存储提供一个基础设施，目的是为了管理卷以及计算服务交互，为实例提供卷。此服务也会激活管理卷的快照和卷类型的功能。

块存储服务通常包含下列组件。

（1）cinder-api：接收 API 请求，并将其路由到 cinder-volume 执行。

（2）cinder-volume：与块存储服务 cinder-scheduler 的进程进行直接交互。它也可以与这些进程通过一个消息队列进行交互。cinder-volume 服务响应送到块存储服务的请求来维持状态，它也可以和多种存储提供者在驱动架构下进行交互。

（3）cinder-scheduler 守护进程：选择最优存储提供节点来创建卷。其与 nova-scheduler 组件类似。

（4）cinder-backup 守护进程：cinder-backup 服务提供任何种类备份卷到一个备份存储提供者。就像 cinder-volume 服务，它与多种存储提供者在驱动架构下进行交互。

（5）消息队列：在块存储的进程之间路由信息。

2. OpenStack 对象存储服务（swift）

OpenStack 对象存储是一个多租户的对象存储系统，它支持大规模扩展，通过 RESTful HTTP 应用程序接口可以低成本来管理大型的非结构化数据。

它包含下列组件。

（1）代理服务器（swift-proxy-server）：接收 OpenStack 对象存储 API 和纯粹的 HTTP 请求以上传文件，更改元数据，以及创建容器。它可服务于在 web 浏览器下显示文件和容器列表。为了改进性能，代理服务可以使用可选的缓存，通常部署的是 memcache。

（2）账户服务器（swift-account-server）：管理由对象存储定义的账户。

（3）容器服务器（swift-container-server）：管理容器或文件夹的映射，对象存储内部。

（4）对象服务器（swift-object-server）：在存储节点上管理实际的对象，比如文件。

（5）WSGI 中间件：掌控认证，使用 OpenStack 认证服务。

（6）Swift 客户端：用户可以通过此命令行客户端来向 REST API 提交命令，授权的用户角色可以是管理员用户、经销商用户或者是 Swift 用户。

（7）swift-init：初始化环链文件生成的脚本，将守护进程名称当作参数并提供命令。

（8）swift-recon：一个被用于检索多种关于一个集群的度量和计量信息的命令行接口工具，已被 swift-recon 中间件采集。

（9）swift-ring-builder：存储环链建立并重平衡实用程序。

6.4.2　活动二　示范操作

1. 活动内容

（1）手动安装 OpenStack 块存储服务（cider）。

（2）手动安装 OpenStack 对象存储服务（swift）。

2. 操作步骤

（1）步骤一：安装块存储服务并配置控制节点。

1）在安装和配置块存储服务之前，必须创建数据库、服务证书和 API 端点。完成下面的步骤以创建数据库、服务证书和 API 端点。

a）使用数据库连接客户端以 root 用户连接到数据库服务器：

＃mysql-u root-p

b）使用如下命令创建 cinder 数据库：

＃CREATE DATABASE cinder;

c）授予 cinder 数据库合适的访问权限：

＃GRANT ALL PRIVILEGES ON cinder. * TO' cinder'@'localhost' \

IDENTIFIED BY'CINDER_DBPASS';

＃GRANT ALL PRIVILEGES ON cinder. * TO' cinder'@' % ' \

IDENTIFIED BY'CINDER_DBPASS';

使用合适的密码替换 CINDER_DBPASS 并退出数据库客户端。

d）使用任务 2 创建的环境变量脚本 admin-openrc 来获取只有管理员能执行的命令的访问权限：

＃ admin-openrc

e）完成以下步骤以创建服务证书。使用如下命令创建一个 cinder 用户：

＃OpenStack user create--domain default--password-prompt cinder

使用如下命令添加 admin 角色到 cinder 用户上。

＃OpenStack role add--project service--user cinder admin

使用如下命令创建 cinder 和 cinderv2 服务实体：

＃OpenStack service create--name cinder\

--description"OpenStack Block Storage"volume

＃OpenStack service create--name cinderv2\

--description"OpenStack Block Storage"volumev2

f）使用以下命令创建块设备存储服务的 API 入口点。

＃ OpenStack endpoint create--region RegionOne\

volume public http://controller:8776/v1/ % \(tenant_id \)s

＃ OpenStack endpoint create--region RegionOne\

volume internal http://controller:8776/v1/ % \(tenant_id \)s

＃ OpenStack endpoint create--region RegionOne\

volume admin http://controller:8776/v1/ % \(tenant_id \)s

＃ OpenStack endpoint create--region RegionOne\

volumev2 public http://controller:8776/v2/ % \(tenant_id \)s

＃ OpenStack endpoint create--region RegionOne\

volumev2 internal http://controller:8776/v2/ % \(tenant_id \)s

＃ OpenStack endpoint create--region RegionOne\

volumev2 admin http://controller:8776/v2/ % \(tenant_id \)s

2）安装软件包并编辑配置文件。

a）使用如下命令安装相应的软件包：

\# yum install OpenStack-cinder

b）编辑/etc/cinder/cinder.conf文件，同时完成以下步骤。在［database］部分，配置数据库访问：

［database］

connection = mysql + pymysql://cinder:CINDER_DBPASS@controller/cinder

用块设备存储数据库选择的密码替换CINDER_DBPASS。

c）在［DEFAULT］和［oslo_messaging_rabbit］部分，配置RabbitMQ消息队列访问：

［DEFAULT］

rpc_backend = rabbit

［oslo_messaging_rabbit］

rabbit_host = controller

rabbit_userid = OpenStack

rabbit_password = RABBIT_PASS

使用RabbitMQ中为OpenStack设置的密码替换RABBIT_PASS。

d）在［DEFAULT］和［keystone_authtoken］部分，配置认证服务访问：

［DEFAULT］

auth_strategy = keystone

［keystone_authtoken］

auth_uri = http://controller:5000

auth_url = http://controller:35357

memcached_servers = controller:11211

auth_type = password

project_domain_name = default

user_domain_name = default

project_name = service

username = cinder

password = CINDER_PASS

使用认证服务中设置的cinder用户密码替换CINDER_PASS。

e）在［DEFAULT］部分，配置my_ip来使用控制节点管理接口的IP地址。

［DEFAULT］

my_ip = 10.0.0.11

f）在［oslo_concurrency］部分，配置锁路径：

［oslo_concurrency］

lock_path = /var/lib/cinder/tmp

g）使用如下命令初始化块设备服务的数据库：

\# su-s/bin/sh-c"cinder-manage db sync"cinder

3）配置计算节点以使用块设备存储。

a）编辑文件/etc/nova/nova.conf并添加如下到其中：

［cinder］

os_region_name = RegionOne

b）完成安装，使用如下命令重启计算API服务：

```
# systemctl restart OpenStack-nova-api.service
```

c）使用如下命令启动块设备存储服务，并将其配置为开机自启：

```
# systemctl enable\
OpenStack-cinder-api.service OpenStack-cinder-scheduler.service
# systemctl start\
OpenStack-cinder-api.service OpenStack-cinder-scheduler.service
```

（2）步骤二：存储节点安装块存储服务。

1）这个部分描述怎样为块存储服务安装并配置存储节点。为简单起见，这里配置一个本地块存储设备的存储节点，该存储设备使用本地/dev/sdb设备。

a）准备一台系统最小化安装的机器作为部署块存储设备之用，其中该机器需要挂载两款磁盘，其中/dev/sda磁盘作为系统安装盘使用，/dev/sdb磁盘作为本地存储来配置cinder使用。

b）安装LVM软件包：

```
# yum install-y lvm2
```

c）启动LVM的metadata服务并且设置该服务随系统启动：

```
# systemctl enable lvm2-lvmetad.service
# systemctl start lvm2-lvmetad.service
```

d）创建LVM物理卷/dev/sdb：

```
# pvcreate/dev/sdbPhysical volume"/dev/sdb"successfully created
```

e）创建LVM卷组cinder-volumes：

```
# vgcreate cinder-volumes/dev/sdb
```

f）编辑/etc/lvm/lvm.conf文件并完成下面的操作。在devices部分，添加一个过滤器，只接受/dev/sdb设备，拒绝其他所有设备：

```
devices{...filter=["a/sdb/","r/.*/"]
```

2）安装软件包并配置相关组件。

a）安装软件包：

```
# yum install OpenStack-cinder targetcli python-keystone
```

b）编辑/etc/cinder/cinder.conf文件，同时完成如下动作。

在［database］部分，配置数据库访问：

```
[database]
connection=mysql+pymysql://cinder:CINDER_DBPASS@controller/cinder
```

使用块设备存储数据库设置的密码替换CINDER_DBPASS。

在［DEFAULT］和［oslo_messaging_rabbit］部分，配置RabbitMQ消息队列访问：

```
[DEFAULT]
rpc_backend=rabbit
[oslo_messaging_rabbit]
rabbit_host=controller
rabbit_userid=OpenStack
rabbit_password=RABBIT_PASS
```

使用在RabbitMQ中为OpenStack配置的密码替换RABBIT_PASS。

在［DEFAULT］和［keystone_authtoken］部分，配置认证服务访问：

```
[DEFAULT]
```

auth_strategy = keystone

[keystone_authtoken]

auth_uri = http://controller:5000

auth_url = http://controller:35357

memcached_servers = controller:11211

auth_type = password

project_domain_name = default

user_domain_name = default

project_name = service

username = cinder

password = CINDER_PASS

使用在认证服务中为 cinder 用户设置的密码替换 CINDER_PASS。

在［DEFAULT］部分，配置 my_ip 选项：

[DEFAULT]

my_ip = MANAGEMENT_INTERFACE_IP_ADDRESS

将其中的 MANAGEMENT_INTERFACE_IP_ADDRESS 替换为存储节点上的管理网络接口的 IP 地址，例如 10.0.0.31。

在［lvm］部分，配置 LVM 后端以 LVM 驱动结束、卷组 cinder-volumes、iSCSI 协议和正确的 iSCSI 服务：

[lvm]

volume_driver = cinder. volume. drivers. lvm. LVMVolumeDriver

volume_group = cinder-volumes

iscsi_protocol = iscsi

iscsi_helper = lioadm

在［DEFAULT］部分，启用 LVM 后端：

[DEFAULT]

enabled_backends = lvm

在［DEFAULT］区域，配置镜像服务 API 的位置：

[DEFAULT]

glance_api_servers = http://controller:9292

在［oslo_concurrency］部分，配置锁路径：

[oslo_concurrency]

lock_path = /var/lib/cinder/tmp

c）完成安装。使用如下命令启动块存储卷服务及其依赖的服务，并将其配置为随系统启动：

＃ systemctl enable OpenStack-cinder-volume. service target. service

＃ systemctl start OpenStack-cinder-volume. service target. service

至此，cinder 服务安装完成。

（3）步骤三：控制节点安装对象存储服务。OpenStack 对象存储是一个多租户的对象存储系统，它支持大规模扩展，可以以低成本来管理大型的非结构化数据，通过 RESTful HTTP 应用程序接口与其他组件进行通信。

1）按照如下步骤完成创建用户和角色。

a）获得admin凭证来获取只有管理员能执行的命令的访问权限：

＃admin-openrc

b）完成以下步骤以创建身份认证服务的凭证。

使用如下命令创建swift用户：

＃OpenStack user create—domain default—password-prompt swift

使用如下命令给swift用户添加admin角色：

＃OpenStack role add—project service—user swift admin

使用如下命令创建swift服务条目：

＃OpenStack service create—name swift\

—description"OpenStack Object Storage"object-store

c）使用如下命令创建对象存储服务API端点：

＃OpenStack endpoint create—region RegionOne\

object-store public http://controller:8080/v1/AUTH_ % \(tenant_id\)s

＃OpenStack endpoint create—region RegionOne\

object-store internal http://controller:8080/v1/AUTH_ % \(tenant_id\)s

＃OpenStack endpoint create—region RegionOne\

object-store admin http://controller:8080/v1

2）安装软件包并配置相关组件。

a）安装软件包：

＃ yum install OpenStack-swift-proxy python-swiftclient\

python-keystoneclient python-keystonemiddleware memcached

b）使用如下命令从对象存储的仓库源中获取代理服务的配置文件：

＃curl-o/etc/swift/proxy-server. conf\

https://git. OpenStack. org/cgit/OpenStack/swift/plain/etc/proxy-server. conf-sample?h = st-able/ocata

c）编辑文件/etc/swift/proxy-server. conf并完成如下动作：

在［DEFAULT］部分，配置绑定端口，用户和配置目录。

［DEFAULT］

bind_port = 8080

user = swift

swift_dir = /etc/swift

在［pipeline：main］部分，删除tempurl和tempauth模块并增加authtoken和keystoneauth模块：

［pipeline:main］

pipeline = catch_errors gatekeeper healthcheck proxy-logging cache\

container_sync bulk ratelimit authtoken keystoneauth container-quotas\

account-quotas slo dlo versioned_writes proxy-logging proxy-server

在［app：proxy-server］部分，启动自动账户创建。

［app:proxy-server］

use = egg:swift＃proxy

account_autocreate = True

在［filter：keystoneauth］部分，配置操作员角色。

[filter:keystoneauth]

use = egg：swift♯keystoneauth

operator_roles = admin，user

在［filter：authtoken］部分，配置认证服务访问。

[filter:authtoken]

paste. filter_factory = keystonemiddleware. auth_token:filter_factory

auth_uri = http://controller:5000

auth_url = http://controller:35357

memcached_servers = controller:11211

auth_type = password

project_domain_name = default

user_domain_name = default

project_name = service

username = swift

password = SWIFT_PASS

delay_auth_decision = True

使用在身份认证服务中设置的 swift 用户密码来替换 SWIFT_PASS。

在［filter：cache］部分，配置 memcached 的位置：

[filter:cache]

use = egg：swift♯memcache

memcache_servers = controller:11211

（4）步骤四：存储节点安装对象存储服务。

1）在存储节点上安装和配置对象存储服务之前，必须准备好存储设备。本节描述怎样为操作账号、容器和对象服务安装和配置存储节点。这里配置两个存储节点，每个包含两个空本地块存储设备，每个存储节点用的是/dev/sdb 和/dev/sdc 块存储设备。

a）安装支持的工具包：

♯ yum install-y xfsprogs rsync

b）使用 XFS 格式化/dev/sdb 和/dev/sdc 设备：

♯ mkfs. xfs/dev/sdb♯ mkfs. xfs/dev/sdc

c）使用以下命令创建挂载点目录结构：

♯ mkdir-p /srv/node/sdb♯ mkdir-p /srv/node/sdc

d）编辑/etc/fstab 文件并添加以下内容：

/dev/sdb/srv/node/sdb xfs noatime,nodiratime,nobarrier,logbufs = 8 0 2

/dev/sdc/srv/node/sdc xfs noatime,nodiratime,nobarrier,logbufs = 8 0 2

e）使用以下命令挂载设备：

♯ mount/srv/node/sd b♯ mount/srv/node/sdc

f）创建并编辑/etc/rsyncd. conf 文件并包含以下内容：

uid = swift

gid = swift

log file = /var/log/rsyncd. log

```
pid file = /var/run/rsyncd.pid
address = MANAGEMENT_INTERFACE_IP_ADDRESS
[account]
max connections = 2
path = /srv/node/
read only = False
lock file = /var/lock/account.lock
[container]
max connections = 2
path = /srv/node/
read only = False
lock file = /var/lock/container.lock
[object]
max connections = 2
path = /srv/node/
read only = False
lock file = /var/lock/object.lock
```

替换 MANAGEMENT_INTERFACE_IP_ADDRESS 为存储节点管理网络的 IP 地址。

g) 启动 rsyncd 服务和配置它随系统启动:

```
# systemctl enable rsyncd.service
# systemctl start rsyncd.service
```

2) 安装 swift 服务相关软件包并配置组件。

a) 安装软件包:

```
# yum install OpenStack-swift-account OpenStack-swift-container \
OpenStack-swift-object
```

b) 使用如下命令从对象存储源仓库中获取 accounting, container 以及 object 服务配置文件:

```
# curl-o /etc/swift/account-server.conf
```
https://git.OpenStack.org/cgit/OpenStack/swift/plain/etc/account-server.conf-sample? h = stable/ocata

```
# curl-o /etc/swift/container-server.conf
```
https://git.OpenStack.org/cgit/OpenStack/swift/plain/etc/container-server.conf-sample? h = stable/ocata

```
# curl-o /etc/swift/object-server.conf
```
https://git.OpenStack.org/cgit/OpenStack/swift/plain/etc/object-server.conf-sample? h = stable/ocata

c) 编辑 /etc/swift/account-server.conf 文件并完成下面操作。

在 [DEFAULT] 部分,配置绑定 IP 地址,绑定端口、用户,配置目录和挂载目录:

```
[DEFAULT]
bind_ip = MANAGEMENT_INTERFACE_IP_ADDRESS
bind_port = 6002
user = swift
```

swift_dir = /etc/swift

devices = /srv/node

mount_check = True

替换 MANAGEMENT_INTERFACE_IP_ADDRESS 为存储节点管理网络的 IP 地址。

在［pipeline：main］部分，启用合适的模块：

［pipeline：main］

pipeline = healthcheck recon account-server

在［filter：recon］部分，配置 recon（meters）缓存目录：

［filter：recon］

use = egg：swift♯recon

recon_cache_path = /var/cache/swift

d）编辑/etc/swift/container-server. conf 文件并完成下列操作。

在［DEFAULT］部分，配置绑定 IP 地址，绑定端口、用户，配置目录和挂载目录：

［DEFAULT］

bind_ip = MANAGEMENT_INTERFACE_IP_ADDRESS

bind_port = 6001

user = swift

swift_dir = /etc/swift

devices = /srv/node

mount_check = True

替换 MANAGEMENT_INTERFACE_IP_ADDRESS 为存储节点管理网络的 IP 地址。

在［pipeline：main］部分，启用合适的模块：

［pipeline：main］

pipeline = healthcheck recon container-server

在［filter：recon］部分，配置 recon（meters）缓存目录：

［filter：recon］

use = egg：swift♯recon

recon_cache_path = /var/cache/swift

e）编辑/etc/swift/object-server. conf 文件并完成下列操作。

在［DEFAULT］部分，配置绑定 IP 地址，绑定端口、用户，配置目录和挂载目录：

［DEFAULT］

bind_ip = MANAGEMENT_INTERFACE_IPADDRESS

bind_port = 6000

user = swift

swift_dir = /etc/swift

devices = /srv/node

mount_check = True

替换 MANAGEMENT_INTERFACE_IP_ADDRESS 为存储节点管理网络的 IP 地址。

在［pipeline：main］部分，启用合适的模块：

［pipeline：main］

pipeline = healthcheck recon object-server

在［filter：recon］部分，配置 recon（meters）缓存和 lock 目录：

[filter:recon]

use = egg:swift#recon

recon_cache_path = /var/cache/swift

recon_lock_path = /var/lock

f）确认挂载点目录结构是否有合适的所有权：

chown-R swift:swift /srv/node

g）创建 recon 目录和确保它有合适的所有权：

mkdir-p /var/cache/swift

chown-R root:swift /var/cache/swift

chmod-R 775 /var/cache/swift

h）从对象存储源仓库中获取 /etc/swift/swift.conf 文件：

curl-o /etc/swift/swift.conf \

https://git.OpenStack.org/cgit/OpenStack/swift/plain/etc/swift.conf-sample? h = stable/ocata

i）编辑 /etc/swift/swift.conf 文件并完成以下动作。

在［swift-hash］部分，为读者所搭建的环境配置哈希路径前缀和后缀：

[swift-hash]

swift_hash_path_suffix = HASH_PATH_SUFFIX

swift_hash_path_prefix = HASH_PATH_PREFIX

将其中的 HASH_PATH_PREFIX 和 HASH_PATH_SUFFIX 替换为唯一的值。

在［storage-policy：0］部分，配置默认存储策略：

[storage-policy:0]

name = Policy-0

default = yes

j）复制 swift.conf 文件到每个存储节点和其他允许了代理服务的额外节点的/etc/swift 目录。

在所有节点上，确认配置文件目录是否有合适的所有权：

chown-R root:swift /etc/swift

k）在控制节点和其他运行了代理服务的节点上，启动对象存储代理服务及其依赖服务，并

将它们配置为随系统启动：

systemctl enable OpenStack-swift-proxy. service memcached. service

systemctl start OpenStack-swift-proxy. service memcached. service

l）在存储节点上，启动对象存储服务，并将其设置为随系统启动：

systemctl enable OpenStack-swift-account. service\

OpenStack-swift-account-auditor. service\

OpenStack-swift-account-reaper. service\

OpenStack-swift-account-replicator. service

systemctl start OpenStack-swift-account. service\

OpenStack-swift-account-auditor. service \

OpenStack-swift-account-reaper. service \

OpenStack-swift-account-replicator. service

systemctl enable OpenStack-swift-container. service \

OpenStack-swift-container-auditor. service\

OpenStack-swift-container-replicator. service \

OpenStack-swift-container-updater. service

　＃ systemctl start OpenStack-swift-container. service \

OpenStack-swift-container-auditor. service \

OpenStack-swift-container-replicator. service \

OpenStack-swift-container-updater. service

　＃ systemctl enable OpenStack-swift-object. service

OpenStack-swift-object-auditor. service \

OpenStack-swift-object-replicator. service \

OpenStack-swift-object-updater. service

　＃ systemctl start OpenStack-swift-object.

service OpenStack-swift-object-auditor. service\

OpenStack-swift-object-replicator. service \

OpenStack-swift-object-updater. service

　　至此，swift 服务安装完成。

　　（5）步骤五：验证 OpenStack 部署结构。

　　1）在浏览器中输入 http：//controller：ipaddress/ dashboard 验证 OpenStack Web 管理界面是否可以访问，出现如图 6-1 所示界面，证明 horizon 服务部署 ok。

　　2）输入用户名和密码，登录 OpenStack Web 管理客户端查看其他服务是否部署成功。如图 6-2 所示，可以看到 keystone、nova、neutron、swift 等核心服务都已经部署成功。

图 6-1　OpenStack 登录界面

图 6-2　验证其他服务部署结果

6.4.3 活动三　能力提升

根据以上实验步骤，重新进行实验环境部署，具体步骤如下。

（1）熟悉 mariadb 数据库的基本操作。

（2）手动安装 OpenStack 块存储服务（cinder）。

（3）手动安装 OpenStack 对象存储服务（swift）。

6.5　效果评价

效果评价参见任务 1，评价标准见附录任务 6。

6.6 相关知识与技能

6.6.1 常见的硬盘接口标准

从整体的角度上看，硬盘接口分为 IDE、SATA、SCSI、SAS 和光纤通道五种，IDE 接口硬盘多用于家用产品中，也部分应用于服务器；SCSI 接口的硬盘则主要应用于服务器市场；而光纤通道只用于高端服务器上，价格昂贵；SATA 主要应用于家用市场，有 SATA、SATAII、SA-TAIII 是现在的主流。

在 IDE 和 SCSI 的大类别下，又可以分出多种具体的接口类型，又各自拥有不同的技术规范，具备不同的传输速度，比如 ATA100 和 SATA；Ultra160 SCSI 和 Ultra320 SCSI 都代表着一种具体的硬盘接口，各自的速度差异也较大。

1. IDE

IDE 的英文全称为 "Integrated Drive Electronics"，即 "电子集成驱动器"。它的本意是指把"硬盘控制器"与"盘体"集成在一起的硬盘驱动器。把盘体与控制器集成在一起的做法减少了硬盘接口的电缆数目与长度，数据传输的可靠性得到了增强，硬盘制造起来变得更容易，因为硬盘生产厂商不需要再担心自己的硬盘是否与其他厂商生产的控制器兼容。对用户而言，硬盘安装起来也更为方便。IDE 这一接口技术从诞生至今就一直在不断发展，性能也不断地提高，其拥有价格低廉、兼容性强等特点，造就了其他类型硬盘无法替代的地位。

2. SCSI

SCSI 的英文全称为 "Small Computer System Interface"（小型计算机系统接口），是同 IDE（ATA）完全不同的接口，IDE 接口是普通 PC 的标准接口，而 SCSI 并不是专门为硬盘设计的接口，是一种广泛应用于小型机上的高速数据传输技术。SCSI 接口具有应用范围广、多任务、带宽大、CPU 占用率低以及热插拔等优点，但较高的价格使得它很难如 IDE 硬盘般普及，因此 SCSI 硬盘主要应用于中、高端服务器和高档工作站中。

3. 光纤通道

光纤通道的英文拼写是 Fibre Channel，和 SCSI 接口一样，光纤通道最初也不是为硬盘设计开发的接口技术，是专门为网络系统设计的，但随着存储系统对速度的需求，才逐渐应用到硬盘系统中。光纤通道硬盘是为提高多硬盘存储系统的速度和灵活性才开发的，它的出现大大提高了多硬盘系统的通信速度。光纤通道的主要特性有热插拔、高速带宽、远程连接、连接设备数量大等。

光纤通道是为在像服务器这样的多硬盘系统环境而设计，能满足高端工作站、服务器、海量存储子网络、外设间通过集线器、交换机和点对点连接进行双向、串行数据通信等系统对高数据传输率的要求。

4. SATA

使用 SATA（Serial ATA）口的硬盘又叫串口硬盘，是未来 PC 机硬盘的趋势。2001 年，由 Intel、APT、Dell、IBM、希捷、迈拓这几大厂商组成的 Serial ATA 委员会正式确立了 Serial ATA 1.0 规范，2002 年，虽然串行 ATA 的相关设备还未正式上市，但 Serial ATA 委员会已抢先确立了 Serial ATA 2.0 规范。Serial ATA 采用串行连接方式，串行 ATA 总线使用嵌入式时钟信号，具备了更强的纠错能力，与以往相比其最大的区别在于能对传输指令（不仅仅是数据）进行检查，如果发现错误会自动矫正，这在很大程度上提高了数据传输的可靠性。串行接口还具有结构简单、支持热插拔等优点。

5. SATAⅡ接口

SATA Ⅱ是在 SATA 的基础上发展起来的，其主要特征是外部传输率从 SATA 的 1.5Gbit/s（150MB/s）进一步提高到了 3Gbit/s（300MB/s），此外还包括 NCQ（Native Command Queuing，原生命令队列）、端口多路器（Port Multiplier）、交错启动（Staggered Spin-up）等一系列的技术特征。单纯的外部传输率达到 3Gbit/s 并不是真正的 SATA Ⅱ。

SATA Ⅱ的关键技术就是 3Gbit/s 的外部传输率和 NCQ 技术。NCQ 技术可以对硬盘的指令执行顺序进行优化，避免像传统硬盘那样机械地按照接收指令的先后顺序移动磁头读写硬盘的不同位置，与此相反，它在接收命令后先对其进行排序，排序后的磁头将以高效率的顺序进行寻址，从而避免磁头反复移动带来的损耗，延长硬盘寿命。另外并非所有的 SATA 硬盘都可以使用 NCQ 技术，除了硬盘本身要支持 NCQ 之外，也要求主板芯片组的 SATA 控制器支持 NCQ。此外，NCQ 技术不支持 FAT 文件系统，只支持 NTFS 文件系统。

6.6.2　磁盘、卷组、逻辑卷之间的关系

1. 磁盘（PV，Physical Volume）

磁盘就叫物理卷，磁盘分区是从逻辑上与磁盘分区具有同样功能的设备（如 RAID），是 LVM 的基本存储逻辑块，但和基本的物理存储介质（如分区、磁盘等）比较，却包含有与 LVM 相关的管理参数。当前 LVM 允许用户在每个物理卷上保存这个物理卷的 0～2 份元数据拷贝，默认为 1，保存在设备的开始处，为 2 时，在设备结束处保存第二份备份。

2. 卷组（VG，Volume Group）

LVM 卷组类似于非 LVM 系统中的物理硬盘，其由物理卷组成。可以在卷组上创建一个或多个"LVM 分区"（逻辑卷），LVM 卷组由一个或多个物理卷组成。

3. 逻辑卷（LV，Logical Volume）

LVM 的逻辑卷类似于非 LVM 系统中的硬盘分区，在逻辑卷之上可以建立文件系统（比如/home 或者/usr 等）。

4. 分区

分区从实质上说就是对硬盘的一种格式化。当创建分区时，就已经设置好了硬盘的各项物理参数，指定了硬盘主引导记录（即 Master Boot Record，一般简称为 MBR）和引导记录备份的存放位置。对于文件系统以及其他操作系统管理硬盘所需要的信息则是通过之后的高级格式化，即 Format 命令来实现。

5. 线性逻辑卷（Linear Volumes）

一个线性逻辑卷聚合多个物理卷成为一个逻辑卷，比如读者有两个 60GB 硬盘，那就可以生成 120GB 的逻辑卷。

6. PE（Physical Extent）

每一个物理卷被划分为称为 PE（Physical Extents）的基本单元，具有唯一编号的 PE 是可以被 LVM 寻址的最小单元。PE 的大小是可配置的，默认为 4MB。

7. LE（Logical Extent）

逻辑卷也被划分为 LE（Logical Extents）的可被寻址的基本单位。在同一个卷组中，LE 的大小和 PE 是相同的，并且一一对应。

和非 LVM 系统将包含分区信息的元数据保存在位于分区的起始位置的分区表中一样，逻辑卷以及卷组相关的元数据也是保存在位于物理卷起始处的 VGDA（卷组描述符区域）中。VGDA

包括以下内容：PV 描述符、VG 描述符、LV 描述符和一些 PE 描述符。系统启动 LVM 时激活 VG，并将 VGDA 加载至内存，来识别 LV 的实际物理存储位置。当系统进行 I/O 操作时，就会根据 VGDA 建立的映射机制来访问实际的物理位置。

练习与思考

一、单选题（10 道）

1. OpenStack 块存储服务是（　　）。
   A. cinder　　　　B. swift　　　　C. nova　　　　D. Keystone

2. OpenStack 对象存储服务是（　　）。
   A. cinder　　　　B. Dashboard　　　　C. swift　　　　D. Neutron

3. 下列 RAID 级别中数据冗余最弱的是（　　）。
   A. RAID 10　　　B. RAID 5　　　C. RAID 0　　　D. RAID 1

4. 下列不是存储设备介质的是（　　）。
   A. 磁盘　　　　B. CPU　　　　C. 磁带　　　　D. 关盘

5. 服务器中支持 RAID 技术的部件是（　　）。
   A. CPU　　　　B. 主板　　　　C. 电源　　　　D. 磁盘

6. 用于衡量磁盘实际工作速率的参数是（　　）。
   A. 外部数据传输率　B. 最高数据传输率
   C. 局部数据传输率　D. 内部数据传输率

7. 固态硬盘的优势不包括（　　）。
   A. 启动快　　　　B. 价格低　　　　C. 读取数据延长小　　D. 功耗低

8. 如果要创建一个 RAID 10 的 RAID 组，至少需要（　　）块磁盘。
   A. 1　　　　B. 2　　　　C. 3　　　　D. 4

9. 创建一个 RAID 5 的 RAID 组，至少需要（　　）块磁盘。
   A. 1　　　　B. 2　　　　C. 3　　　　D. 4

10. 下列应用（　　）更适合大缓存块。
   A. 数据库　　　　B 数据仓库　　　　C. 文件系统　　　D. 数据多媒体

二、多选题（10 道）

11. OpenStack 块存储服务通常包含下列（　　）组件。
   A. cinder-api　　　　　　　　　B. cinder-volume
   C. cinder-scheduler　　　　　　D. cinder-backup
   E. 消息队列

12. OpenStack 对象存储服务通常包含下列（　　）组件。
   A. 代理服务器　　B. 账户服务器　　C. 容器服务器　　D. 对象服务器
   E. swift 客户端

13. 以下关于存储描述正确的有（　　）。
   A. NAS 本身装有独立的 OS，通过网络协议可实现完全跨平台共享
   B. SAN 是独立出一个数据存储网络，网络内部的数据传输率很快，但操作系统仍停留在服务器端，用户不直接访问 SAN 网
   C. NAS 适合存储存储量大的块级应用，数据备份，以及恢复占用网络带宽

D. SAN 相比 NAS 成本较高，安装和升级比 NAS 复杂

E. SAN 是基于 IP 协议

14. 当前存储体系主要有以下（　　）几种。

A. DAS　　　　　　B. NAS　　　　　　C. SAN　　　　　　D. SCSI

E. SCSIB

15. 按照实现方式的不同，SAN（storage area network）可分类为（　　）。

A. FC-SAN　　　　B. SAS　　　　　　C. IP-SAN　　　　　D. SCSI

E. SCSIB

16. FC-SAN 和 IP-SAN 的典型组网方式有（　　）。

A. 直连　　　　　　B. 曲连　　　　　　C. 单交换　　　　　D. 双交换

E. 环连

17. 以下有关 FC-SAN 和 IP-SAN 的描述中，正确的有（　　）。

A. FC-SAN 有非常高的传输和读写性能，IP-SAN 目前主流 1Gb，10Gb 正在发展

B. FC-SAN 需要单独建设光纤网络和 HBA 卡，IP-SAN 使用现有 IP 网络即可

C. FC-SAN 安全性没有 IP-SAN 高

D. FC-SAN 在容灾方面比 IP-SAN 成本高

E. FC-SAN 实现比 IP-SAN 容易

18. 实现虚拟存储的方法有（　　）。

A. 基于主机的虚拟存储　　　　　　　　B. 基于存储设备的虚拟存储

C. 基于网络的虚拟存储　　　　　　　　D. 基于传输协议的虚拟存储

E. 基于传输介质的虚拟存储

19. 在选择采用何种 RAID 类型的时候，必须注意的事项有（　　）。

A. 用户数据需要多少空间　　　　　　　B. 磁盘的读写速度

C. 检验带来的磁盘空间损失　　　　　　D. 应用的性能要求

E. 磁盘故障时，磁盘的重建时间

20. 常见磁盘阵列分类包括（　　）。

A. JBOD　　　　　　B. SBOD　　　　　C. LUN　　　　　　D. VG

E. RAID

三、判断题（10 道）

21. 对象存储提供对象存储服务。

22. 在 OpenStack 云计算环境中，块存储服务为实例提供块存储。

23. 块存储服务主要是为虚拟机器提供弹性存储服务。

24. 目前 RAID 的实现方式分为硬件 RAID 方式和软件 RAID 方式两种。

25. 基于网络层的存储虚拟化优势是与主机无关，不占用主机资源。

26. 3 块 2T 大小的磁盘做成 RAID 5 以后可用的磁盘空间为 6T。

27. 组件 RAID 5 阵列组至少需要 4 块磁盘。

28. 存储虚拟化是对存储硬件资源进行抽象化表现。

29. NAS 对于连续型数据块传输的性能最好。

30. 常见的磁盘阵列包括 JBOD、SBOD 和 RAID。

练习与思考题参考答案

1. C	2. F	3. C	4. B	5. D	6. D	7. B	8. D	9. C	10. D
11. ABCDE	12. ABCDE	13. ABD	14. ABC	15. AC	16. ACD	17. ABD	18. ABC	19. ACDE	20. ABE
21. √	22. √	23. √	24. √	25. √	26. ×	27. ×	28. √	29. ×	30. √

任务 7

OpenStack RDO自动化部署

该训练任务建议用 6 个学时完成学习。

7.1 任务来源

众所周知，OpenStack 是由众多内部组件和第三方软件组成的庞大而复杂的分布式系统。手工部署 OpenStack 是一件非常繁琐而且容易出错的工作，而且手工部署的效率不高，影响到 OpenStack 的发展和应用，因此，自动化部署非常有必要。

7.2 任务描述

在服务器上安装 CentOS7，并准备 RDO 安装前的 yum 环境，修改配置文件实现 OpenStack RDO 自动化部署。

7.3 能力目标

7.3.1 技能目标

完成本训练任务后，读者应当能（够）掌握以下技能。

1. 关键技能

（1）会修改 Linux 配置文件。

（2）会配置 Linux 系统防火墙。

（3）会配置 RDO 配置文件。

2. 基本技能

（1）会安装 Linux 操作系统。

（2）会使用 Linux 基本操作命令。

7.3.2 知识目标

完成本训练任务后，读者应当能（够）学会以下知识。

（1）掌握 Linux 网络设置及原理。

（2）掌握 Linux 下使用 RDO yum 源安装 OpenStack 云产品。

（3）掌握 RDO 自动化安装方法中的配置参数及其含义。

7.3.3 职业素质目标

完成本训练任务后，读者应当能（够）具备以下素质。

（1）具有守时、诚信、敬业精神。

（2）具有安全意识、质量意识、保密意识。

（3）遵守系统调试标准规范，养成严谨科学的学习态度。

（4）养成总结训练过程和结果的习惯，为再次实训总结经验。

（5）树立学习新知识、掌握新技能的自信心。

（6）培养喜爱云计算运维管理工作的心态。

7.4 任务实施

7.4.1 活动一　知识准备

（1）安装 Linux 的操作系统方法。

（2）OpenStack 中所使用的基础服务。

（3）操作系统的配置模块相关知识，例如防火墙、网卡等。

7.4.2 活动二　示范操作

1. 活动内容

搭建一台 Linux 服务器并配置好基础环境，用 RDO 安装工具 packstack 命令生成配置文件，使用文件进行配置自动化安装 OpenStack。具体要求如下。

（1）安装 OpenStack 不能用 root 用户，新建专用的用户来安装。

（2）安装完 OpenStack 后，用浏览器能登入且每个模块都能正常运行。

2. 操作步骤

（1）步骤一：RDO 安装前的准备。

1）服务器最少 4G 内存，建议 6G 以上，CPU 开启虚拟化功能再安装 CentOS 7，创建 stack 用户，稍后用 stack 用户来安装 OpenStack。

```
sudo groupadd stack
sudo useradd-g stack-s /bin/bash-d /opt/stack-m stack
sudo echo"stack ALL = (ALL) NOPASSWD:ALL">>/etc/sudoers
sudo su- stack
```

2）配置网络设置。

```
sudo systemctl disable firewalld
sudo systemctl stop firewalld
sudo systemctl disable NetworkManager
sudo systemctl enable network
sudo systemctl start network
```

（2）步骤二：RDO 安装与配置。

1）下载并安装 RDO YUM 源来更新 OpenStack YUM 源软件及相关依赖。

```
sudo yum install-y centos-release-OpenStack-ocata
```

```
sudo yum update-y
sudo yum install-y OpenStack-packstack
```

2）生产配置文件，并且配置 RDO 安装。

```
sudo packstack--gen-answer-file = answer. txt        #生成应答文件
sudo vi answer. txt
1157 # Specify'y'to provision for demo usage and testing.['y','n']
1158 CONFIG_PROVISION_DEMO = n                       #demo 测试改为 n
795 # Specify'y'to install OpenStack Networking's Load-Balancing-
796 # as-a-Service(LBaaS).['y','n']
797 CONFIG_LBAAS_INSTALL = y                        #网络负载均衡服务改为 y
803 # Specify'y'to configureOpenStack Networking's Firewall-
804 # as-a-Service(FWaaS).['y','n']
805 CONFIG_NEUTRON_FWAAS = y                        #网络防火墙服务改为 y
sudo packstack--answer-file = answer. txt   #使用文件进行配置安装 web 管理界面……
```

（3）步骤三：管理界面登录。

1）获取管理员密码。

```
[stack@localhost ～]$ cat keystonerc_admin
unset OS_SERVICE_TOKEN
    export OS_USERNAME = admin
    export OS_PASSWORD = 6ed9b958105c4882
    export OS_AUTH_URL = http://192. 168. 84. 100:5000/v3
    export PS1 = '[\u@\h\W(keystone_admin)]$'
```

2）在浏览器上输入 http://IP/dashboard/，输入账户和密码登录 OpenStack GUI 管理界面，如图 7-1 所示。

图 7-1 OpenStackGUI 管理界面

7.4.3 活动三 能力提升

配置一台新的 Linux 服务器，搭建网络环境完成 OpenStack 自动化安装，具体要求如下。

（1）用专用账号安装 OpenStack。

（2）安装完后用 admin 账号能顺利登入 Web。

（3）通过 web 修改 admin 账号密码。

7.5 效果评价

效果评价参见任务 1，评价标准见附录任务 7。

7.6 相关知识与技能

RDO 概述

RDO OpenStack 是红帽发布的一款社区版，类似 fedora 模式，通过社区方式去推动模式，红帽企业版的软件或程序工具都是通过 fedora 社区版进行测试，一旦成熟移植到 RHEL 企业版中，那么当前的 RDO OpenStack 也是红帽围绕 RDO 建立一个开发者和用户社区，它在 RHEL、Fedora、CentOS 平台上运行，包括了 OpenStack 核心组件，如 nova、glance、keystone、swift 等组件，还包含一些资源监测工具 nagios 等。Red Hat 还创建一个名为 "PackStack" 的新的 RDO 安装工具。

练习与思考

一、单选题（10 道）

1. Intel cpu 支持的虚拟化技术是（　　）。

　　A. VT-x　　　　B. V/RVI　　　　C. TV　　　　　　D. V/TV-x

2. 在 Linux 操作系统中，（　　）文件负责配置 DNS，它包含了主机的域名搜索顺序和 DNS 服务器的地址。

　　A. /etc/hostname　　B. /etc/host. conf　　C. /etc/resolv. conf　　D. /etc/name. conf

3. Linux 系统在默认情况下将创建的普通文件的权限设置为（　　）。

　　A. -rw-r-r-　　　　B. -r-r-r-　　　　C. -rw-rw-rwx　　　D. -rwxrwxrw-

4. 使用 root 账户连接一个 ip 为 192.168.1.1 的机器的命令是（　　）。

　　A. ssh 192.168.1.1-V root　　　　　　B. ssh 192.168.1.1-p root

　　C. ssh 192.168.1.1-a root　　　　　　D. ssh 192.168.1.1-l root

5. 通过更改 Linux 配置文件（　　）的方式实现开机自动挂载文件系统到指定目录。

　　A. /etc/fstab　　　B. /etc/passwd　　　C. /etc/hosts　　　D. /etc/rc. local

6. Linux 操作系统普通用户 admin 的家目录是（　　）。

　　A. /home/admin　　B. /home/root　　　C. /root　　　　　D. /home

7. ssh 服务-p 参数的意思是（　　）。

　　A. 查看客户端信息　B. 指定端口　　　C. 指定用户　　　D. 查看客户端版本

8. ssh 服务私钥的作用是（　　）。

A. 加密　　　　　　　B. 解密　　　　　　　C. 认证　　　　　　　D. 通信。

9. Linux 对大于 2T 的硬盘进行分区应该使用以下工具（　　）。

A. fdisk　　　　　　B. parted　　　　　　C. mkfs　　　　　　D. check

10. 将光盘 CD-ROM（hdc）设备挂载到文件系统的/mnt/cdrom 目录下的命令是（　　）。

A. mount/mnt/cdrom　　　　　　　　B. mount/mnt/cdrom/dev/hdc

C. mount/dev/hdc/mnt/cdrom　　　　　D. mount/dev/hdc

二、多选题（10 道）

11. 以下命令可以重新启动计算机的是（　　）。

A. reboot　　　B. halt　　　　C. shutdown　　　D. init 6

E. init 0

12. CentOS Linux 操作系统与网卡设置有关的命令有（　　）。

A. ip　　　　　B. ifconfig　　　C. ifup　　　　　D. ifdown

E. brctl

13. 对所有用户都能读的文件权限是（　　）。

A. 777　　　　B. 444　　　　　C. 644　　　　　D. 640

E. 700

14. Windows 环境 ssh 客户端软件主要有（　　）

A. telnet　　　B. xshell　　　　C. putty　　　　D. SecureCRT

E. VNC Viewer

15. Linux 文件类型主要有（　　）。

A. 普通文件　　B. 目录文件　　　C. 链接文件　　　D. 特殊文件

E. 隐藏文件

16. inode 包含文件的（　　）属性。

A. 大小　　　　B. 读写　　　　　C. owner　　　　D. 指向数据块的指针

E. 类别

17. 软链接的特点是（　　）。

A. 原文件和链接文件的 inode 编号一致　　B. 原文件删除，链接文件不可用

C. 对原文件的修改链接文件一样修改　　　D. 对原文件删除链接不受影响

E. 原文件和链接文件的编号不一致

18. 下面关于操作系统的说法正确的有（　　）。

A. 操作系统管理计算机中的各种资源　　　B. 操作系统为用户提供良好的界面

C. 操作系统用户与程序必须交替运行　　　D. 操作系统位于各种软件的最底层

E. 操作系统只管理计算机的硬件资源

19. Linux 服务器性能的硬件瓶颈包括（　　）。

A. cpu　　　　B. 内存　　　　　C. 磁盘 I/O　　　D. 网络带宽

E. 软件设计架构

20. 以下属于内核参数优化项的有（　　）。

A. net. ipv4. tcp_tw_reuse　　　　　B. net. ipv4. tcp_tw_recycle

C. net. ipv4. ip_conntrack_max　　　D. net. ipv4. ip_local_port_range

E. net. ipv4. tcp_timestamps

三、判断题（10道）

21. Linux 系统启动阶段的 runlevel programs 包括 7 个级别。
22. RDOOpenStack 是红帽发布的一款社区版。
23. sysctl-p 命令让优化的内核参数生效。
24. Linux 系统权限最大的用户是 administrator。
25. fdisk 是 Linux 系统中最常用的一种硬盘分区工具之一。
26. sudo 能够执行所有的 root 命令。
27. 硬链接对原文件删除会导致链接文件不可用。
28. Linux 每个用户都要自己的用户名和 ID 号。
29. fdisk 工具支持大于 2T 的磁盘。
30. CentOS 7 Linux 默认的文件系统是 xfs。

练习与思考题参考答案

1. A	2. C	3. A	4. D	5. A	6. A	7. B	8. B	9. B	10. C
11. ACD	12. ABCDE	13. ABC	14. BCDE	15. ABCD	16. BCD	17. BCE	18. ABD	19. ABCD	20. ABCDE
21. √	22. √	23. √	24. ×	25. √	26. ×	27. ×	28. √	29. ×	30. √

任务 8

OpenStack认证服务详解

该训练任务建议用 6 个学时完成学习。

8.1 任务来源

认证服务（keystone）作为 OpenStack 的基础支持服务，提供统一的身份认证，其中主要做以下几件事情。

（1）管理用户及其权限。

（2）维护 OpenStack services 的 endpoint。

（3）Authenticaton（认证）和 Authorization（鉴权）。

8.2 任务描述

通过部署的 OpenStack 环境掌握认证服务（keystone）的原理，理清 OpenStack 项目、用户、组和角色之间的关系。

8.3 能力目标

8.3.1 技能目标

完成本训练任务后，读者应当能（够）掌握以下技能。

1. 关键技能

（1）掌握如何在 OpenStack 认证服务中扮演角色。

（2）掌握 Authenticaton（认证）和 Authorization（鉴权）之间的区别。

（3）掌握 OpenStack 身份验证的基本方式。

2. 基本技能

（1）会 OpenStack 项目的创建。

（2）会 OpenStack 用户的创建。

（3）会 OpenStack 角色的创建。

8.3.2 知识目标

完成本训练任务后，读者应当能（够）学会以下知识。

（1）理解用户请求 OpenStack 服务时，keystone 对其进行身份认证的整个流程。

（2）理解项目、用户和角色之间的关系。

（3）掌握 OpenStack 图形界面和命令行工具管理项目、用户和角色的基本概念。

8.3.3 职业素质目标

完成本训练任务后，读者应当能（够）具备以下素质。

（1）具有守时、诚信、敬业精神。

（2）具有安全意识、质量意识、保密意识。

（3）遵守系统调试标准规范，养成严谨科学的学习态度。

（4）养成总结训练过程和结果的习惯，为再次实训总结经验。

（5）树立学习新知识、掌握新技能的自信心。

8.4 任务实施

8.4.1 活动一 知识准备

（1）Keystone 是 OpenStack 框架中负责身份验证、服务规则和服务令牌的功能，它实现了 OpenStack 的 Identity API。Keystone 类似一个服务总线，其他服务通过 Keystone 来注册其服务的 Endpoint（服务访问的 URL），任何服务之间相互的调用需要经过 Keystone 的身份验证，来获得目标服务的 Endpoint 来找到目标服务。

（2）理解 User、Tenant、Role、Service、Endpoint 的定义及应用。

8.4.2 活动二 示范操作

1. 活动内容

通过 OpenStack Web 管理界面和命令行两种方式创建项目和用户，同时创建用户组和角色，通过 Web 管理界面和命令行两种方式分别给用户赋予相应的角色。

（1）通过 Web 管理界面和命令行两种方式分别创建项目、用户和用户组。

（2）通过 Web 管理界面和命令行两种方式分别将用户添加到用户组并赋予相应的角色。

2. 操作步骤

（1）步骤一：登录 OpenStack Web 管理界面。

1）在浏览器中输入 OpenStack 的管理 ip 地址，此时浏览器将会弹出 OpenStack 的登录界面，如图 8-1 所示。

2）当点击连接时，OpenStack 内部发生的事情如图 8-2 所示。

图 8-1　登录界面　　　　　　　　图 8-2　admin 用户登录认证过程

登录成功后界面如图 8-3 所示。

图 8-3　OpenStack 登录成功界面

3）通过图形管理界面查看系统安装时默认创建的项目、用户、组和角色，从图 8-3，可以看到 OpenStack 系统安装过程中默认创建了 admin 和 services 两个项目。点击用户，查看系统安装是否创建了相应的用户，通过图 8-4 可以看到系统安装过程中每个服务创建了相应的用户；点击组，查看系统安装过程中创建了哪些相应的组，通过图 8-5 可以看到，系统安装时默认并没有创建相应的组；点击角色，查看系统安装过程中创建了哪些相应的角色，通过图 8-6 可以看到，系统安装过程中创建了 4 个角色。

图 8-4　查看用户信息

图 8-5　查看组信息

图 8-6　查看角色信息

4）通过命令行工具查看项目、用户和角色信息如图 8-7 所示。

（2）步骤二：创建项目。

1）使用 Web GUI 创建 demo 项目在图形化界面点击项目，创建项目，此时会弹出创建项目对话框，参考图 8-8～图 8-10 依次输入相应信息，然后点击创建项目，此时项目 demo 创建成功，项目创建成功如图 8-11 所示。

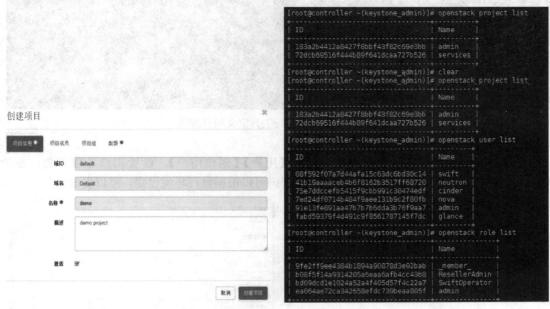

图 8-7　命名行工具查看项目、用户和角色

图 8-8　创建项目 demo

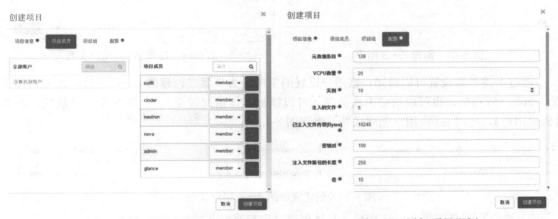

图 8-9 添加项目成员

图 8-10　添加项目配额

2）使用命令行工具创建 demo1 项目，创建命令参考图 8-11。

图 8-11　命令行工具创建 demo1 项目

在添加用户步骤将介绍如何通过命令行添加用户到项目，要配置项目的配额，需要通过命令 OpenStack project list 查找到相应项目的 ID 后，同名命令 nova-manage project quota ID--parameter 来定义相应配额的值，例如：图 8-12 定义 demo1 项目的浮动 IP 数配额值为 40。

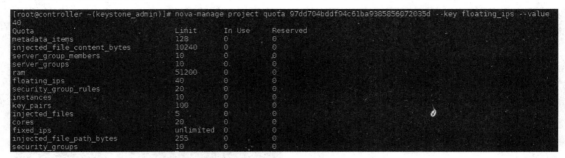

图 8-12　通过命令行工具定义项目配额

（3）步骤三：创建用户。

1）通过 Web GUI 创建 demo 用户，点击【用户】-【创建用户】，设置用户各项参数，参考图 8-13、图 8-14，密码设置为：password（该密码可以根据自行环境设定，可以更改）。

图 8-13　创建 demo 用户　　　　　　　　图 8-14　设置 demo 用户参数

通过上述参数设置可以得知，该用户设置的主项目为步骤二创建的 demo 项目，指定的角色为 admin（管理员，也可以指定为成员等，可以根据具体情况设定）。设置好相应参数后，点击【创建用户】，此时 demo 用户创建成功，参照图 8-15。

图 8-15　创建完成的 demo 用户状态

2）命令行工具创建 demo1 用户，具体创建过程参照图 8-16。

图 8-16　命令行创建 demo1 用户

通过图 8-16 中命令可以看到，demo1 用户指定的主项目为 demo1，密码同样设置为 password（用户可以根据自行情况进行设定）。

3）验证用户登录。退出原来的管理员用户，然后在用户登录界面输入创建的用户和密码验证用户登录情况，以图 8-17 为例，使用 demo 用户，密码 password 来验证 demo 用户的登录情况，点击【连接】后，看到如图 8-18 所示画面为 demo 用户登录成功，登录成功可以看到 Web GUI 界面的右上角有一个人形图标，该图标显示 demo，具体情况可参考图 8-18。

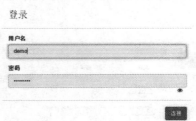

图 8-17　demo 用户登录

（4）步骤四：创建用户组。

1）通过 Web GUI 界面创建用户组。点击【组】，输入组名 demo，点击【创建组】，创建过程如图 8-19 所示，组创建完成后，需要添加相应的用户，选择刚才创建的 demo 组，点击【管理成员】，点击【添加用户】，勾选相应的用户，该实验选择 demo、demo1 两个用户到 demo 组中，勾选相应的用户后，点击【添加用户】，此时用户组中的用户成员添加成功，具体可参照图 8-20。

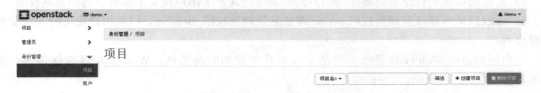

图 8-18　用户 demo 登录成功状态

图 8-19　创建组　　　　　　　　　　　　　图 8-20　添加组成员

2）命令行方式创建组。具体创建用户组可以参考图 8-21。

图 8-21　创建 demo1 用户组

通过命令 OpenStack group add user demo1 demo 和 OpenStack group add user demo1 demo1 给 demo1 用户组添加用户成员 demo 和 demo1。

3）验证 demo1 用户组下的用户成员情况，可以通过 Web GUI 界面进行查看。点击【组】，选择 demo1 用户组，可以看到添加的用户成员，如图 8-22 所示。

图 8-22　验证 demo1 用户组成员添加情况

（5）步骤五：角色的理解。OpenStack 官网 role 定义为 "A personality that a user assumes to perform a specific set of operations. A role includes a set of rights and privileges. A user assuming that role inherits those rights and privileges."

关于角色需要理解清楚以下两点。

1）角色是可执行特定系列操作的用户特性，角色规定了用户在某个项目中的一系列权限。

2）一般默认有超级管理员权限 admin 和普通管理员权限 member，以及用户定义的某些服务的操作者。

用户可以通过 Web GUI 界面或者命令行工具创建相应的角色，Web GUI 界面创建角色如图 8-23 所示，命令行创建角色的命令为：

```
OpenStack role create[-h] [-f{json,shell,table,value,yaml}]
                          [-c COLUMN][--max-width<integer>]
                          [--print-empty][--noindent][--prefix PREFIX]
                          [--domain<domain>][--or-show]
                          <role-name>
```

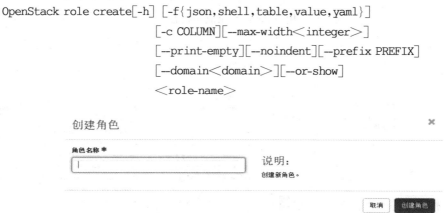

图 8-23　创建角色

8.4.3　活动三　能力提升

删除上述实验创建的相应项目、用户、组和角色，然后重新安装实验流程创建新的项目、用户、组和角色，具体要求如下。

（1）通过 Web GUI 界面和命令行工具分别创建相应的项目。

（2）通过 Web GUI 界面和命令行工具分别创建相应的用户。

（3）通过 Web GUI 界面和命令行工具分别创建相应的组。

（4）通过 Web GUI 界面和命令行工具分别创建相应的角色。

8.5　效果评价

效果评价参见任务 1，评价标准见附录任务 8。

8.6　相关知识与技能

OpenStack 配额（Quota）设计与实现：

配额（Quota）模块在 OpenStack 中虽然是一个比较小的模块，但是具有较好的扩展性。

功能：配额能够以 user、project 以及 quota class 这三个单位计算配额。默认情况下，是以 project 为计算单元。

抽象：配额在使用的过程中，抽象出资源、驱动、引擎三个概念。

资源：BaseResource。

quota 方法用于获取资源的使用量，default 方法用户获取默认值。

默认情况下，BaseResource 使用 context 中的 project_id 和 quota_class，决定使用何种规律获取资源的使用量（按照用户还是用户组）。Nova 并非直接使用 BaseResource，而是将它扩展成 AbsoluteResource、ReservableResource、CountableResource。

AbsoluteResource：即 BaseResource。

ReservableResource：相比 BaseResource，多了 sync 方法，sync 会被驱动调用，用于在计算配额之前，先同步配额信息（到本地和数据库）。ReservableResource 只能用于 project 绑定的资源。

CountableResource：相比 BaseResource，多了 count 方法，count 方法必须给出一个函数，自己计算配额，其返回值里会包含配额实际使用值。

驱动：驱动是实现配额逻辑的主要方法，其必须提供以下接口。

[python]view plain copy

＃取得配额使用值

def get_by_project_and_user(self,context,project_id,user_id,resource)：

def get_by_project(self,context,project_id,resource)：

def get_by_class(self,context,quota_class,resource)：

＃取得配额默认限制值

def get_defaults(self,context,resources)：

def get_class_quotas(self,context,resources,quota_class,defaults = True)：

def get_user_quotas(self,context,resources,project_id,user_id,quota_class = None,defaults = True,usages = True)：

def get_project_quotas(self,context,resources,project_id,quota_class = None,defaults = True,usages = True,remains = False)：

＃取得某个配额可设定的限制范围

def get_settable_quotas(self,context,resources,project_id,user_id = None)：

＃确定某个配额是否超标

def limit_check(self,context,resources,values,project_id = None,user_id = None)：

♯确定在配额范围内分配资源，实现配额请求的事物处理。

def reserve(self,context,resources,deltas,expire = None,project_id = None,user_id = None):

defcommit(self,context,reservations,project_id = None,user_id = None): def rollback(self,context,reservations,project_id = None,user_id = None):

♯清除 project、user 的配额信息，使用信息如下：

def destroy_all_by_project_and_user(self,context,project_id,user_id): def destroy_all_by_project(self,context,project_id):

♯清空由某个用户产生的使用信息

defusage_reset(self,context,resources):

♯放弃所有长期没有被处理的配额请求

defexpire(self,context):

多种资源自适应：限额驱动会先判断资源类型，然后使用合适的方法计算、占用资源。

事物逻辑：相比直接存取数据，限额驱动提供的最有意义的功能就是提供了一个可回滚的事务逻辑。不过目前的代码里，事物逻辑仅限于以 project 为单位的资源（或许因为只有它才存在并发冲突的问题）。调用 reserve 方法时，能够取得一些带过期时间的 reservation，这些 reservation 能够被提交和回滚和清理。

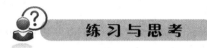

练习与思考

一、单选题（10 道）

1. （　　）是 OpenStack 框架中，负责身份验证、服务规则和服务令牌的功能，它实现了 OpenStack 的 Identity API。

　　A. Keystone　　　　B. Nova　　　　　C. Neutron　　　　D. Glance

2. Keystone 类似一个服务总线，其他服务通过 Keystone 来注册其服务的（　　）即服务访问的 URL。

　　A. Startpoint　　　　B. Endpoint　　　　C. Mindpoint　　　　D. Point

3. 停止 Keystone 的命令是（　　）。

　　A. service keystone start　　　　　　B. service keystonestop

　　C. service keystone status　　　　　　D. service keystone test

4. VNC 默认使用 TCP 端口范围是（　　）。

　　A. 6906-6900　　　　B. 5901-5906　　　　C. 5900-5906　　　　D. 5900-6900

5. 修改 vnc 服务器的访问口令命令是（　　）。

　　A. vncconnect　　　　B. vncserver　　　　C. vncpasswd　　　　D. vncviewer

6. VNC 是 Virtual Network Computing，中文名字叫（　　）。

　　A. 计算虚拟网络　　　B. 网络虚拟计算　　　C. 网络虚拟传输　　　D. 虚拟网络计算

7. 克隆是虚拟机的一个（　　）。

　　A. 运行过程　　　　B. 组件　　　　　C. 副本　　　　　D. 主副本

8. 模板是虚拟机的（　　）。

　　A. 主副本　　　　　B. 组件　　　　　C. 副本　　　　　D. 运行过程

9. "一虚多"是一台服务器虚拟成多台服务器，即将一台服务器分割成多个（　　）、互不干扰的虚拟环境。

    A. 相互独立　　　　B. 相互联系　　　　C. 相互依存　　　　D. 相互依赖

10. 全虚拟化技术又称为（　　）虚拟化技术。

    A. 场景　　　　B. 内核　　　　C. 软件模拟　　　　D. 硬件辅助

二、多选题（10 道）

11. 认证服务（Keystone）作为 OpenStack 的基础支持服务，提供统一的身份认证，其中主要功能有（　　）。

    A. 网络参数优化

    B. 文件系统优化

    C. Authenticaton（认证）和 Authorization（鉴权）

    D. 维护 OpenStack services 的 endpoint

    E. 管理用户及其权限

12. Users 通过认证信息 credentials，如（　　）进行验证。

    A. 用户名/密码　　B. Token　　　　C. API Keys　　　　D. URL

    E. Nova

13. 一个 endpoint template 包含一个 URLs 列表，列表中的每个 URL 都对应一个服务实例的访问地址，并且具有（　　）这三种权限。

    A. guest　　　　B. public　　　　C. private　　　　D. admin

    E. test

14. OpenStack 中主要是透过（　　）这三个资源来进行使用者许可权管理的。

    A. 使用者　　　　B. 租户　　　　C. 角色　　　　D. 加密

    E. 解密

15. remove_role_from_user 方法主要做了（　　）等几件事。

    A. 删除使用者角色

    B. 如果使用者在租户中没有被指定任何角色，则将其从租户中移除

    C. 删除使用者在该租户下的 Token

16. 在 Keystone 中有两种 Token format（　　）。

    A. PKI　　　　B. API　　　　C. UUID　　　　D. UID

    E. EndPoint

17. Keystone 提供的使用者名称密码方式认证有（　　）。

    A. 签名认证　　B. 加密认证　　C. 本地认证　　D. Token 认证

    E. 外部认证

18. 使用者认证主要是对使用者的（　　）进行检测。

    A. 登入咨询　　B. 请求的咨询　　C. 许可权　　D. 用户名

    E. 密码

19. 现代虚拟化技术具有以下哪些特征（　　）。

    A. 分区　　　　B. 隔离　　　　C. 不虚拟硬件资源　　D. 封装

    E. 相对于硬件独立

20. 以下属于网络虚拟化内容的有（　　）。

    A. 虚拟交换技术　　　　　　　　B. 嵌入交换技术

    C. 网络设备虚拟化　　　　　　　D. CPU 虚拟化

E. 内存虚拟化

三、判断题（10道）

21. User 即用户，代表可以通过 keystone 进行访问的人或程序。

22. Tenant 即租户，它是各个服务中的一些可以访问的资源集合。

23. Role 即角色，Roles 代表一组用户可以访问的资源权限。

24. Endpoint，译为"端点"，可以理解它是一个服务暴露出来的访问端点，如果需要访问一个服务，则必须知道它的 Endpoint。

25. Users 不可以被添加到任意一个全局的或租户内的角色中。

26. 在全局的 role 中，用户的 role 权限作用于所有的租户，即可以对所有的租户执行 role 规定的权限。

27. 在租户内的 role 中，用户仅能在当前租户内执行 role 规定的权限。

28. 当一个 user 尝试着访问其租户内的 service 时，他必须知道这个 service 是否存在以及如何访问这个 service。

29. 在 keystone 中包含一个 Endpoint 模板。

30. 角色是连接使用者与租户的桥梁。

练习与思考题参考答案

1. A	2. B	3. B	4. C	5. C	6. D	7. C	8. A	9. A	10. D
11. CDE	12. ABC	13. BCD	14. ABC	15. ABC	16. AC	17. CDE	18. ABC	19. ABDE	20. ABC
21. √	22. √	23. √	24. √	25. ×	26. √	27. √	28. √	29. √	30. ×

任务 ⑨

虚 拟 机 模 板 制 作

该训练任务建议用 6 个学时完成学习。

9.1 任务来源

通过安装操作系统和部署应用软件来启动虚拟机的效率是非常低下的，随着虚拟化技术的发展，克隆和快照技术日益成熟，通过将虚拟机克隆为通用或某些应用场景下的系统模板，然后通过复制模板镜像文件的方式快速地创建虚拟机成为一种高效的工作方法。

9.2 任务描述

通过 kvm 虚拟机创建 qcow2 格式的模板，模板创建完成后，导入 OpenStack 镜像仓库，作为 OpenStack 创建虚拟机的镜像使用。

9.3 能力目标

9.3.1 技能目标

完成本训练任务后，读者应当能（够）掌握以下技能。

1. 关键技能

（1）会搭建 kvm 环境。

（2）会使用 kvm 创建虚拟机。

（3）会使用 VNC 连接到 KVM 虚拟机。

2. 基本技能

（1）会构建 kvm 环境需要的软件安装包。

（2）会创建网桥。

（3）会设置网桥的 ip 地址与网络绑定。

（4）会 centos Linux 操作系统中 rpm 包的安装。

9.3.2 知识目标

完成本训练任务后，读者应当能（够）学会以下知识。

（1）掌握 kvm 实验环境搭建。

（2）掌握 kvm 虚拟机配置文件的基本参数设置。

（3）掌握 qcow2 文件格式。

（4）服务器虚拟化原理及基本操作规程。

（5）主流镜像格式。

9.3.3　职业素质目标

完成本训练任务后，读者应当能（够）具备以下素质。

（1）具有守时、诚信、敬业精神。

（2）具有安全意识、质量意识、保密意识。

（3）按照有关规程和规范执行操作，养成严谨的学习和工作态度。

（4）养成总结训练过程和结果的习惯，为再次实训总结经验。

（5）树立学习新知识、掌握新技能的自信心。

（6）培养喜爱云计算运维管理工作的心态。

9.4　任务实施

9.4.1　活动一　知识准备

常见的镜像格式主要有.iso、.bin、.img、.qcow2、.vmdk、.nrg、.vcd、.ccd、.cue、.raw 等格式，其中 OpenStack 支持的镜像格式主要有.iso、.img、.raw、.vmdk、.qcow2 等主流的镜像格式。

（1）OpenStack 支持的主流镜像格式。

1）.iso。.iso 是电脑上光盘镜像的存储格式之一，因为其根据 ISO-9660 有关 CD-ROM 文件系统标准存储的文件，所以通常在电脑中以后缀 .iso 命名，俗称 iso 镜像文件。它形式上只有一个文件，可以真实反映光盘的内容，可由刻录软件或者镜像文件制作工具创建。

2）.img。.img 是一种文件压缩格式（archive format），主要是为了创建软盘的镜像文件（disk image），它可以用来压缩整个软盘或整片光盘的内容，使用 ".img" 这个扩展名的文件就是利用这种文件格式来创建的，.img 文件格式可视为 .iso 格式的一种超集合。由于 .iso 只能压缩使用 ISO9660 和 UDF 这两种文件系统的存储媒介，意即 .iso 只能拿来压缩 CD 或 DVD，因此才发展出了 .img，它是以 .iso 格式为基础另外新增可压缩使用其他文件系统的存储媒介的能力，.img 可向后兼容于 .iso。

3）.raw。.raw 的原意就是 "未经加工"，可以理解为 .raw 图像就是 CMOS 或者 CCD 图像感应器将捕捉到的光源信号转化为数字信号的原始数据。raw 文件是一种记录了数码相机传感器的原始信息，同时记录了由相机拍摄所产生的一些元数据（Metadata，如 iso 的设置、快门速度、光圈值、白平衡等）的文件。由此可以把 raw 概念化为 "原始图像编码数据" 或更形象地称为 "数字底片"。

4）.vmdk。.vmdk（VMWare Virtual Machine Disk Format）是虚拟机 VMware 创建的虚拟硬盘格式，文件存在于 VMware 文件系统中，被称为 VMFS（虚拟机文件系统）。

5）.qcow2。.qcow2 镜像格式是 QEMU 模拟器支持的一种磁盘镜像。它也是可以用一个文件的形式来表示一块固定大小的块设备磁盘。与普通的 raw 格式的镜像相比，它有以下五个特性。

a）更小的空间占用，即使文件系统不支持空洞（holes）支持。

b）写时拷贝（COW，copy-on-write），镜像文件只反映底层磁盘的变化。

c）支持快照（snapshot），镜像文件能够包含多个快照的历史。

d）可选择基于 zlib 的压缩方式。

e）可以选择 AES 加密。

（2）.img、.qcow2 和 .vmdk 镜像格式之间的转换。

将 .img 格式转换为 .qcow2：

＃qemu-img convert-f raw-0 qcow2 image.img image.qcow2

将 vmdk 格式转换为 img 格式：

＃qemu-img convert-f vmdk-0 raw image.vmdk image.img

vmdk 格式文件转换为 qcow2 格式：

＃qemu-img convert-f vmdk-0 qcow2image.vmdk image.qcow2

9.4.2 活动二　示范操作

1. 活动内容

OpenStack 支持许多的镜像格式，在 OpenStack 虚拟机的创建中，通常使用 iso 文件和 qcow2 格式的镜像来创建虚拟机。本活动使用 kvm 虚拟机创建 OpenStack 支持的 qcow2 格式的镜像。

（1）搭建 kvm 实验所需环境。

（2）创建 kvm 虚拟机并安装操作系统。

（3）使用该虚拟机磁盘文件构建 OpenStack 支持的镜像。

2. 操作步骤

（1）步骤一：搭建 kvm 实验环境。构建 kvm 实验环境需要一台支持硬件辅助虚拟化的物理主机，通过该主机安装 centos Linux 操作系统来构建 kvm 实验所需的环境。

1）选择一台支持硬件辅助虚拟化的物理主机，启动其 bios 设置 cpu 的硬件辅助虚拟化选项为 Enable。

2）重启服务，给服务器安装 centos Linux7.2 操作系统。

3）待操作系统安装完成后，按照以下步骤完成 Linux 操作系统的初始化设置。

a）关闭 selinx 并重启系统，具体设置命令如下：

＃sed-i's/Enforcing/disabled/g'/etc/seLinux/config

b）使用该命令查看 cpu 硬件辅助虚拟化功能是否开启。

＃egrep'(vmx|svm)'/proc/cpuinfo

如出现如图 9-1 所示界面，为 cpu 硬件辅助虚拟化功能已开启。

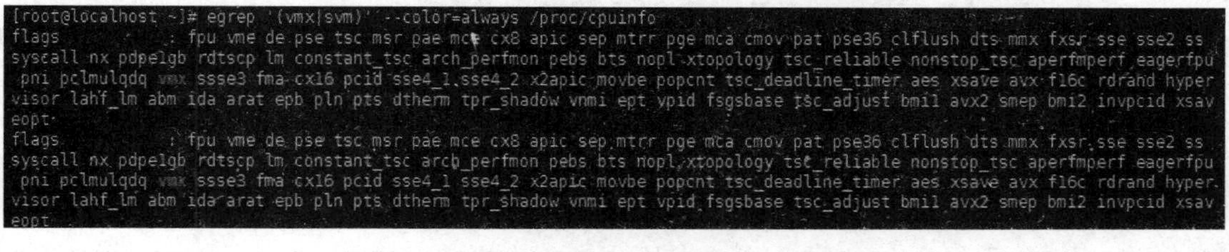

图 9-1　查看 cpu 硬件辅助虚拟化功能是否支持

c）重启系统。

（2）步骤二：安装 kvm 软件包。

1）使用如下命令安装 kvm 软件包。

yum-y install kvm python-virtinst libvirt tunctl bridge-utils virt-manager qemu-kvm-tools virt-viewer virt-v2vlibguestfs-tools

2）使用如下命令启动 libvirtd 服务并设置该服务开机自启动。

systemctl start libvirtd

systemctl enable libvirtd

3）使用如下命令查看 kvm 模块。

lsmod | grep kvm

4）使用如下命令查看 kvm 工具版本信息。

virsh--version

virt-install--version

libvirtd--version

5）使用如下命令创建 br0 网桥。

brctl addbr br0

brctl addif br0 eno16777736

6）使用如下命令创建网桥配置文件。

cd /etc/sysconfig/network-scripts

cp ifcfg-eno16777736 ifcfg-br0

sed-i's/NAME = eno16777736/NAME = br0/g'ifcfg-br0

sed-i's/DEVICE = eno16777736/DEVICE = br0/g'ifcfg-br0

systemctl restart network

7）查看网桥。使用如图 9-2 所示命令查看网桥信息。

图 9-2　查看网桥信息

（3）步骤三：上传 centos7.2 iso 文件。使用 XFTP 工具上传 CentOS-7-x86 _ 64-Minimal-1511.iso 文件到 Linux 系统。

（4）步骤四：编辑/etc/libvirt/qemu.conf 文件。使用如下命名编辑/etc/libvirt/qemu.conf 文件：

sed-i's/user = "qemu"/user = "root"/g'/etc/libvirt/qemu.conf

sed-i's/group = "qemu"/group = "root"/g'/etc/libvirt/qemu.conf

（5）步骤五：创建磁盘文件。使用如下命令创建名字为 centos7.2，格式为 qcow2，大小为 10G 的磁盘文件。

qemu-img create-f qcow2 centos7.2 10G

（6）步骤六：创建虚拟机。使用如下命令创建虚拟机：

virt-install　--name = centos7.2　--ram　1024　--vcpus = 2　--disk path = /root/centos7.qcow2,format = qcow2,size = 10,bus = virtio　--accelerate　--cdrom/root/CentOS-7-x86 _ 64-Minimal-1511.iso　--vnc　--vncport = 5911　--vnclisten = 0.0.0.0　--network bridge = br0,model = virtio　--noautoconsole

使用 vnc 客户端连接虚拟机并安装操作系统，连接方法如图 9-3 所示。

VNC Viewer
File View Help
192.168.75.150:5910
Sign in...

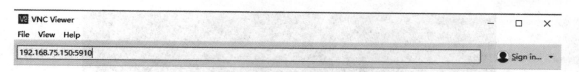

图 9-3　使用 vnc 客户端连接虚拟机

虚拟机连接成功为图 9-4 所示状态。

192.168.75.150:5911 (QEMU (centos7)) - VNC Viewer
CentOS 7
Install CentOS 7
Test this media & install CentOS 7
Troubleshooting
Automatic boot in 48 seconds...

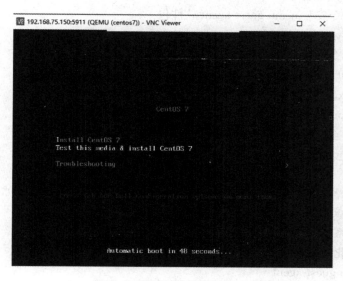

图 9-4　虚拟机连接成功状态

（7）步骤七：正常安装操作系统。使用正常安装操作系统的方法进行虚拟机系统安装，系统安装成功后 reboot 系统，然后通过 virsh 工具查看虚拟机状态，如图 9-5 所示。

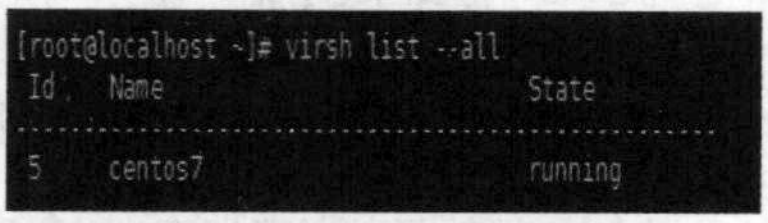

[root@localhost ~]# virsh list --all
Id Name State
5 centos7 running

图 9-5　查看虚拟机状态

（8）步骤八：设置虚拟化 hostname 为 localhost。使用命令 hostnamectl set-hostname localhost. domain. com 设置虚拟机 hostname 为 localhost，系统重启后生效。

（9）步骤九：安装 cloud-init 工具。使用命令 yum install-y cloud-init 命令进行安装，此时需要虚拟机连接外网。安装过程参考图 9-6 所示。

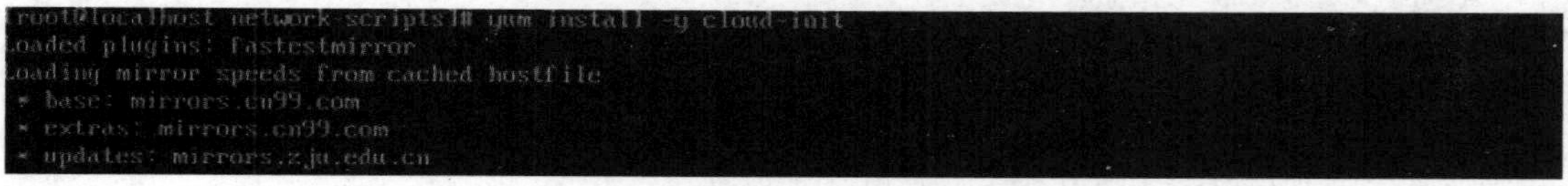

[root@localhost network-scripts]# yum install -y cloud-init
Loaded plugins: fastestmirror
Loading mirror speeds from cached hostfile
* base: mirrors.cn99.com
* extras: mirrors.cn99.com
* updates: mirrors.zju.edu.cn

图 9-6　安装 cloud-init 工具

（10）步骤十：配置网卡。

1）执行如下所示命令，删除相关网卡名称规则，防止创建虚拟机开机后获取不到 IP 地址：

＃sed-i'/SUBSYSTEM/d'/etc/udev/rules. d/70-persistent-net. rules

2）将/etc/sysconfig/network-scripts/ifcfg-eth0 文件修改为如图 9-7 所示内容。删除相关 uuid 信息。

图 9-7　网卡配置文件修改后内容

（11）步骤十一：安装 qemu guest agent。

1）使用如下命令安装 qemu-guest-agent 软件包：

\# yum install-yqemu-gueat-agent

2）通过如下命令设置开机自启动：

\# systemctl status qemu-guest-agent

3）关闭 selinux。使用如下命令关闭 selinux：

\# sed-i's/enforcing/disable/g'/etc/selinux/config

4）重启系统。至此，虚拟机模板制作完成。

9.4.3　活动三　能力提升

仔细领悟上述操作的要领，重新部署一套新的实验环境，具体操作步骤如下。

（1）搭建 kvm 实验环境。

（2）安装操作系统。

（3）设置虚拟化及配置网卡。

（4）安装 qemu guest agent。

9.5　效果评价

效果评价参见任务 1，评价标准见附录任务 9。

9.6　相关知识与技能

qcow2 文件格式详解：

qcow2 镜像格式是 qemu 支持的磁盘镜像格式之一，qcow2 的表现形式为在一个文件中模拟一个固定大小的块设备。qcow2 格式相对于 raw 格式来说，有以下几个优点。

（1）更小的文件大小，即使是不支持 holes 的文件系统也可以（这样的话，ls 跟 du 看到的就一样了）。

（2）copy-on-write 的支持。

（3）快照的支持，可以维护多个快照。

（4）基于 zlib 的压缩。

（5）AES 加密。

qemu-img 命令可以用来创建 qcow2 镜像，或者将 qcow2 文件转换成 raw 格式文件，等其他功能。

\# qemu-img create -f qcow2 test. qcow2 4G

Forma ting'test. qcow2', fmt = qcow2, size = 4194304 kB

\# qemu-img convert test. qcow2 -O raw test. img

（1）qcow2 Header。每一个 qcow2 文件都是以一个固定格式的数据头开始的，其以大端模式存放，格式如下：

```
typedef struct QCowHeader {
    uint32_t magic;
    uint32_t version;

    uint64_t backing_file_offset;
    uint32_t backing_file_size;

    uint32_t cluster_bits;
    uint64_t size; /* in bytes */
    uint32_t crypt_method;

    uint32_t l1_size;
    uint64_t l1_table_offset;

    uint64_t refcount_table_offset;
    uint32_t refcount_table_clusters;

    uint32_t nb_snapshots;
    uint64_t snapshots_offset;
} QCowHeader;
```

前四个字节包含了字符'Q'，'F'，'I'，并以 0xfb 结尾；之后的四个字节包含了这个文件所用的格式版本，当前存在两种版本的格式，版本 1 和版本 2。backing_file_offset 字段给出相对于 qcow2 文件起始位置的偏移，指出一个字符串的位置，该字符串为 backing file 文件的绝对路径。由于该字符串不是以'\0'结束，所以 backing_file_size 指出字符串的长度。如果当前镜像是一个 copy-on-write 镜像，则存在 backing file 文件，否则没有 cluster_bits 字段，决定了怎样映射镜像偏移地址到文件偏移地址，决定了在一个簇中，将拿偏移地址的多少位（低位）来作为索引。L2 表占据一个单独的簇，包含若干 8 字节的项，cluster_bits 最少用 3bits 作为 L2 表的索引。size 字段指示镜像以块设备呈现时的大小，单位字节；crypt_method 只有两种值，0 表示没有加密，1 表示采用了 AES 加密；l1_size 字段指示了在 L1 表中，可用的 8 字节项的个数，l1_table_offset 字段给出了 L1 table 的文件偏移；相似的，refcount_table_offset 字段给出了 refcount table 的文件偏移，refcount_table_clusters 字段描述了 refcount table 大小（单位为 clusters）；nb_snapshots 字段给出了当前镜像中有多少个快照，snapshots_offset 字段给出了 QCowSnapshotHeader headers 的文件偏移，每个快照都会有这样一个 header。

一个典型的镜像文件，其布局如下。

1）一个 header。

2）在下一个簇开始，存放 L1 table。

3）refcount table，仍然是簇对齐的。

4）一个或者多个的 refcount blocks。

5）Snapshot headers，第一个 header 要求簇对齐，之后的 header 要求 8 字节对齐。

任务
9

6) L2 tables，每一个 table 占据一个单独的 cluster。

7) Data clusters。

（2）二级索引。对于 qcow2 格式，块设备的内容被保存在 cluster 中。每个 cluster 包含了若干个 sector，每个 sector 有 512 个字节。为了通过给定的镜像地址找到指定的 cluster，必须经过 1 级表和 2 级表的转换。例如，假设 cluster_bits 为 12，则地址会被切分成如下三份。

1) 低 12 位用来定位一个 4Kb 的簇内偏移。

2) 之后的 9 位为一个 512 项的数组的偏移，每一项为一个 8 字节的文件偏移，即 L2 table。这里的 9 位是这么算出来的，l2_bits＝cluster_bits- 3，L2 table 是一个单独的包含若干 8 字节项的 cluster。

3) 剩下的 43 位为另外一个 8 字节的文件偏移的数组的偏移，即 L1 table。

读者须注意，L1 table 的最小值，可以通过给定磁盘镜像的大小来计算，公式如下：

l1_size = round_up(disk_size /(cluster_size * l2_size), cluster_size)

总的来说，为了将磁盘镜像地址映射到镜像文件偏移，需要经历以下几步。

1) 通过 qcow2 header 中的 l1_table_offset 字段获取 L1 table 的地址。

2) 使用高（64- l2_bits-cluser_bits）位的地址来索引 L1 table，L1 table 是一个数组，数组元素是一个 64 位的数。

3) 通过 L1 table 中的表项来获取 L2 table 的地址。

4) 通过 L2 table 中的表项来获取 cluster 的地址。

5) 剩余的 cluster_bits 位来索引 cluster 内的位置。

如果找到的 L1 table 或 L2 table 的地址偏移为 0，则表示磁盘镜像对应的区域尚未分配。

（3）引用计数。每一个 cluster 都有一个引用计数，cluster 可以被删除，但前提条件是没有任何快照再使用这个 cluster。针对每一个 cluster 的 2 个字节的引用计数，存放在 cluster sized blocks。通过 refcount_table_offset 字段可以获取到 refcount table 的位置，refcount_table_clusters 字段给出 refcount table 的大小（单位为 cluster），refcount table 给出了这些 refcount blocks 在镜像文件中的偏移地址。为了获取一个给定的 cluster 的引用计数，读者需要将 cluster offset 划分成 refcount table offset 和 refcount block offset。一个 refcount block 是一个单独的 cluster，这个 cluster 里包含了若干个 2 字节的项，低（cluster_size-1）位作为 block offset，剩余的位作为 table offset。qcow2 有一个优化处理，任何一个 L1 或 L2 表项指向的 cluster 的引用计数为 1，则 L1/L2 表项的最高有效位被置上"copied"标记。这表明没有快照在使用这个 cluster，所以这个 cluster 可以马上写入数据，而不需要复制一份给快照使用。

（4）Copy-on-Write 特性。一个 qcow2 镜像可以用来保存其他镜像的变化部分，从而不实际影响到原有磁盘的内容，这就是增量镜像，看着就像一个独立的镜像，其所有数据都是从模板镜像获取的，仅当 clusters 中的内容跟模板镜像不一样的时候，这些 cluster 才会被保存到增量镜像中。写时复制的实现方式比较简单，增量镜像会在 qcow2 header 中的 backing_file_offset 字段指示一个字符串在 qcow2 文件内的偏移，该字符串是模板镜像文件的绝对路径，backing_file_size 字段指明字符串的长度。当要从增量镜像中读取一个 cluster 时，qemu 会先检查这个 cluster 在增量镜像中有没有被分配。如果没有，则会去读模板镜像中的对应位置。

（5）快照。快照跟写时复制的概念比较类似。

进一步解释——一个增量镜像也可以被说成是一个"快照"，因为它确实可以作为模板镜像的一个快照。可以通过创建多个增量镜像来实现创建多个"快照"，每一个增量镜像都引用同一个模板镜像。模板镜像必须保持为只读，增量镜像则为可写的。

快照——"实际的快照"——存在于一个镜像里面，这个镜像既当模板，也当增量镜像。每一个快照都是镜像在过去某个瞬间的只读记录，镜像仍然可写，写时复制出来的 cluster 会被不同的快照引用。

每个快照都对应一个描述信息结构体。

```
typedef struct QCowSnapshotHeader {
    /* header is 8 byte aligned */
    uint64_t l1_table_offset;

    uint32_t l1_size;
    uint16_t id_str_size;
    uint16_t name_size;

    uint32_t date_sec;
    uint32_t date_nsec;

    uint64_t vm_clock_nsec;

    uint32_t vm_state_size;
    uint32_t extra_data_size; /* for extension */
    /* extra data follows */
    /* id_str follows */
    /* name follows */
} QCowSnapshotHeader;
```

各字段介绍如下。

1）快照有名字和 ID，都是字符串，id_str_size，name_size 给出字符串长度，字符串紧接在 QCowSnapshotHeader 后面。

2）快照至少有原来的 L1 table 的副本，其通过 l1_table_offset 和 l1_size 来定位。

3）在快照被创建的时候，qemu 会调用 gettimeofday（），快照时间被保存在 date_sec 和 date_nsec 字段中。

4）vm_clock_nsec 给出 VM clock 当前的状态。

5）vm_state_size 表示作为快照的一部分被保存的虚拟机状态的大小。这个状态被保存在原来 L1 table 的位置，直接在镜像 header 的后面。

6）extra_data_size 表示在 QCowSnapshotHeader 之后的扩展数据的长度，不包括 id 和 name 字符串。这一段扩展数据是留给以后用的。

创建一个快照，就会添加一个 QCowSnapshotHeader，然后复制一份 L1 table，同时会增加所有 L2 table 和数据 clusters 的被 L1 table 引用的引用计数。打完快照之后，如果任何在这个镜像中的 L2 table 或者 data clusters 被修改了——也就是说如果一个 cluster 的引用计数大于 1，且 "copied" 标记被置上了——qemu 则会先复制一份这个 cluster，然后再写入数据。就这样，所有的快照都不会被修改。

（6）压缩。qcow2 镜像格式支持压缩特性，其允许每一个 cluster 独立地通过 zlib 进行压缩。/* cluster offset 表示一个簇在 qcow2 文件中的偏移，其最高的 2 位是标记位 */从 L2 table 中获取 cluster offset 的流程如下。

1) 如果 cluster offset 的第二最高有效位是 1，则这是一个被压缩的 cluster。

2) cluster offset 中之后的 cluster_bits- 8 位是这个压缩过的 cluster 的大小，单位是 sectors。

3) cluster offset 剩余的位是压缩的 cluster 在文件中的实际偏移地址。

（7）加密。qcow2 格式也支持针对 cluster 的加密。

如果 QCowHeader 中的 crypt_method 字段被置为 1，则会采用一个 16 个字符的密码作为 128 位 AES key。每一个 Cluster 中的每一个 sector 都是通过 AES 密码块链接模式来单独加密，采用 sector 的偏移地址（小端模式）来作为 128 位初始化向量的头 64 位。

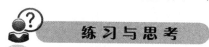

练 习 与 思 考

一、单选题（10 道）

1. 模板是虚拟机的（   ）。

　　A. 主副本　　　　　B. 组件　　　　　C. 副本　　　　　D. 运行过程

2. 如果要创建克隆的虚拟机，可以将该虚拟机设置为（   ）。

　　A. 组件　　　　　B. 主副本　　　　　C. 副本　　　　　D. 模板

3. 模板提供一种更安全的方法来保留要多次部署的（   ）。

　　A. 虚拟机虚拟 CPU　　　　　　　　　　　　B. 虚拟机虚拟存储

　　C. 虚拟机配置　　　　　　　　　　　　　　D. 虚拟机虚拟硬件

4. 将服务器物理资源抽象成（   ）后，让一台服务器变成几台甚至几十台相互独立的虚拟机服务器称为服务器虚拟化。

　　A. 存储资源　　　　B. 网络资源　　　　C. 访问资源　　　　D. 逻辑资源

5. （   ）就是多个独立的物理服务器虚拟为一个逻辑服务器，使多台服务器相互协作、处理统一业务。

　　A. 多虚一　　　　　B. 一虚多　　　　　C. 多虚多　　　　　D. 一虚一

6. 虚拟机中的 CPU 在客户机看来是（   ）。

　　A. 虚拟 CPU　　　　B. 真实 CPU　　　　C. 物理 CPU　　　　D. 逻辑 CPU

7. 虚拟机中使用的 NAT 网络模式又称为（   ）。

　　A. 地址映射模式　　B. 桥接模式　　　　C. 网络地址转换模式　D. 仅主机模式

8. 全虚拟化技术又称为（   ）虚拟化技术。

　　A. 场景　　　　　　B. 内核　　　　　　C. 软件模拟　　　　D. 硬件辅助

9. 半虚拟化是在全虚拟化技术的基础上，把客户操作系统进行了修改，增加了一个专门的（   ）。

　　A. 资源控制算法　　B. 访问通道　　　　C. API　　　　　　D. 逻辑算法

10. 虚拟化技术可以分为（   ）。

　　A. 全虚拟化和半虚拟化　　　　　　　　　B. 抽象虚拟化和软件定义虚拟化

　　C. 抽象虚拟化和准虚拟化　　　　　　　　D. 逻辑虚拟化和准虚拟化

二、多选题（10 道）

11. OpenStack 支持的主流镜像格式有（   ）。

　　A. iso　　　　　　B. img　　　　　　C. raw　　　　　　D. vmdk

　　E. qcow2

12. 衡量虚拟化技术决定性因素的四大参数是（　　）。
    A. 性能优化　　　　B. 本地输入　　　　C. 安全策略　　　　D. 应用程序界面
    E. 虚拟打印

13. 直连式存储（DAS）的特点有（　　）。
    A. 安装技术要求不高　　　　　　　B. 投资低
    C. 容易理解　　　　　　　　　　　D. 容易规划和实施
    E. 投资高

14. 服务器虚拟化不再受限于物理上的界限，而是让（　　）等硬件资源变成可动态管理的资源池。
    A. cpu　　　　　　B. 内存　　　　　　C. 磁盘　　　　　　D. pc 机
    E. I/O 设备

15. 以下哪些属性属于服务器虚拟化的特点（　　）。
    A. 提高资源的利用率　　　　　　　B. 简化系统管理
    C. 实现服务器整合　　　　　　　　D. 实现服务器分散
    E. 分散系统管理

16. 服务器虚拟化存在的问题有（　　）。
    A. 缺乏虚拟化的总体规划　　　　　B. 缺乏虚拟化的系统管理
    C. 虚拟机负载过重　　　　　　　　D. 缺少测试环节
    E. 没有持续优化

17. 服务器虚拟化的安全风险有（　　）。
    A. 破坏正常的网络架构　　　　　　B. 可能致使系统服务器超载
    C. 致使虚拟机失去安全保护　　　　D. 服务器被攻击的机会大大增加
    E. 虚拟机补丁带来的安全风险

18. 当前应用程序虚拟化技术存在的问题有（　　）。
    A. 不同厂商的虚拟化管理难以兼容　　B. 管理端与客户端交互困难
    C. 个性化不足　　　　　　　　　　　D. 客户端管理复杂
    E. 硬件设备难管理

19. 服务器虚拟化主要分为（　　）。
    A. 一虚一　　　　　B. 一虚多　　　　　C. 多虚一　　　　　D. 多虚多
    E. 一虚 X

20. 虚拟机克隆有（　　）三大类型。
    A. 部分复制　　　　B. 部分克隆　　　　C. 完整复制　　　　D. 链接克隆
    E. PvD 链接克隆

三、判断题（10 道）

21. 以完整复制方式创建的虚拟机，称为链接克隆。

22. 直连式存储（DAS）依靠服务器主机操作系统进行数据的 I/O 读写。

23. 完整复制桌面只适合用于"公有"桌面分配方式。

24. 直连式存储服务器主机与存储设备之间的连接通道通常采用 SCSI 协议。

25. 虚拟桌面又称为虚拟桌面基础设施。

26. 以链接方式创建的虚拟机，称为完整复制虚拟机。

27. 个性化不足不是当今应用程序虚拟化技术存在的问题。

28. 不同厂家的虚拟化管理难以兼容不是虚拟化技术存在的问题。

29. 模板是虚拟机的主副本，可以用于创建许多虚拟机。

30. 克隆是虚拟机的一个主副本。

练习与思考题参考答案

1. A	2. D	3. C	4. D	5. B	6. A	7. C	8. D	9. C	10. A
11. ABCDE	12. ABCE	13. ABCD	14. ABCE	15. ABC	16. ABCDE	17. ABCDE	18. ABCDE	19. BCD	20. CDE
21. ×	22. √	23. ×	24. √	25. √	26. ×	27. ×	28. ×	29. √	30. ×

任务 ⑩

OpenStack镜像、卷、实例类型创建

该训练任务建议用 6 个学时完成学习。

10.1 任务来源

云环境下需要高效的方式来启动虚拟机，能够完成这种高效工作就是 image。image 是一个模板，里面包含了基本的操作系统和其他各种软件。

10.2 任务描述

（1）使用模板，通过 OpenStack 镜像服务创建 OpenStack 镜像。

（2）创建虚拟机运行的系统盘卷。

（3）创建不同规格的实例类型。

10.3 能力目标

10.3.1 技能目标

完成本训练任务后，读者应当能（够）掌握以下技能。

1. 关键技能

（1）会使用图形化界面和命令行两种方式来创建 OpenStack 镜像。

（2）会使用图形化界面和命令行两种方式来创建不同规格的卷。

（3）会使用图形化界面和命令行两种方式来创建不同规格的实例类型。

2. 基本技能

（1）会 Linux 硬盘分区。

（2）掌握 Linux 相关操作命令。

（3）会云计算产品中实例规格的创建。

10.3.2 知识目标

完成本训练任务后，读者应当能（够）学会以下知识。

（1）掌握 OpenStack 镜像服务的原理。

（2）掌握 OpenStack 卷的通信原理。

（3）掌握 glance 和 cinder 服务各相关组件。

10.3.3　职业素质目标

完成本训练任务后，读者应当能（够）具备以下素质。

（1）具有守时、诚信、敬业精神。

（2）具有安全意识、质量意识、保密意识。

（3）按照有关规程和规范执行操作，养成严谨的学习和工作态度。

（4）养成总结训练过程和结果的习惯，为再次实训总结经验。

（5）树立学习新知识、掌握新技能的自信心。

（6）培养喜爱云计算运维管理工作的心态。

10.4　任务实施

10.4.1　活动一　知识准备

Cinder 设计思想延续了 Nova、neutron 等组件的分布式设计思想。

（1）API 前端服务。cinder-api 作为 Cinder 组件对外的唯一窗口，向客户暴露 Cinder 能够提供的功能。当客户（客户包括终端用户、命令行和 OpenStack 其他组件）需要执行 volume 相关的操作时，向 cinder-api 发送 REST 请求。设计 API 前端服务的好处在于：

1）对外提供统一接口，隐藏实现细节。

2）API 提供 REST 标准调用服务，便于与第三方系统集成。

可以通过运行多个 API 服务实例轻松实现 API 的高可用，比如运行多个 cinder-api 进程。

（2）Scheduler 调度服务。Cinder 可以有多个存储节点，当需要创建 volume 时，cinder-scheduler 会根据存储节点的属性和资源使用情况选择一个最合适的节点来创建 volume。

（3）Worker 工作服务。调度服务只管分配任务，真正执行任务的是 Worker 工作服务。在 Cinder 中，这个 Worker 就是 cinder-volume。这种 Scheduler 和 Worker 之间职能上的划分使得 OpenStack 非常容易扩展：

1）当存储资源不够时可以增加存储节点；

2）当客户的请求量太大调度不过来时，可以增加 Scheduler。

（4）Driver 框架。OpenStack 作为开放的 Infrastracture as a Service 云操作系统，支持业界各种优秀的技术，这些技术可能是开源免费的，也可能是商业收费的。这种开放的架构使得 OpenStack 保持技术上的先进性，具有很强的竞争力，同时又不会造成厂商锁定（Lock-in）。那 OpenStack 的这种开放性体现在哪里呢？一个重要的方面就是采用基于 Driver 的框架。

以 Cinder 为例，存储节点支持多种 volume provider，包括 LVM、NFS、Ceph、GlusterFS 以及 EMC、IBM 等商业存储系统。cinder-volume 为这些 volume provider 定义了统一的 driver 接口，volume provider 只需要实现这些接口，就可以 driver 的形式即插即用到 OpenStack 中。图 10-1 是 cinder driver 的架构示意图。

在 cinder-volume 的配置文件/etc/cinder/cinder.conf 中 volume_driver 配置项设置该存储节点使用哪种 volume provider 的 driver，下面的示例表示使用的是 LVM。

```
volume_driver = cinder.volume.drivers.lvm.LVMVolumeDriver
```

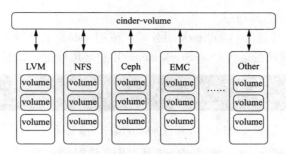

图 10-1　cinder driver 的架构示意图

10.4.2　活动二 示范操作

1. 活动内容

学习使用 Web GUI、CLI 两种方式操作和调度 OpenStack 相关服务。

（1）使用 Web GUI 和 CLI 两种方式创建 image。

（2）使用 Web GUI 和 CLI 两种方式创建卷。

（3）使用 Web GUI 和 CLI 两种方式创建计算规格。

2. 操作步骤

（1）步骤一：Web GUI 创建镜像。使用 admin 用户登录 OpenStack，点击【项目】→【镜像】→【创建镜像】，输入镜像相关参数后，相关参数包括镜像名称、文件、镜像格式等。镜像格式选择 QCOW2 型，点击【创建镜像】，此时镜像创建成功。输入镜像参数参照图 10-2 所示。返回【项目】→【镜像】查看镜像状态如图 10-3 所示。

图 10-2　创建镜像

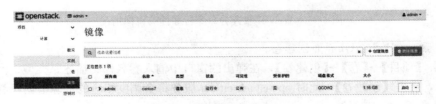

图 10-3　镜像创建成功

（2）步骤二：CLI 创建 image。

1）使用远程登录工具登录 OpenStack 服务端。使用 xshell 工具登录 OpenStack 服务端，登录账户采用 root。登录成功后运行 OpenStack admin 用户环境变量，如图 10-4 所示。

```
[root@controller ~(keystone_admin)]# ls
anaconda-ks.cfg          centos.qcow2  keystonerc_admin  openstack.conf
CentOS-7-x86_64-Minimal-1511.iso  centos.xml  keystonerc_demo
[root@controller ~(keystone_admin)]# . keystonerc_admin
```

图 10-4　运行 admin 用户环境变量

2）使用如下命令创建 image。使用 xftp 工具上传文件到 OpenStack 服务端，如图 10-5 所示。

传输	日志							
名称	状态	进度	大小	本地路径	<->	远程路径	速度	估计剩余...
Centos7.qcow2	进行中	16%	198.56MB/1.16GB	C:\Users\Administrato..	↑	192.168.75.144:/root/Cen...	39.56 MB/s	00:00:25
已连接 192.168.75.144:22.					二进制	1已选择		1.16GB

图 10-5　传输镜像文件到 OpenStack 服务端

使用以下命令创建名字为 centos7.2 的镜像：

♯　glance image-create--name centos7.2--filecentos.qcow2--disk-format qcow2--container-format bare--progress

创建完成后返回结果如图 10-6 所示。

```
[root@controller ~(keystone_admin)]# glance image-create --name centos7.2 --file centos.qcow2 --disk-format qcow2 --contain
er-format bare --progress
[============================>] 100%
+------------------+--------------------------------------+
| Property         | Value                                |
+------------------+--------------------------------------+
| checksum         | 5169a648e9d9c7ca21925136e52c90ef     |
| container_format | bare                                 |
| created_at       | 2017-06-22T03:54:23Z                 |
| disk_format      | qcow2                                |
| id               | dda7b718-a983-4a7c-bfc2-8f8cc8f2048a |
| min_disk         | 0                                    |
| min_ram          | 0                                    |
| name             | centos7.2                            |
| owner            | 183a2b4412a3427f8bbf43f82c69e3bb     |
| protected        | False                                |
| size             | 197120                               |
| status           | active                               |
| tags             | []                                   |
| updated_at       | 2017-06-22T03:54:23Z                 |
| virtual_size     | None                                 |
| visibility       | shared                               |
+------------------+--------------------------------------+
```

图 10-6　CLI 命令创建镜像返回结果画面

返回 Web GUI 查看镜像情况，如图 10-7 所示为创建成功。

图 10-7　Web ui 端查看命令行穿件的镜像情况

（3）步骤三：Web GUI 界面创建卷。

1）点击【项目】→【卷】→【创建卷】，在弹出的窗口中输入卷名称、描述、类型、大小和可用域等信息后，点击【创建卷】，此时 openstack cinder 服务将会调度相应的资源来创建卷，创建窗口如图 10-8 所示。

图 10-8　Web ui 创建卷

2）卷创建成功后，返回 Web GUI 查看卷创建结果，其方法同 1）步骤，查看到的卷结果如图 10-9 所示。

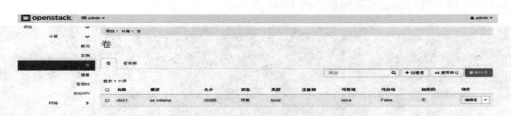

图 10-9　查看卷创建结果

同样，通过 Web GUI 界面可以对创建的卷做进一步的操作，例如：拓展卷、管理连接、创建快照、修改卷类型、上传镜像、创建转让、删除卷、更新元数据等操作。具体操作选择一个卷，点击【编辑卷】下拉菜单，可以看到针对卷的所有操作，如图 10-10 所示。

图 10-10　可对卷操作的功能

（4）步骤四：CLI 创建卷。使用 CLI 创建卷，命令为 cinder create，可以使用 cinder help 命令帮助来查看命令使用方法。创建卷之前，运行 admin 项目相关环境变量，命令为：

♯.keystone_admin 该文件需要自行编写，参考信息如下所示：

unset OS_SERVICE_TOKEN

export OS_USERNAME = admin

export OS_PASSWORD = password

export OS_AUTH_URL = http://192.168.75.144:5000/v3

export PS1 = '[\u@\h \W(keystone_admin)]\$'

export OS_PROJECT_NAME = admin

export OS_USER_DOMAIN_NAME = Default

export OS_PROJECT_DOMAIN_NAME = Default

export OS_IDENTITY_API_VERSION = 3

运行环境变量后，使用如下命令创建一个命名为 disk2，大小为 1G，类型为 iscsi 的 lvm 逻辑卷：

♯ cinder create—display_name disk2—volume_type iscsi 1

回车后，命令返回创建成功结果如图 10-11 所示。

```
[root@controller ~(keystone_admin)]# cinder create --display_name disk2 --volume_type iscsi 1
+---------------------------------+--------------------------------------+
| Property                        | Value                                |
+---------------------------------+--------------------------------------+
| attachments                     | []                                   |
| availability_zone               | nova                                 |
| bootable                        | false                                |
| consistencygroup_id             | None                                 |
| created_at                      | 2017-06-24T08:17:27.000000           |
| description                     | None                                 |
| encrypted                       | False                                |
| id                              | 4bdb7b7c-a400-49a9-9c31-e5ef65af716f |
| metadata                        | {}                                   |
| migration_status                | None                                 |
| multiattach                     | False                                |
| name                            | disk2                                |
| os-vol-host-attr:host           | None                                 |
| os-vol-mig-status-attr:migstat  | None                                 |
| os-vol-mig-status-attr:name_id  | None                                 |
| os-vol-tenant-attr:tenant_id    | 183a2b4412a8427f8bbf43f82c69e3bb     |
| replication_status              | None                                 |
| size                            | 1                                    |
| snapshot_id                     | None                                 |
| source_volid                    | None                                 |
| status                          | creating                             |
| updated_at                      | None                                 |
| user_id                         | 91e13fe891aa47b7b6dda3b76f9aa7       |
| volume_type                     | iscsi                                |
+---------------------------------+--------------------------------------+
```

图 10-11　CLI 创建卷 disk2 成功画面

返回 Web GUI 界面，点击【管理员】→【卷】，查看卷 disk2 创建情况。结果如图 10-12 所示。

图 10-12　Web GUI 查看 disk2 卷创建情况

同样，通过命令可以对创建的卷做删除，快照、备份、映射等操作。这里由于篇幅问题不做详细的介绍，具体使用可使用 cinder help 命令查看帮助信息。

（5）步骤五：Web GUI 创建计算规格。

1）使用 admin 用户登录 OpenStack Web GUI 管理界面，点击【管理员】→【实例类型】→【创建实例类型】，参照图 10-13 画面设置相应参数，然后点击【创建实例类型】，此时 OpenStack 开始调度创建实例类型，创建成功后画面如图 10-14 所示。

2）选择一个实例类型，点击【编辑实例类型】，可以对实例类型参数进行更改设置。

图 10-13　Web GUI 界面创建实例类型

图 10-14　查看实例类型

（6）步骤六：CLI 创建实例类型。创建实例类型命令为 nova flavor-create，可以使用 help 查看帮助信息。命令使用格式如下：

usage：nova flavor-create[--ephemeral ＜ephemeral＞] [--swap ＜swap＞]
　　　　　　[--rxtx-factor ＜factor＞] [--is-public ＜is-public＞]
　　　　　　＜name＞ ＜id＞ ＜ram＞ ＜disk＞ ＜vcpus＞

使用如下命令创建一个命名为 mi-tiny，vcpu 为 2，内存为 2G 的实例类型：

＃ nova flavor-create--is-public = True m1. tiny 2 2048 2 2

回车后，返回结果如图 10-15 所示。

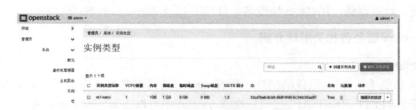

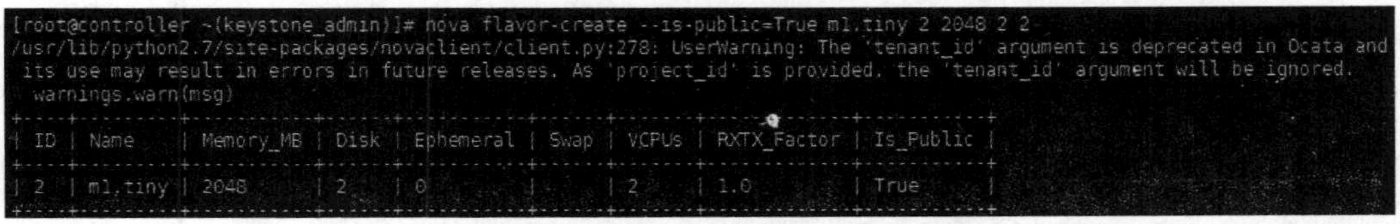

图 10-15　CLI 创建实例类型

10.4.3　活动三　能力提升

使用 Web GUI 和 CLI 两种方式完成以下三步操作，具体要求如下。

（1）采用图形化和命令行方式创建 OpenStack 镜像。

（2）采用图形化和命令行方式创建 OpenStack 卷。

（3）采用图形化和命令行方式创建 OpenStack 实例类型。

10.5　效果评价

效果评价参见任务 1，评价标准见附录任务 10。

10.6　相关知识与技能

10.6.1　glance 服务各相关组件介绍

1. glance-api

glance 的 API 服务接口，负责接收对 Image Service API 中映像文件的查看、下载及存储请求。

2. glance-registry

存储、处理及获取映像文件的元数据，例如映像文件的大小及类型等。

3. database

存储映像文件元数据；映像文件存储仓库。支持多种类型的映像文件存储机制，包括使用普通的文件系统、对象存储、RADOS 块设备、HTTP 以及 Amazon 的 S3 等。

10.6.2　cinder 服务各相关组件介绍

1. cinder-api

cinder-api 是整个 Cinder 组件的门户，所有 cinder 的请求都首先由 nova-api 处理。cinder-api 向外界暴露若干 HTTP REST API 接口。在 keystone 中可以查询 cinder-api 的 endponits。

客户端可以将请求发送到 endponits 指定的地址，向 cinder-api 请求操作。当然，作为最终用户不会直接发送 Rest API 请求。OpenStack CLI，Dashboard 和其他需要跟 Cinder 交换的组件会使用这些 API。

cinder-api 对接收到的 HTTP API 请求会做如下处理：检查客户端传入的参数是否合法有效；调用 cinder 其他子服务的处理客户端请求；将 cinder 其他子服务返回的结果序列号并返回给客户端。

2. cinder-scheduler

创建 Volume 时，cinder-scheduler 会基于容量、Volume Type 等条件选择出最合适的存储节点，然后让其创建 Volume。

3. cinder-volume

cinder-volume 在存储节点上运行，OpenStack 对 Volume 的操作，最后都是交给 cinder-volume 来完成。cinder-volume 自身并不管理真正的存储设备，存储设备是由 volume provider 管理的。cinder-volume 与 volume provider 一起实现 volume 生命周期的管理。

通过 Driver 架构支持多种 Volume Provider，cinder-volume 为这些 volume provider 定义了统一的接口，volume provider 只需要实现这些接口，就能够以 Driver 的形式即插即用到 OpenStack 系统中。

存储节点在配置文件 /etc/cinder/cinder.conf 中用 volume_driver 选项配置使用的 driver：

任务
⑩

volume_driver = cinder. volume. drivers. lvm. LVMVolumeDriver

LVM 是 OpenStack 默认使用的 volume provider。

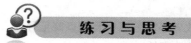 练习与思考

一、单选题（10道）

1. 硬盘 MBR 主引导区由（　　　）个字节组成。
   A. 1024 　　　　　　 B. 4096 　　　　　　 C. 512 　　　　　　 D. 256

2. Linux 查看分区使用情况的命令是（　　　）。
   A. fdisk 　　　　　　 B. df 　　　　　　 C. du 　　　　　　 D. cat

3. Linux 查看文件占用空间的命令是（　　　）。
   A. fdisk 　　　　　　 B. df 　　　　　　 C. du 　　　　　　 D. cat

4. Linux（　　　）命令可以实现挂载。
   A. mount 　　　　　　 B. cp 　　　　　　 C. mv 　　　　　　 D. ln

5. Linux /dev 下的块设备和字符设备属于（　　　）文件。
   A. 普通文件 　　　 B. 目录文件 　　　 C. 链接文件 　　　 D. 特殊文件

6. 一个链接原文件被删除，链接文件不受影响，这是一个（　　　）。
   A. 硬链接 　　　　 B. 软连接 　　　　 C. 超链接 　　　　 D. 符号链接

7. Linux 传统的硬盘分区工具是（　　　）。
   A. fdisk 　　　　　 B. parted 　　　　 C. mkfs 　　　　 D. Check

8. 通过更改 Linux 配置文件（　　　）的方式实现实现开机自动挂载文件系统到指定目录。
   A. /etc/fstab 　　 B. /etc/passwd 　 C. /etc/hosts 　 D. /etc/rc. local

9. Linux 下给磁盘/dev/sda 分区的命令是（　　　）。
   A. df /dev/sda 　 B. fdisk /dev/sda 　 C. du /dev/sda 　 D. ls /dev/sda

10. 以下设备属于字符设备的是（　　　）。
    A. hdc 　　　　　　 B. fd0 　　　　　　 C. hda 　　　　　　 D. tty1

二、多选题（10道）

11. 以 Cinder 为例，存储节点支持多种 volume provider，包括（　　　）。
    A. LVM 　　　　　　 B. NFS 　　　　　　 C. Ceph 　　　　　　 D. GlusterFS
    E. EMC，IBM 等商业存储系统

12. Linux 怎样查看分区和目录的使用情况（　　　）。
    A. fdisk 查看硬盘分区表 　　　　　 B. df 查看分区使用情况
    C. du 查看文件占用空间情况 　　　　 D. ls 查看文件个数
    E. lsstat 查看文件状况

13. Linux 文件类型主要有（　　　）。
    A. 普通文件 　　　 B. 目录文件 　　　 C. 链接文件 　　　 D. 特殊文件
    E. 隐藏文件

14. Linux 文件由（　　　）组成。
    A. 目录项 　　　　 B. inode 　　　　 C. 数据块 　　　　 D. 普通文件集
    E. 目录文件集

15. node 包含文件的（　　　）属性。

任务 10

A. 大小　　　　　B. 读写　　　　　C. owner　　　　　D. 指向数据块的指针

E. 类别

16. Linux 进行分区的原因有（　　　）。

　　A. 可以把不同资料分别放入不同分区中管理以降低风险

　　B. 大硬盘搜索范围大并且效率低

　　C. 磁盘配合只能对分区做设定

　　D. 节约磁盘空间

　　E. 提高磁盘 I/O 效率

17. 硬盘头盘组件主要由（　　　）组成。

　　A. 盘体　　　　　B. 电机　　　　　C. 磁头　　　　　D. 外壳

　　E. 电路板

18. 硬盘在物理结构上由（　　　）组成

　　A. MBR　　　　　B. 电路板　　　　　C. 头盘组件　　　　　D. DBT

　　E. 磁盘片

19. 软链接的特点有（　　　）。

　　A. 原文件和链接文件的 inode 编号一致　　　B. 对原文件删除链接文件不可以

　　C. 对原文件的修改链接文件一样修改　　　D. 对原文件删除链接不受影响

　　E. 原文件和链接文件的编号不一致

20. DNS 服务器采用的 TCP/IP 协议的端口号是（　　　）。

　　A. TCP 53　　　　　B. UDP 53　　　　　C. TCP 80　　　　　D. TCP 54

　　E. UDP 54

三、判断题（10 道）

21. glance 的 API 服务接口，负责接收对 Image Service API 中映像文件的查看、下载及存储请求。

22. cinder-volume 与 volume provider 一起实现 volume 生命周期的管理。

23. LVM 是 OpenStack 默认使用的 volume provider。

24. 软链接原文件和链接文件的 inode 编号一致。

25. 硬链接对原文件删除会导致链接文件不可用。

26. fdisk 是 Linux 系统中最常用的一种硬盘分区工具之一。

27. /home /var /usr/local 经常是单独分区，因为经常会操作，不容易产生碎片。

28. fdisk 工具支持大于 2T 的磁盘。

29. 对原文件的修改，软链接和硬链接文件内容也一样的修改，因为都是指向同一个文件内容的。

30. Linux 任何一个分区都必须挂载到某个目录上。

 练习与思考题参考答案

1. C	2. B	3. C	4. A	5. D	6. A	7. A	8. A	9. B	10. D
11. ABCDE	12. ABC	13. ABCD	14. ABC	15. BCD	16. ABC	17. ABC	18. BC	19. BCE	20. AB
21. √	22. √	23. √	24. ×	25. ×	26. √	27. ×	28. ×	29. √	30. √

任务 11

云计算网络基础

该训练任务建议用 6 个学时完成学习。

11.1 任务来源

网络是云计算系统的重要组成部分,在组建云计算系统之前,部署人员需要构建云计算运行的底层网络环境,并对不同网络资源进行初始化设置,其中包括物理服务器和交换设备的综合组网。

11.2 任务描述

通过华为的 eNSP 模拟器组建云计算底层网络资源模拟环境。实验环境采用 20 台客户端、2 台交换机、2 台服务器和 1 组存储阵列作为组网对象,整个组网完全按照现实的硬件环境来搭建网络。

11.3 能力目标

11.3.1 技能目标

完成本训练任务后,读者应当能(够)掌握以下技能。

1. 关键技能

(1) 会按照拓扑图组网。

(2) 会在模拟软件的管理平台设置模拟设备的 IP 地址和子网掩码。

(3) 会设置模拟服务器、PC 所连的交换机端口。

2. 基本技能

(1) 会设置和使用 PuTTY 软件登录交换机。

(2) 会配置 PC 的本地 IP 地址和子网掩码。

(3) 会按照标准的拓扑图连接各设备。

11.3.2 知识目标

完成本训练任务后,读者应当能(够)学会以下知识。

(1) 掌握 OSI 网络模型。

（2）熟悉交换机端口类型相关知识并设置交换机。

（3）理解云计算系统底层网络的相关概念。

11.3.3　职业素质目标

完成本训练任务后，读者应当能（够）具备以下素质。

（1）具有守时、诚信、敬业精神。

（2）具有安全意识、质量意识、保密意识。

（3）按照有关规程和规范执行操作，养成严谨的学习和工作态度。

（4）养成总结训练过程和结果的习惯，为再次实训总结经验。

（5）树立学习新知识、掌握新技能的自信心。

11.4　任务实施

11.4.1　活动一　知识准备

（1）计算机网络的主要功能。计算机网络的主要功能包括数据通信、资源共享、负载均衡、分布式处理和提高计算机系统的可靠性。

（2）计算机网络的分类。计算机网络分为局域网（LAN）、广域网（WAN）、城域网（MAN）和国际互联网（Internet）。

（3）计算机网络组网中常用的拓扑结构，主要包括四种分别是星型拓扑、环型拓扑、总线型拓扑和树形拓扑。

（4）网络传输介质。网络传输介质包括线缆和无线，其中线缆有双绞线、同轴电缆和光纤等，无线包括 wifi、蓝牙和卫星等。

（5）网络体系结构与通信协议。

1）网络体系结构的定义。网络体系结构是指整个网络系统的逻辑组成和功能的分配。它为网络硬件、软件、协议、存取控制和拓扑提供标准。它广泛采用的是国际标准化组织（ISO）在1979 年提出的开放系统互连（OSI-Open System Interconnection）的参考模型。

2）网络通信协议。网络通信协议是为计算机网络中进行数据交换而建立的规则、标准或约定的集合。例如，网络中一个微机用户和一个大型主机的操作员进行通信，由于这两个数据终端所用字符集不同，因此操作员所输入的命令彼此不认识。为了能进行通信，规定每个终端都要将各自字符集中的字符先变换为标准字符集的字符后，才进入网络传送，到达目的终端之后，再转换为该终端字符集的字符。

11.4.2　活动二　示范操作

1. 活动内容

（1）将 20 台客户端、2 台交换机、2 台服务器和 1 组存储阵列作为组网模拟对象，按照以下规划好的网络拓扑来组建网络。网络拓扑参照图 11-1。

各网络设备 IP 配置表格如下。

1）客户机 1-10。IP 地址配置为 192.168.1.101/24-192.168.1.110/24，连接到交换机 1 的端口 1 到端口 10。

2）客户机 11-20。IP 地址配置为 192.168.1.111/24-192.168.1.120/24，连接到交换机 1 的端口 11 到端口 20。

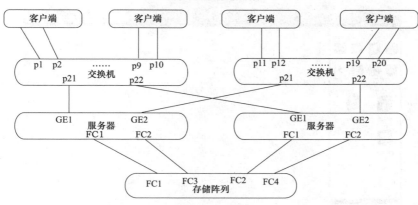

图 11-1　模拟组网拓扑图

3）交换机 1 的端口 21 连接到服务器 1 的 GE1，端口 22 连接到服务器 2 的 GE1。

4）交换机 2 的端口 21 连接到服务器 1 的 GE2，端口 22 连接到服务器 2 的 GE2。

（2）在模拟器中配置华为 s51100 交换机。

2. 操作步骤

（1）步骤一：画拓扑图并连线。

1）运行 eNSP 软件。点击桌面 eNSP 软件图标。

2）新建拓扑，最终结果如图 11-2 所示。

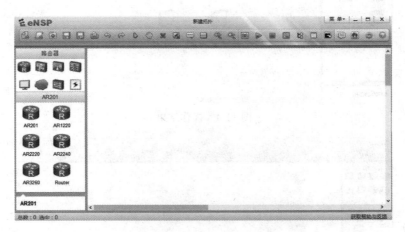

图 11-2　新建拓扑

3）选择交换机。在 S51100-28C-HI 中选择 S51100 交换机，拖到右边窗口空白处，显示 LSW1，将 LSW1 名称修改为 S51100_1；同样的操作，放置 S51100_2。操作过程及最终结果如图 11-3、图 11-4 所示。

4）选择 PC。参照"选择交换机"的操作方法。操作过程及最终结果如图 11-5、图 11-6 所示。

5）将交换机与 PC 机相连。选择设备连线，在 Ethernet 中选择 Copper，点击 PC1，选择端口 E1，然后再点击交换机 S51100_1，选择端口 GE001。操作过程及最终结果如图 11-7、图 11-8 所示。

图 11-3　选择交换机

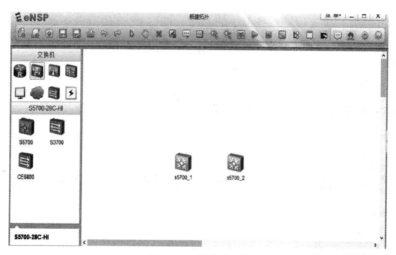

图 11-4　操作结果

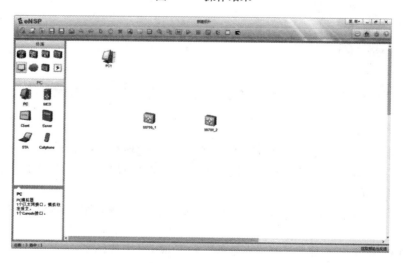

图 11-5　选择 PC

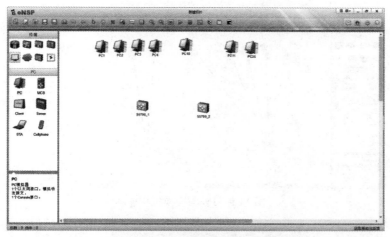

图 11-6　选择多个 PC

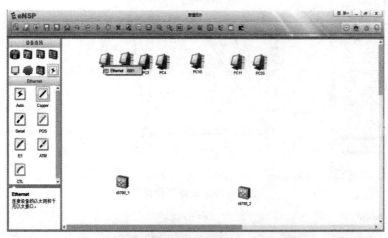

图 11-7　点击 PC1，选择端口 GE0/0/1

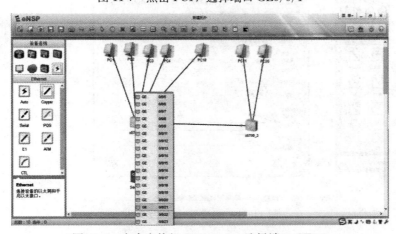

图 11-8　点击交换机 S51100_1，选择端口 GE001

　　重复前面 2 步，将各设备进行连线，最终结果如图 11-9 所示。

　　（2）步骤二：按照规划的 IP 表格配置客户机的 IP 地址及掩码。在 PC1 上点击鼠标右键，在弹出菜单中选择"设置"，配置相应的 IP 地址及掩码，操作过程及最终结果如图 11-10、图 11-11 所示。

任务
⑪

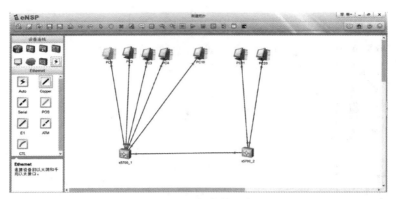

图 11-9　PC 与交换机相连

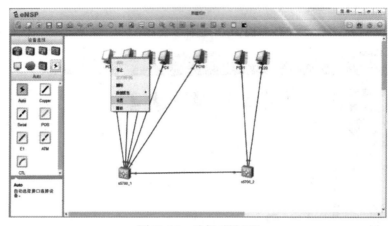

图 11-10　选择"设置"

图 11-11　配置 IP 地址及掩码

用同样的方法，配置所有 PC 机的 IP 地址及掩码。

（3）步骤三：配置交换机的端口。在交换机 S51100_1 上点击右键，选择"CLI"，进入命令行进行设置，运行交换机命令进行显示和配置，具体命令见步骤六，也可直接查阅交换机手册。操作过程及最终结果如图 11-12、图 11-13 所示。

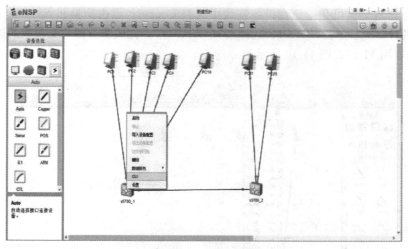

图 11-12 选择 "CLI"

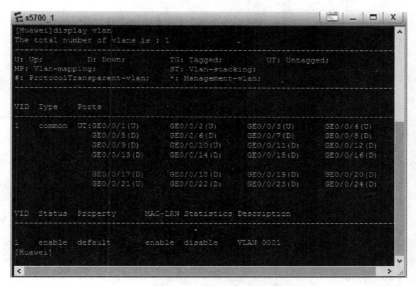

图 11-13 进入命令行

（4）步骤四：配置服务器的 IP 地址及掩码。

1）选择服务器，拖到右边窗口空白处，然后命名为 Server1，如图 11-14 所示。

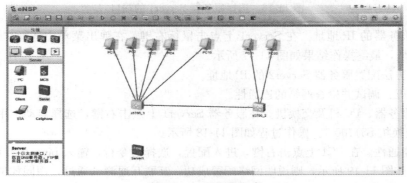

图 11-14 选择服务器

2）将服务器与交换机相连。在设备连线中选择 Copper，点击交换机 S51100_1，选择端口 GE0/0/21，然后点击服务器 Server1，选择端口 GE 0/0/0，完成服务器与交换机的连接，操作过程及最终结果如图 11-15、图 11-16 所示。

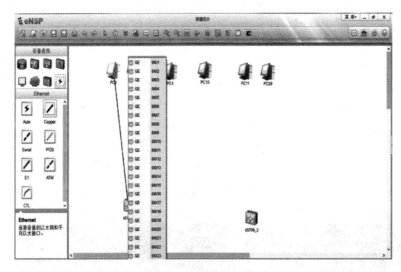

图 11-15　选择交换机 S51100_1 的端口 GE 0/0/21

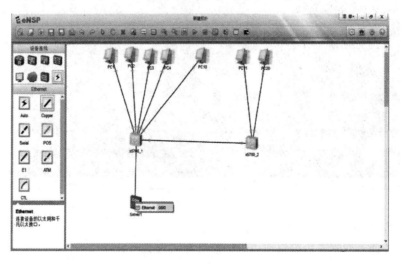

图 11-16　选择服务器 Server1 的端口

3）配置服务器的 IP 地址。在 Server1 上点击鼠标右键，在弹出菜单中选择"设置"，配置 IPV4 的 IP 地址，最终操作结果如图 11-17 所示。

用同样的方法配置服务器 Server2 的 IP 地址。

（5）步骤五：调试并检查网络的连通性。

1）启动服务器、PC 机及交换机。在服务器 Server1 上点击右键，选择启动；用同样的方法启动 PC1 和交换机 S51100-1。操作过程如图 11-18 所示。

2）测试连通性。在 PC1 上点击右键，进入配置，选择命令行，输入 ping 192.168.1.100 命令，如果结果如图 11-19 所示，则说明网络配置成功，互联互通测试通过。用同样的方法，检查其他 PC 机的网络连通性。

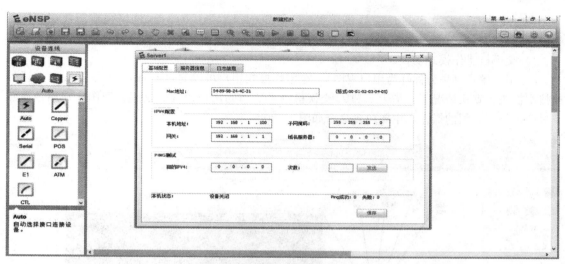

图 11-17　配置服务器的 IP 地址

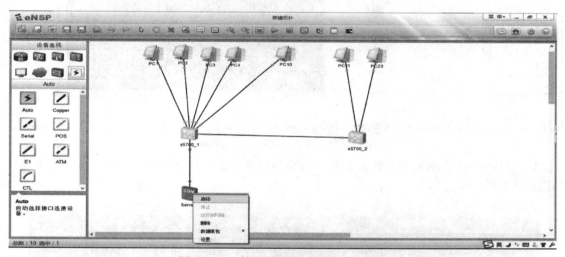

图 11-18　启动服务器、PC 机及交换机

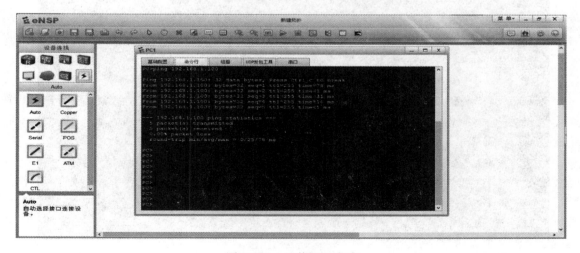

图 11-19　网络配置成功

（6）步骤六：华为 S51100 交换机设置。OpenStack L2VlanNetwork 网络模式需要在交换机端进行相应的 vlan 设置。

1）交换机工作模式切换。

a）用户模式（华为称呼为用户视图）。在用户模式用户可以通过 Console 口、Telnet 会话等连接交换机。默认情况下，华为 s51100 交换机第一次访问用户进入的是用户视图。在用户视图下只能进行很有限的操作，主要包含命令如图 11-20 所示。

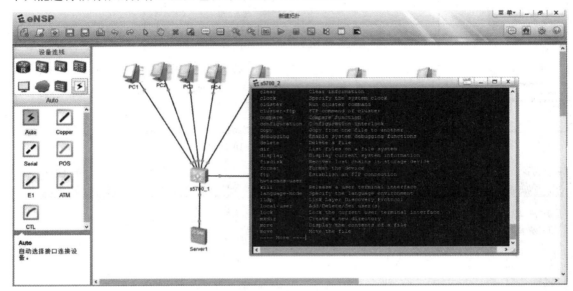

图 11-20　用户模式命令显示界面

b）特权模式（华为称呼为系统视图）。在命令行格式中输入 system-view 后回车，进入系统视图界面如图 11-21 所示。

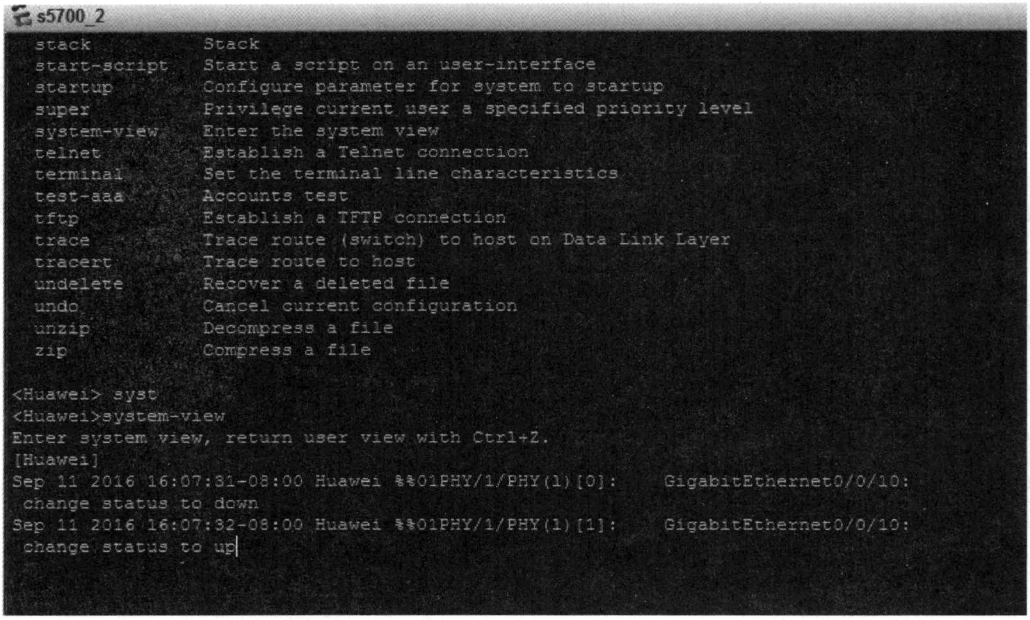

图 11-21　系统视图登录界面

在系统视图下，用户可以配置系统参数以及通过该视图进入其他功能配置视图，可以按 Ctrl+z 返回用户视图。

c) 全局配置模式（华为称呼为接口视图）。使用 interface 命令并指定接口类型及接口编号可以进入相应的接口视图，在该视图下可以配置接口相关的物理属性、链路层特性及 IP 地址等重要参数。参数显示画面如图 11-22 所示。

图 11-22　参数显示

2）基于接口的 VLAN 划分（静态配置接口类型）。基于接口划分 VLAN 是最简单、最有效的 VLAN 划分方法。它按照设备的接口来定义 VLAN 成员，将指定接口加入到指定 VLAN 中之后，接口就可以转发该 VLAN 的报文，从而实现 VLAN 内的主机可以直接互访（即二层互访），而 VLAN 间的主机不能直接互访，将广播报文限制在一个 VLAN 内。

接口规划为 Access，此方式的 vlan 创建，操作步骤如下：

a) 执行命令 system-view，进入系统视图。

例如：＜Huawei＞system-view

b) 执行命令 interface interface-type interface-number，进入以太网端口视图。

例如：［Huawei］interfaceGigabitEthernet 0/0/1

c) 执行命令 port link-type access，配置接口的链路类型为 Access 类型。

例如：［Huawei-GigabitEthernet0/0/1］port link-type access

d) 执行命令 quit，返回系统视图。

e) 执行命令 vlan vlan-id，如果指定的 VLAN 不存在，则该命令先完成 VLAN 的创建，然后再进入该 VLAN 的视图。

例如：＜Huawei＞vlan 2

f) 执行命令 port interface-list，将指定 Access 端口加入到当前的 VLAN 中。

例如：［Huawei-vlan2］port GigabitEthernet 0/0/1

创建结果显示结果如图 11-23 所示。

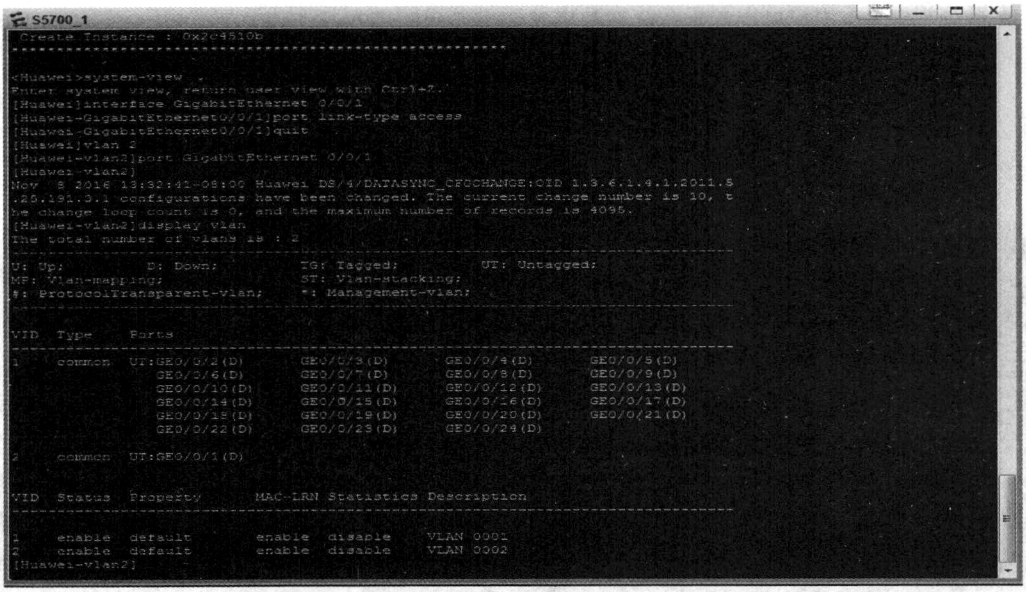

图 11-23　创建结果

为了能让接口快速地加入到 vlan 中，可以通过添加组的形式来实现该功能，操作参数如图 11-24 所示。

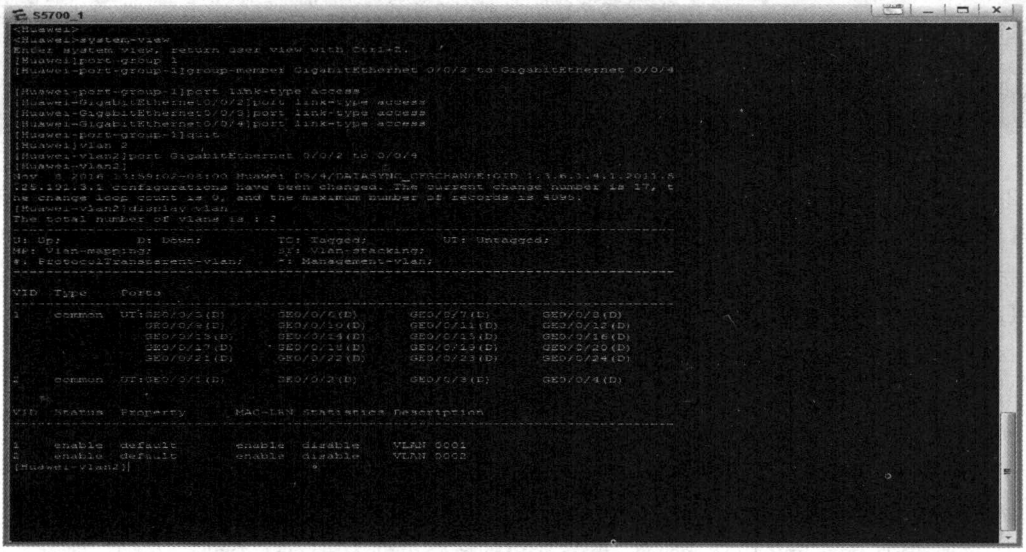

图 11-24　操作参数

vlan2 已经创建成功，pc1-pc4 所连接的端口也相对应的加入到了 vlan2 当中，现在就通过 ping 的方式验证网络的联通性，在 PC1 上点击右键，进入配置，选择命令行，输入 ping 192.168.1.110 命令，验证网路的联通性，执行命令后得到的结果如图 11-25 所示。

通过 ping 的结果可以看到不同的 vlan 之间是不可以通信的，从而证明实验是成功的。

接口规划为 Trunk 接口，由于拓扑结构采用的是两个交换的连接方式，这样的目的是为了方便演示跨设备的 vlan 通信情况，实验采取 switch1 的 p24 端口与 switch2 的 p24 端口分别创建端口为 Trunk 的访问方式，执行的命令如下。

图 11-25 网络通联

a) 执行命令 system-view，进入系统视图。

例如：＜Huawei＞system-view

b) 执行命令 interface interface-type interface-number，进入以太网端口视图。

例如：［Huawei］interfaceGigabitEthernet 0/0/24

c) 执行命令 port link-type trunk，配置接口的链路类型为 Trunk 类型。

例如：［Huawei-GigabitEthernet0/0/24］port link-type trunk

d) 执行命令 port trunk allow-pass vlan vlan-id，配置 Trunk 端口允许哪些 VALN 通过。

例如：［Huawei-GigabitEthernet0/0/24］port trunk allow-pass vlan 2 Switch1 终端执行的命令结果如图 11-26 所示。

图 11-26 执行结果

打开 switch2 的终端，同样的方式创建 Trunk，执行命令如图 11-27 所示。

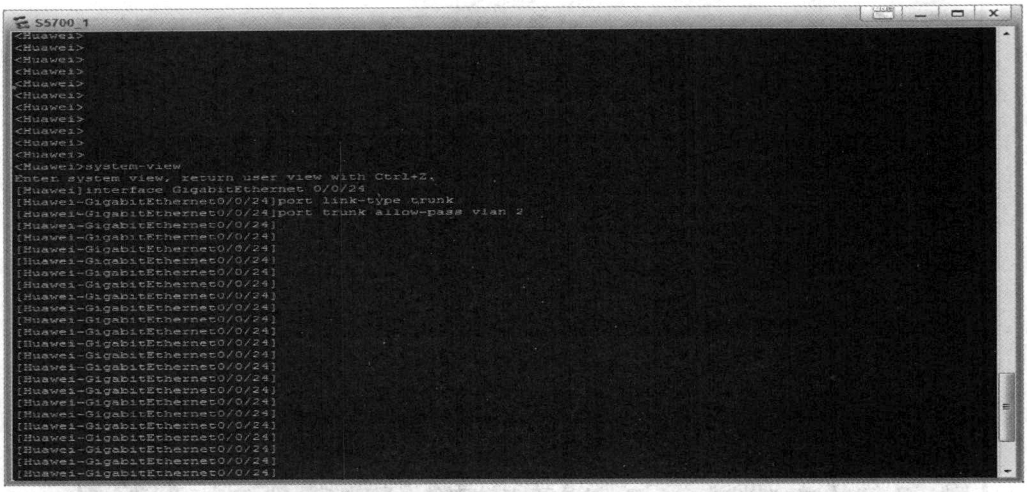

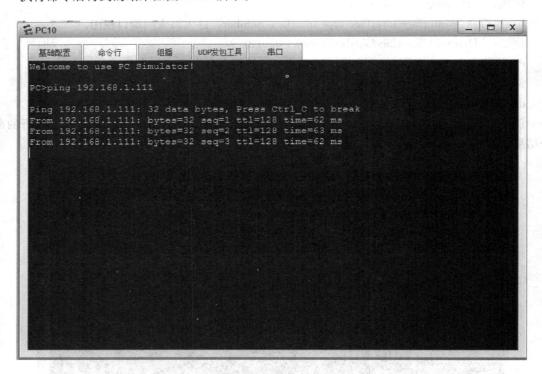

图 11-27　执行结果

验证网络的联通性，在 pc10 上执行命令：

ping 192. 168. 1. 111

执行命令后得到的结果如图 11-28 所示。

图 11-28　执行结果

3）配置交换机的管理 IP。华为三层交换机的管理是在端口 p0 上进行配置，其管理 IP 就是端口 p0 所在的 vlan IP，这点有别于其他厂商。配置管理 ip 的命令如下：

[Huawei]interfaceVlanif 2

[Huawei-Vlanif2]ip address 192.168.1.201 24　255.255.255.0

[Huawei-Vlanif2]display current-configuration

配置结果显示如图 11-29 所示。

图 11-29　配置结果

通过 ping 命令验证管理 ip 是否配置成功，执行命令后的显示结果如图 11-30 所示。

图 11-30　显示结果

11.4.3 活动三　能力提升

按照本实验步骤，在华为 eNSP 模拟器中模式计算综合组网，然后模拟华为 s51100 交换机的设置，具体要求如下。

（1）启动 eNSP 软件模拟计算机综合组网。

（2）在组建的网络中进行 s51100 交换机的设置。

11.5　效果评价

效果评价参见任务 1，评价标准见附录任务 11。

11.6　相关知识与技能

11.6.1 网络的基本概念

计算机网络就是通信线路和通信设备，将分布在不同地点的具有独立功能的多个计算机系统互相连接起来，在网络软件的支持下实现彼此之间的数据通信和资源共享的系统。

1. 局域网

通常常见的"LAN"就是指局域网，这是日常工作和生活中最常见、应用最广的一种网络。局域网随着整个计算机网络技术的发展和提高得到充分的应用和普及，几乎每个单位都有自己的局域网，甚至有的家庭中都有自己的小型局域网。所谓局域网，那就是在局部地区范围内的网络，它所覆盖的地区范围较小。局域网在计算机数量配置上没有太多的限制，少的可以只有两台，多的可达几百台。在网络所涉及的地理距离上一般来说可以是几米至 10km 以内。局域网一般位于一个建筑物或一个单位内，不存在寻径问题，不包括网络层的应用。

这种网络的特点是：连接范围窄、用户数少、配置容易、连接速率高。目前局域网最快的速率要算现今的 10G 以太网了。

2. 城域网

这种网络一般来说是在一个城市，但不在同一地理小区范围内的计算机互联。这种网络的连接距离可以在 10～100km，它采用的是 IEEE802.6 标准。在一个大型城市或都市地区，一个MAN 网络通常连接着多个 LAN 网。如连接政府机构的 LAN、医院的 LAN、电信的 LAN、公司企业的 LAN 等。由于光纤连接的引入，使 MAN 中高速的 LAN 互连成为可能。

城域网多采用 ATM 技术做骨干网，ATM 是一个用于数据、语音、视频以及多媒体应用程序的高速网络传输方法。

3. 广域网

这种网络也称为远程网，所覆盖的范围比城域网（MAN）更广，它一般是在不同城市之间的 LAN 或者 MAN 网络互联，地理范围可从几百千米到几千千米。因为距离较远，信息衰减比较严重，所以这种网络一般是要租用专线，通过 IMP（接口信息处理）协议和线路连接起来，构成网状结构，解决循径问题。

4. 计算机综合组网

计算机综合组网，是指将地理位置不同的具有独立功能的多台计算机及其外部设备，通过通信线路连接起来，在网络操作系统，网络管理软件及网络通信协议的管理和协调下，实现资源共享和信息传递的计算机网络系统。

11.6.2 OSI 网络模型

OSI（Open System Interconnection，开放系统互连）七层网络模型称为开放式系统互联参考模型，是一个逻辑上的定义，一个规范，它把网络从逻辑上分为了七层，每一层都有相关、相对应的物理设备，比如路由器、交换机。OSI 七层模型（见图 11-31）是一种框架性的设计方法，建立七层模型的主要目的是为解决异种网络互联时所遇到的兼容性问题，其最主要的功能使就是帮助不同类型的主机实现数据传输。它的最大优点是将服务、接口和协议这三个概念明确地区分开来，通过七个层次化的结构模型使不同的系统不同的网络之间实现可靠的通信。

1. 物理层（Physical Layer）

OSI 模型的最低层或第一层，该层包括物理联网媒介，如电缆连线连接器。物理层的协议产生并检测电压以便发送和接收携带数据的信号。在桌面 PC 上插入网络接口卡，读者就建立了计算机联网的基础。尽管物理层不提供纠错服务，但它能够设定数据传输速率并监测数据出错率。网络物理问题，如电线断开，将影响物理层。用户要传递信息就要利用一些物理媒体，如双绞线、同轴电缆等，但具体的物理媒体并不在 OSI 的 11 层之内，有人把物理媒体当作第 0 层，物理层的任务就是为它的上一层提供一个物理连接，以及它们的机械、电气、功能和过程特性。如规定使用电缆和接头的类型、传送信号的电压等。在这一层，数据还没有被组织，仅作为原始的位流或电气电压处理，单位是 bit。

图 11-31　osi 七层模型

2. 数据链路层（Datalink Layer）

OSI 模型的第二层，它控制网络层与物理层之间的通信，它的主要功能是如何在不可靠的物理线路上进行数据的可靠传递。为了保证传输，从网络层接收到的数据被分割成特定的可被物理层传输的帧。帧是用来移动数据的结构包，它不仅包括原始数据，还包括发送方和接收方的物理地址以及检错和控制信息，其中的地址确定了帧将发送到何处，而纠错和控制信息则确保帧无差错到达。如果在传送数据时，接收点检测到所传数据中有差错，就要通知发送方重发这一帧。数据链路层的功能独立于网络和它的节点和所采用的物理层类型，它也不关心是否正在运行 Word、Execl 或使用 Internet。有一些连接设备，如交换机，由于它们要对帧解码并使用帧信息将数据发送到正确的接收方，所以它们是工作在数据链路层的。数据链路层在物理层提供比特流服务的基础上，建立相邻结点之间的数据链路，通过差错控制提供数据帧（Frame）在信道上无差错地传输，并进行各电路上的动作系列，数据链路层在不可靠的物理介质上提供可靠的传输，该层的作用包括：物理地址寻址、数据的成帧、流量控制、数据的检错、重发等。

3. 网络层（Network Layer）

OSI 模型的第三层，其主要功能是将网络地址翻译成对应的物理地址，并决定如何将数据从发送方路由到接收方。网络层通过综合考虑发送优先权、网络拥塞程度、服务质量以及可选路由的花费来决定从一个网络中节点 A 到另一个网络中节点 B 的最佳路径。由于网络层处理并智能指导数据传送，路由器连接网络各段，所以路由器属于网络层。在网络中，"路由"是基于编址方案、使用模式以及可达性来指引数据的发送。网络层负责在源机器和目标机器之间建立它们所使用的路由。这一层本身没有任何错误检测和修正机制，因此，网络层必须依赖于端端之间的由 DLL 提供的可靠传输服务。网络层用于本地 LAN 网段之上的计算机系统建立通信，它之所以可以这样做，是因为它有自己的路由地址结构，这种结构与第二层机器地址是分开的、独立的。

4. 传输层（Transport Layer）

这是 OSI 模型中最重要的一层，传输协议同时进行流量控制或是基于接收方可接收数据的快慢程度规定适当的发送速率。除此之外，传输层按照网络能处理的最大尺寸将较长的数据包进行强制分割。例如，以太网无法接收大于 1500 字节的数据包，发送方节点的传输层将数据分割成较小的数据片，同时对每一数据片安排一序列号，以便数据到达接收方节点的传输层时，能以正确的顺序重组，该过程即被称为排序。工作在传输层的一种服务是 TCP/IP 协议套中的 TCP（传输控制协议），另一项传输层服务是 IPX/SPXI 协议集的 SPX（序列包交换）。

5. 会话层（Session Layer）

负责在网络中的两节点之间建立、维持和终止通信。会话层的功能包括：建立通信链接、保持会话过程通信链接的畅通、同步两个节点之间的对话、决定通信是否被中断以及通信中断时决定从何处重新发送。读者可能常常听到有人把会话层称作网络通信的"交通警察"。当通过拨号向 ISP（因特网服务提供商）请求连接到因特网时，ISP 服务器上的会话层向 PC 客户机上的会话层进行协商连接。若读者的电话线偶然从墙上插孔脱落时，终端机上的会话层将检测到连接中断并重新发起连接。

6. 表示层（Presentation Layer）

这是应用程序和网络之间的翻译官。在表示层，数据将按照网络能理解的方案进行格式化，这种格式化也因所使用网络的类型不同而不同。表示层管理数据的解密与加密，如系统口令的处理。例如在 Internet 上查询银行账户，使用的即是一种安全连接。账户数据在发送前被加密，在网络的另一端，表示层将对接收到的数据解密。除此之外，表示层协议还对图片和文件格式信息进行解码和编码。

7. 应用层（Application Layer）

应用层也称为应用实体（AE），它由若干个特定应用服务元素（SASE）和一个或多个公用应用服务元素（CASE）组成。每个 SASE 提供特定的应用服务，例如文件运输访问和管理（FTAM）、电子文电处理（MHS）、虚拟终端协议（VAP）等。CASE 提供一组公用的应用服务，例如联系控制服务元素（ACSE）、可靠运输服务元素（RTSE）和远程操作服务元素（ROSE）等。"应用层"并不是指运行在网络上的某个特定的应用程序，应用层提供的服务包括文件传输、文件管理以及电子邮件的信息处理

11.6.3　网络检测命令使用

ping 命令使用

含义：ping 是测试网络连接状况以及信息包发送和接收状况非常有用的工具，是网络测试最常用的命令。ping 向目标主机（地址）发送一个回送请求数据包，要求目标主机收到请求后给予答复，从而判断网络的响应时间和本机是否与目标主机（地址）联通。

ping 命令的完整格式如下：

ping [-t] [-a] [-n count] [-l length] [-f] [-i ttl] [-v tos] [-r count] [-s count] [-j-host list] | [-k host-list] [-w timeout] destination-list

从这个命令式中可以看出它的复杂程度，ping 命令本身后面都是它的执行参数，现对其参数作一下详细讲解。

-t—— 有这个参数时，当读者 ping 一个主机时系统就不停地运行 ping 这个命令，直到读者按下 Control-C。

-a——解析主机的 NETBIOS 主机名，如果读者想知道读者所 ping 的机计算机名则要加上这

个参数了，一般是在运用 ping 命令后的第一行就显示出来。

-n count——定义用来测试所发出的测试包的个数，缺省值为 4。通过这个命令可以自己定义发送的个数，对衡量网络速度很有帮为助，比如想测试发送 20 个数据包的返回的平均时间为多少，最快时间为多少，最慢时间多少就可以通过执行带有这个参数的命令获知。

-l length——定义所发送缓冲区的数据包的大小，在默认的情况下 windows 的 ping 发送的数据包大小为 32byt，也可以自己定义，但有一个限制，就是最大只能发送 65500byt，超过这个数时，对方就很有可能因接收的数据包太大而死机，所以微软公司为了解决这一安全漏洞于是限制了 ping 的数据包大小。

-f—— 在数据包中发送"不要分段"标志，一般读者所发送的数据包都会通过路由分段再发送给对方，加上此参数以后路由就不会再分段处理。

-i ttl—— 指定 TTL 值在对方的系统里停留的时间，此参数同样是帮助读者检查网络运转情况的。

-v tos—— 将"服务类型"字段设置为"tos"指定的值。

-r count—— 在"记录路由"字段中记录传出和返回数据包的路由。一般情况下读者发送的数据包是通过一个个路由才到达对方的，但到底是经过了哪些路由呢？通过此参数就可以设定读者想探测经过的路由的个数，不过限制在了 9 个，也就是说读者只能跟踪到 9 个路由。

-s count——指定"count"指定的跃点数的时间戳，此参数和-r 差不多，只是这个参数不记录数据包返回所经过的路由，最多也只记录 4 个。

-j host-list ——利用" computer-list"指定的计算机列表路由数据包。连续计算机可以被中间网关分隔 IP 允许的最大数量为 9。

-w timeout——指定超时间隔，单位为毫秒。

-destination-list ——是指要测试的主机名或 IP 地址

练习与思考

一、单选题（10 道）

1. A 类地址的表示范围为（　　　）。
   A. 224.0.0.0-255.255.255.255
   B. 192.0.0.0-223.255.255.255
   C. 0.0.0.0-126.255.255.255
   D. 128.0.0.0-191.255.255.255

2. C 类地址的默认子网掩码是（　　　）。
   A. 255.0.0.0　　　B. 255.255.0.0　　　C. 255.255.255.0　　　D. 255.255.255.255

3. IPv4 地址分为（　　　）类。
   A. 1　　　　　　B. 3　　　　　　C. 4　　　　　　D. 5

4. 192.168.1.0 是一个（　　　）地址。
   A. 单播　　　　　B. 主机　　　　　C. 组播　　　　　D. 广播

5. IP 地址 192.168.1.1 是一个（　　　）。
   A. A 类地址　　　B. B 类地址　　　C. C 类地址　　　D. D 类地址

6. 1211.0.0.1 是一个（　　　）。
   A. D 类地址　　　B. E 类地址　　　C. 内部回环地址　　　D. C 类地址

7. 以下不属于 OSI 七层网络模型的是（　　　）。
   A. 交换层　　　　B. 物理层　　　　C. 应用层　　　　D. 网络层

8. 整个地球所有的计算机连接在一起属于一个（　　）。

    A. 广域网　　　　　B. 局域网　　　　　　　C. 城域网　　　　　D. 因特网

9. 公司内网属于（　　）。

    A. 万维网　　　　　B. 局域网　　　　　　　C. 城域网　　　　　D. 因特网

10. 双绞线按照有无屏蔽层可分为（　　）。

    A. 屏蔽双绞线和非屏蔽双绞线　　　　　B. A 类双绞线和 B 类双绞线

    C. 直通双绞线和非直通双绞线　　　　　D. 普通双绞线和超内型双绞线

二、多选题（10 道）

11. 云计算的特点有（　　）。

    A. 虚拟化　　　　B. 高可用性　　　　　C. 高拓展性　　　　D. 按需付费

    E. 极其廉价

12. 云计算通常可以划分为（　　）几种模式。

    A. IaasS　　　　　B. NaaS　　　　　　C. IasS　　　　　D. PaaS

    E. SaaS

13. 以下是 OSI 七层网络模型的有（　　）。

    A. 物理层　　　　B. 数据链路层　　　　C. 网络层　　　　D. 传输层

    E. 表示层

14. 以下属于云计算部署模式的有（　　）。

    A. 公有云　　　　B. 私有云　　　　　　C. 混合社区云　　　D. 混合云

    E. 社区云

15. 计算机网络通常可分为（　　）。

    A. 局域网　　　　B. 城域网　　　　　　C. 广域网　　　　D. 因特网

    E. 内网

16. 数据链路层的（　　）确保数据帧无差错地到达目的地。

    A. 纠错　　　　　B. 转换　　　　　　　C. 发送　　　　　D. 接收

    E. 控制信息

17. 数据链路层的协议代表包括（　　）。

    A. SDLC　　　　　B. HDLC　　　　　　C. PPP　　　　　D. STP

    E. 帧中继

18. 网络拓扑中的环形拓扑有哪些特点（　　）。

    A. 信息流在网中是沿着固定方向流动的　　B. 两个节点间只有一条道路

    C. 环路的封闭的，不便于扩充　　　　　D. 维护难

    E. 环路各节点自举控制

19. 网络拓扑的四个基本概念是（　　）

    A. 节点　　　　　B. 终点　　　　　　　C. 链路　　　　　D. 起点

    E. 通路

20. 网络拓扑主要有（　　）。

    A. 环形结构　　　B. 树形结构　　　　　C. 总线结构　　　D. 星型结构

    E. 混合结构

三、判断题（10 道）

21. 环形网络拓扑组网简单但是维护难。

22. 树形拓扑成本低，容易扩展。

23. 交换机工作在数据链路层。

24. 路由器工作在数据链路层。

25. 数据链路层是 OSI 七层网络模型的第三层。

26. 应用层是 OSI 七层网络模型的第一层。

27. 交换机的 console 接口主要是对交换机进行配置和管理。

28. 光纤由于价格低廉，通常用于常用的组网传输介质。

29. RJ45 是以太网的网络接口。

30. Ping 命令的-t 参数主要用于设置命令执行的有限次数。

练习与思考题参考答案

1. C	2. C	3. D	4. D	5. C	6. C	11. A	8. D	9. B	10. A
11. ABCDE	12. ADE	13. ABCDE	14. ADE	15. ABCD	16. AE	111. ABCDE	18. ABCDE	19. ABCE	20. ABCDE
21. √	22. √	23. √	24. ×	25. ×	26. ×	211. √	28. ×	29. √	30. ×

任务 ⑫

OpenStack网络服务Neutron实现

该训练任务建议用 9 个学时完成学习。

12.1 任务来源

作为 OpenStack 三大件之一的网络，无疑是 OpenStack 作为 IaaS 层云计算平台最复杂，也是最难学习的一块。本节详细讲述 Neutron 设计架构原理，各组件之间的联系以及提升网络性能方面的一些知识。

12.2 任务描述

理解 Neutron 二层网络服务的实现原理；Neutron 三层网络服务的实现原理以及高级网络服务等。

12.3 能力目标

12.3.1 技能目标

完成本训练任务后，读者应当能（够）掌握以下技能。

1. 关键技能

（1）掌握 Neutron 二层网络服务的基本实现原理。

（2）掌握 Neutron 三层网络服务的基本实现原理。

（3）掌握 Neutron 高级网络服务的基本实现原理。

2. 基本技能

（1）掌握网络基本概念及操作命令。

（2）掌握路由器及防火墙基本原理。

（3）掌握交换机基本工作原理。

12.3.2 知识目标

完成本训练任务后，读者应当能（够）学会以下知识。

（1）熟悉传统七层网络模型。

（2）掌握 Neutron 网络服务的基本架构设计原理。

（3）掌握 Neutron 组件中各个模块的基本功能。

12.3.3 职业素质目标

完成本训练任务后，读者应当能（够）具备以下素质。

（1）具有守时、诚信、敬业精神。

（2）具有安全意识、质量意识、保密意识。

（3）遵守系统调试标准规范，养成严谨科学的工作态度。

（4）养成总结训练过程和结果的习惯，为再次实训总结经验。

（5）树立学习新知识、掌握新技能的自信心。

12.4　任务实施

12.4.1　活动一　知识准备

下面介绍 Neutron 网络基本概念。

（1）network。network 是一个隔离的二层广播域，Neutron 支持多种类型的网络，包括 local、flat、VLAN、VxLAN 和 GRE 网络等。

（2）subnet。subnet 是一个 IPv4 或者 IPv6 地址段。实例的 ip 地址从 subnet 中分配。每个 subnet 需要定义 IP 地址的范围和掩码。子网与网络是一个一对多的关系，一个 subnet 只能属于某个 network；一个 network 可以有多个 subnet，这些 subnet 可以是不同的 IP 地址段，但不能重叠。

（3）port。port 可以看做虚拟交换机上的一个端口。port 上定义了 MAC 地址和 IP 地址，当 instance 的虚拟网卡 VIF（Virtual Interface）绑定到 port 时，port 会将 MAC 和 IP 分配给 VIF。port 与 subnet 是一个一对多的关系。一个 port 必须属于某个 subnet；一个 subnet 可以有多个 port。

12.4.2　活动二　示范操作

1. 活动内容

（1）阐述 Neutron 的功能。

（2）Neutron 服务各功能组件介绍。

（3）介绍 Neutron 二层网络服务的实现原理。

（4）介绍 Neutron 三层网络服务的实现原理。

（5）介绍 Neutron 相关高级网络服务的实现原理。

2. 操作步骤

（1）步骤一：Neutron 的功能。Neutron 为整个 OpenStack 环境提供网络支持，包括二层交换、三层路由、负载均衡，防火墙和 VPN 等。Neutron 提供了一个灵活的框架，通过配置，无论是开源还是商业软件都可以通过驱动相连接的方式来实现这些功能。

1）二层交换 Switching。Nova 的 Instance 是通过虚拟交换机连接到虚拟二层网络的。Neutron 支持多种虚拟交换机，包括 Linux 原生的 Linux Bridge 和 Open vSwitch。利用 Linux Bridge 和 OVS，Neutron 除了可以创建传统的 VLAN 网络，还可以创建基于隧道技术的 Overlay 网络。

2）三层路由。实例可以配置不同网段的 IP，Neutron 的虚拟路由器实现实例的跨网段通信。router 通过 IP forwarding、iptables 等技术来实现路由和 NAT。

3）负载均衡。OpenStack 在 Grizzly 版本第一次引入了 Load-Balancing-as-a-Service（LBaaS），提供了将负载分发到多个实例的能力。LBaaS 支持多种负载均衡产品和方案，不同地实现以 Plugin 的形式集成到 Neutron，目前默认的 Plugin 是 HAProxy。

4）防火墙。Neutron 通过下面两种方式来保障 instance 和网络的安全性。

a）Security Group。通过 iptables 限制进出实例的网络包。

b）Firewall-as-a-Service。FWaaS，限制进出虚拟路由器的网络包，也是通过 iptables 实现。

（2）步骤二：Neutron 服务各功能组件介绍。Neutron 的各功能组件设计采用分布式架构，由多个组件共同完成虚拟网络服务。OpenStack Neutron 网络服务包括如下各功能组件。

1）Neutron-Server。Neutron-server 是一个非常复杂的模块，它使用"微内核"实现了 Plugin、Service Plugin、Extension 的插拔，及其与 DB 的交互。对外提供 OpenStack 网络 API，接收请求，并调用 Plugin 处理请求。

2）Neutron-plugin。Neutron-plugin 是实现网络具体功能的模块，主要包括 Core Plugin、Extensions Plugin 和 Service Plugin 等核心程序。CorePlugin 实现 network 、subnet 、port 这三类核心资源。Neutron-plugin 处理 Neutron Server 发来的请求，维护 OpenStack 逻辑网络的状态，并调用 Agent 处理请求。

3）Agent。Agent 处理 plugin 的请求，负责在 network provider 上真正实现各种网络功能，其中 L3-Agent 主要负责 floating IP 功能和其他三层功能，例如 NAT；DHCPAgent 为租户网络提供 DHCP 的功能；plugin Agent 中各 plugin 实现不同的 Agent，虚拟网络上的数据包的处理则是由这些插件代理来完成的；ml2 属于 core plugin，负责 port、subnet 和 network 相关服务，许多商家都已开发各自的 ml2 driver 来适配各自设备。Firewall、loadbalance 服务则是在 services plugin 中予以实现。

4）network provider。提供网络服务的虚拟或物理网络设备，例如 Linux Bridge、Open vSwitch 或者其他支持 Neutron 的物理交换机。

5）Queue。Neutron-Server、Plugin 和 Agent 之间通过 Messaging Queue 通信和调用。

6）Database。存放 OpenStack 的网络状态信息，包括 Network、Subnet、Port、Router 等。

（3）步骤三：Neutron 二层网络服务的实现原理。二层网络是 TCP/IP 七层网络数据中的数据链路层，通过交换机设备进行帧转发，交换机接收到数据帧之后，先解析出帧头的 MAC 地址，然后再在转发表中查找是否有该 MAC 地址对应的端口，如果有，则数据帧将从该端口上转发出去。如果没有，交换机开始进行广播，及将数据帧转发到交换机的所有端口，每个端口的计算机都查找数据帧头的 MAC 地址是否与自身的 MAC 地址一致，一致则接收数据帧，否则直接丢弃。

Neutron 目前已经实现了 flat、vlan、vxlan 和 gre 等网络拓扑结构。其中只根据 MAC 地址进行转发数据帧的是 flat 模式，结合 vlan ID 号和 MAC 地址进行数据帧转发的是 vlan 模式。

1）二层网络的实现-ML2 插件。Neutron 的插件层负责和数据库打交道同时对外提供北向 API。ML2 插件结构包含两种驱动：一种驱动叫 type driver，定义不同二层网络类型（local、flat、vlan、vxlan 和 gre 等）；另一种叫 mechenism driver，实现了 linuxbridge、openvswitch、bigswitch sdn 等二层网络设备的支持。

2）二层网络 Linuxbridge 的实现。Liunuxbridge 通过使用如下技术来实现二层网络。

a）TAP 设备：虚拟化技术中的 KVM 和 Xen 使用 TAP 设备来实现虚拟网卡。当一个以太网数据帧发给 TAP 设备时，这个以太网数据帧就会被虚拟机的操作系统所接受。其中，命名空间在 Linux 操作系统中用于隔离虚拟网络设备。

b) veth 配对设备：该配对设备是一对直接相连的虚拟网络接口。当一个以太网数据帧发送给一个 veth 配对设备的一端时，数据帧将会被配对设备的另一端给接收。veth 在虚拟网络中体现为虚拟配对线缆来使用。

c) 网桥：它可以看做是一个虚拟的交互机，它具备 MAC 地址自动学习功能。在虚拟网络中将多个 veth 网络接口连接到桥设备上来实现虚拟网络的通信。

3）命名空间相关命令。

＃ip nets add ＊ 创建命名空间所使用的命令。

＃ip link set ＊ 命名空间设置命令。

＃ip netns exec ＊ ip link set ＊ 启动命名空间内的 TAP 设备。

＃ip nets list 列出命名空间命令。

＃ip netns exec ＊ ip addr show 查看命名空间中 TAP 设备信息。

4）Linux 网桥相关命令。

＃brctl addbr ＊ 创建网桥命令。

＃brctl stp ＊ off 禁用网桥的 stp 命令。

＃ip link set dev ＊ up 启用网桥命令。

＃brctl addif ＊ ＊ 将网桥与物理网卡设备进行绑定命令。

＃brctl show ＊ 查看网桥信息命令。

（4）步骤四：Neutron 三层网络服务的实现原理。

1）路由器原理。路由器是一种具有多个输入端口和多个输出端口的专用计算机，通过路由表来控制哪个输入端口转发到哪一个输出端口，其主要实现"转发"和"路由选择"两个功能。路由转发表是路由器通过路由表来进行建立，路由选择是多个路由器共同协作构建路由表，当网络拓扑发生变化时，路由器会动态地改变所选择的路由，它的实现是通过软件自动学习创建的。转发表可以根据路由表得出从哪个端口进入从哪个端口发出。

2）三层路由在 Linux 中的实现。Linux 是通过打开 Ip_forward 开关来实现三层路由功能的。当打开该开关后，Linux 主机便充当一台路由器使用。开启该开关的命令为：

＃sysctl-w net. ipv4. ip_forward = 1

Linux 环境中虚拟机的 NAT 地址转换可以通过 iptables 来实现。

3）Neutron 的三层网络实现。Neutron 对虚拟三层网络的实现是通过其 L3 Agent（Neutron-l3-agent）。该 Agent 利用 Linux IP 栈、route 和 iptables 来实现网内不同网络内虚机之间的网络流量分发，以及虚机和外网之间网络流量的路由和转发。为了在同一个 Linux 系统上支持可能的 IP 地址空间重叠，Neutron 使用了 Linux network namespace 来提供隔离的转发上下文。

netfilter/iptables（简称为 iptables）组成 Linux 平台下的包过滤防火墙，其中 iptables 是一个 Linux 用户空间（userspace）模块，位于/sbin/iptables，用户可以使用它来操作防火墙表中的规则。真正实现防火墙功能的是 netfilter，它是一个 Linux 内核模块，做实际的包过滤。

a) Netfilter 是一套数据包过滤框架，在处理 IP 数据包时 hook 了 5 个关键钩子。通过这 5 个关键点来实现各种功能，比如 firewall/ips。

b) ip_tables 是真正的内核防火墙模块，通过把自己的函数注入 Netfilter 的框架中来实现防火墙功能。

c) Netfilter 提供了最基本的底层支撑，具体的功能实现只要注册自己的函数就可以了，这样保证了协议栈的纯净与可扩展性。

4）数据包处理过程。

a）数据包从左边进入 IP 协议栈，进行 IP 校验以后，数据包被第一个钩子函数 PRE_ROUTING 处理。

b）包处理后就进入路由模块，由其决定该数据包是转发出去还是送给本机。

c）若该数据包是送给本机的，则要经过钩子函数 LOCAL_IN 处理后传递给本机的上层协议；若该数据包应该被转发，则它将被钩子函数 FORWARD 处理，然后还要经钩子函数 POST_ROUTING 处理后才能传输到网络。

d）本机进程产生的数据包要先经过钩子函数 LOCAL_OUT 处理后，再进行路由选择处理，然后经过钩子函数 POST_ROUTING 处理后再发送到网络。

netfilter 使用表（table）和链（chain）来组织网络包的处理规则（rule）。它默认定义了表和链关系表（见表 12-1）。

表 12-1　　　　　　　　　　　　　　**表 和 链 关 系 表**

表	表功能	链	链功能
raw	跟踪调试	PREROUTING OUTPUT	RAW 拥有最高的优先级，它使用 PREROUTING 和 OUTPUT 两个链，因此 RAW 可以覆盖所有包。在 raw 表中支持一个特殊的目标：TRACE，使内核记录下每条匹配该包的对应 iptables 规则信息。使用 raw 表内的 TRACE target 即可实现对 iptables 规则的跟踪调试。比如： # iptables-t raw-A OUTPUT-picmp-j TRACE # ipt ables-t raw-A PREROUTING-p icmp-j TRACE
Filter	包过滤	FORWARD	过滤目的地址和源地址都不是本机的包
		INPUT	过滤目的地址是本机的包
		OUTPUT	过滤源地址是本机的包
Nat	网络地址转换	PREROUTING	在路由前做地址转换，使得目的地址能够匹配上防火墙的路由表，常用于转换目的地址
		POSTROUTING	在路由后做地址转换。这意味着不需要在路由前修改目的地址。常用语转换源地址
		OUTPUT	对防火墙产生的包做地址转换（很少量地用于 SOHO 环境中）
Mangle	TCP 头修改	PREROUTING POSTROUTING OUTPUT INPUT FORWARD	在路由器修改 TCP 包的 QoS（很少量地用在 SOHO 环境中）

每个注册的 Hook 函数依次调用各表的链的规则来处理网络包，iptables 工作原理图如图 12-1 所示。

• PREROUTING Hook 依次调用 Managle 和 Nat 的 PREOUTING 链中的规则来处理网络包。

• LOCAL_IN Hook 依次调用 Mangle 和 Filter 的 INPUT 链中的规则来过滤网络包。

• LOCAL_OUT Hook 依次调用 Mangle、Nat、Filter 表的 OUTPUT 链中的规则来过滤网络包。

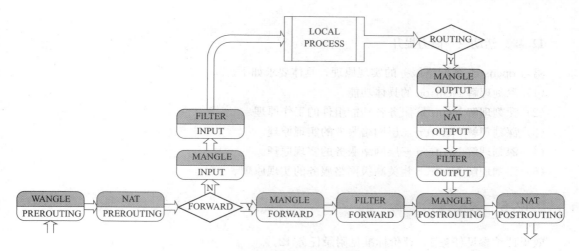

图 12-1　iptables 工作原理图

- FORWARD Hook 依次调用 Managle 和 Filter 表的 FORWARD 链中的规则来过滤网络包。
- POST_ROUTING Hook 依次调用 Managle 和 Nat 表的 POSTROUTING 链中的规则来处理网络包。

对 Neutron Virtual Router 所使用的 Filter 表来说，它的三个链 INPUT、FORWARD、和 OUTPUT 是分开的。一个数据包，根据其源地址和目的地址不同，只能被其中的某一个链处理。

- 如果数据包的目的地址是本机，那它被 INPUT 处理。
- 如果数据包的源地址是本机，那它被 OUTPUT 处理。
- 如果源地址和目的地址都是别的机器，那它被 FORWARD 链处理。

图中的"ROUTING"即判断包的目的地址，如果目的地址不是本机的地址，那它就是需要被路由的包；如果目的地址是本机的，那么被 filter 的 INPUT 处理后，被主机的某个程序处理。该程序如果需要发回响应包的话，其源地址肯定是本机的，所有它会被 filter 的 OUTPUT 链处理。该包不一定会出网卡，因为可能会走 loopback，它又会回到本机，重新走封包进入的过程。

（5）步骤五：Neutron 相关高级网络服务的实现原理。Neutron 中设计了一个高级网络服务框架，在该框架下，容纳了从第四层到第七层的高级网络服务，其中包括防火墙及服务、负载均衡及服务和 VPN 及服务等。

1）服务模型。Neutron 高级网络服务采用服务端口的概念将服务端口插入到下层 L2/L3 层网络拓扑中的 Neutron port 之上来支持 L4/L7 层的各种高级网络服务。

2）Neutron 高级网络服务的实现。Neutron 中高级网络服务由 Service Plugin/Agent 组件进行管理。Service Plugin 及其 Agent 提供丰富的扩展功能，其中包括路由、load balance、Firewall 和 VPN 等。

a）Firewall。l3 Agent 可以在 router 上配置防火墙策略，提供网络安全防护。另一个与安全相关的功能是 Security Group，也是通过 IPtables 实现。Firewall 与 Security Group 的区别在于：

- Firewall 安全策略位于 router，保护的是某个 project 的所有 network。
- Security Group 安全策略位于 instance，保护的是单个 instance。

b）Load Balance。Neutron 默认通过 HAProxy 为 project 中的多个 instance 提供 load balance 服务。

12.4.3 活动三　能力提升

温习 openstck 各网络服务的实现原理，具体要求如下。

（1）深刻理解 Neutron 的具体功能。

（2）深刻理解 Neutron 服务各功能组件的工作原理。

（3）深刻理解 Neutron 二层网络服务的实现原理。

（4）深刻理解 Neutron 三层网络服务的实现原理。

（5）深刻理解 Neutron 相关高级网络服务的实现原理。

12.5　效果评价

效果评价参见任务 1，评价标准见附录任务 12。

12.6　相关知识与技能

（1）L3 层 Agent 的低可靠解决方案。当前，读者可以通过多网络节点的方式解决负载均衡，但是这并非高可靠和冗余的解决方案。假设有三个网络节点，创建新的路由，会自动的规划和分布在这三个网络节点上。但是，如果一个节点坏掉，所有路由将无法提供服务，路由转发也无法正常进行。Neutron 在 IceHouse 版本中，没有提供任何内置的解决方案。

（2）DHCP Agent 高可靠的变通之道。DHCP 的 Agent 是一个另类——DHCP 协议本身就支持在同一个资源池内同时使用多个 DHCP 提供服务。

在 Neutron.conf 中仅仅需要改变：

[plain]view plaincopy

dhcp_agents_per_network = X

这样 DHCP 的调度程序会为同一网络启动 X 个 DHCP Agents。所以，对于三个网络节点，并设置 dhcp_agents_per_network＝2，每个 Neutron 网络会在三个节点中启动两个 DHCP Agents，它的工作原理如下。

首先，来看一下物理层面的实现。当一台主机连接到子网 10.0.0.0/24，会发出 DHCP Discover 广播包。两个 DHCP 服务进程 dnsmasq1 和 dnsmasq2（或者其他的 DHCP 服务）收到广播包，并回复 10.0.0.2。假设第一个 DHCP 服务响应了服务器请求，并将 10.0.0.2 的请求广播出去，并且指明提供 IP 的是 dnsmasq1-10.0.0.253。所有服务都会接收到广播，但是只有 dnsmasq1 会回复 ACK。由于所有 DHCP 通信都是基于广播，第二个 DHCP 服务也会收到 ACK，于是将 10.0.0.2 标记已经被 AA：BB：CC：11：22：33 获取，而不会提供给其他的主机。总结一下，所有客户端与服务端的通信都是基于广播，因此状态（IP 地址什么时候被分配，被分配给谁）可以被所有分布的节点正确获知。

在 Neutron 中，分配 MAC 地址与 IP 地址的关系是在每个 dnsmasq 服务之前完成的，也就是当 Neutron 创建 Port 时。因此，在 DHCP 请求广播之前，所有两个 dnsmasq 服务已经在 leases 文件中获知了 AA：BB：CC：11：22：33 应该分配 10.0.0.2 的映射关系。

再回到 L3 Agent 的低可用，L3 Agent 没有（至少目前没有）提供任何 DHCP 所能提供的高可靠解决方案，但是用户的确很需要高可靠。怎样才能实现呢？

Pacemaker/Corosync 使用外部的集群管理技术，为 Active 节点指定一个 Standby 的网络节点。Standby 节点在正常情况下处于等待状态，一旦 Active 节点发生故障，L3 Agent 立即在 Standby 节点启动。这两个节点配置相同的主机名，当 Standby 的 Agent 启动开始同步后，它自己的 ID 不会改变，因此就像管理同一个 router 一样。

另外一个方案是采用定时同步的方式（cron job）。用 Python SDK 开发一段脚本，使用 API 获取所有已经故去的 Agent 们，之后获取所有上面承载的路由，并且把他们重新分配给其他的 Agent。

（3）重新分配路由。以上列出的解决方案，实质上都有从失败到恢复的时间，如果在简单的应用场景下，恢复一定数量的路由到新节点并不算慢。但是假设有上千个路由就需要花费数个小时完成，重新分配和配置的过程。

（4）分布式虚拟路由（Distributed Virtual Router）。这里的要点是将路由放到计算节点（compute nodes），似乎是让网络节点的 L3 Agent 变得不起作用了。实际上是不是这样呢？

DVR 主要处理 Floating IPs，把 SNAT 留给网络节点的 L3 Agent，不与 VLANs 一起工作，仅仅支持 tunnes 和 L2pop。

（5）每个计算节点需要连接外网。L3 HA 是对部署的一种简化，这个是基于 Havana 和 Icehouse 版本部署的云平台所不具备的。理想情况下，如果想把 DVR 和 L3 HA 一起使用，Floating IP 的流量会从计算节点直接路由出去，而 SNAT 的流量还是会从用户的计算节点 HA 集群的 L3 Agent 进行转发。

（6）三层高可靠。Juno 版本的 L3 的 HA 解决方案应用了 Linux 上流行的 keepalived 工具，在内部使用了 VRRP。下面简要认识一下 VRRP。

虚拟路由冗余协议（Virtual Router Redundancy Protocol）是一个第一条冗余协议——目的是为了提供一个网络默认网关的高可靠，或者是路由的下一跳的高可靠。那它解决了什么问题呢？在一个网络拓扑中，有两个路由提供网络连接，用户可以将网络的默认路由配置为第一个路由地址，另外一个配置成第二个，这样将提供负载分担，但是如果其中一个路由失去了连接，会发生什么情况？这里一个想法就是虚拟 IP 地址，或者一个浮动的地址，配置为网络默认的网关址。当发生错误时，Standby 的路由并不会收到从 Master 节点发出的 VRRP Hello 信息，并且这将触发选举程序，获胜的成为 Master，另外一个仍然作为 Standby。Active 路由配置虚拟 IP 地址（简写 VIP），内部的局域网接口，回复 ARP 请求时会附加虚拟的 MAC 地址。由于在该网络内的计算机已经拥有了 ARP 缓存（VIP＋虚拟机 MAC 地址），也就没有必要重新发送 ARP 请求了。依据选举机制，有效的 Standby 路由变为 Active，并且发送一个非必要的 ARP 请求。这个切换，包含了网络中将虚拟机 MAC 地址从旧的迁移到新的。

为了实现这一点，指向默认网关的流量会从当前的（新的）Active 路由经过。注意这个解决方案中并没有实现负载分担，这种情况下，所有的流量都是从 Active 路由转发的。注意：在 Neutron 的用户使用场景中，负载分担并没有在单独的路由级别完成，而是在节点（Node）级别，也就是要有一定数量的路由。那么如何在路由层面实现负载分担呢？VRRP 组：VRRP 的投中包含虚拟机路由识别码（Virtual Router Identifier），也就是 VRID。网络中一半的主机配置为第一个 VIP，另外一个使用第二个。在失败的场景下，VIP 会从失败的路由转移到另外一个。

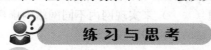

练 习 与 思 考

一、单选题（10 道）

1. gre 是与 vxlan 类似的一种 overlay 网络，两者主要区别在于（　　）。

A. 使用 IP 包而非 UDP 进行封装　　　　　B. 使用 UDP 进行封装

C. 使用 HTTP 包进行封装　　　　　　　　D. 使用 TCP 包进行封装

2. Neutron 目前只根据 MAC 地址进行转发数据帧的是（　　）模式。

　　A. vlan　　　　　　B. flat　　　　　　C. vxlan　　　　　　D. gre

3. Neutron 目前结合 vlan ID 号和 MAC 地址进行数据帧转发的是（　　）模式。

　　A. vlan　　　　　　B. flat　　　　　　C. vxlan　　　　　　D. gre

4. 查看网桥信息的命令是（　　）。

　　A. brctl addbr ＊　　B. brctl stp ＊ off　　C. brctl addif ＊ ＊　　D. brctl show ＊

5. 列出命名空间的命令是（　　）。

　　A. ip link set ＊　　B. ip nets add ＊　　C. ip nets list　　D. ip addr show

6. firewalld 的字符界面管理工具是（　　）。

　　A. client　　　　　B. Firewalld-cmd　　C. firewalld　　　　D. cmd

7. Linux 是通过打开（　　）开关来实现三层路由功能的。

　　A. ip _ up　　　　B. ip _ forward　　　C. ip _ down　　　D. ip _ init

8. Telnet 命令的作用是（　　）。

　　A. 访问本地计算机　　　　　　　　　　B. 图形化界面登录本地计算机

　　C. 登录到远程计算机　　　　　　　　　D. 登录到本地计算机

9. 以下属于网络故障测试命令的是（　　）。

　　A. ls　　　　　　　B. cd　　　　　　　C. IP　　　　　　　D. ping

10. Linux 主机充当一台路由器使用，开启该开关的命令为（　　）。

　　A. ♯sysctl-w net. ipv4. ip _ forward＝1

　　B. ♯sysctl-w net. ipv4. ip _ forward＝0

　　C. ♯sysctl-k net. ipv4. ip _ forward＝1

　　D. ♯sysctl-k net. ipv4. ip _ forward＝0

二、多选题（10 道）

11. Neutron 为整个 OpenStack 环境提供网络支持，包括（　　）。

　　A. 二层交换　　　B. 三层路由　　　　C. 负载均衡　　　　D. 防火墙

　　E. VPN

12. Neutron 网络资源包括（　　）。

　　A. 网络　　　　　B. 子网　　　　　　C. 端口　　　　　　D 数据库

　　E. 心跳线

13. Neutron 支持多种类型的网络，包括（　　）。

　　A. local　　　　　B. flat　　　　　　C. VLAN　　　　　　D. VxLAN

　　E. GRE 网络

14. 路由器主要实现的功能是（　　）。

　　A. 转发　　　　　B. 路由选择　　　　C. 学习 MAC　　　D. 传输电信号

15. Neutron L3 Agent 利用（　　）来实现网内不同网络内虚机之间的网络流量分发，以及虚机和外网之间网络流量的路由和转发。

　　A. Linux IP 栈　　B. route　　　　　C. iptables　　　　D. switch

16. Linux 平台下的包过滤防火墙有（　　）。

　　A. httpd　　　　　B. nfs　　　　　　C. netfilter　　　　D. iptables

E. named

17. netfilter 使用（　　）来组织网络包的处理规则。

A. 表（table）　　　B. 链（chain）　　　　C. 域名（domain）　　　D. 地址（ip）

E. 掩码（mask）

18. 对 Neutron Virtual Router 所使用的 filter 表来说，它的三个链（　　）是分开的。

A. IPTABLES　　　B. FILTER　　　　C. INPUT　　　　D. FORWARD

E. OUTPUT

19. Neutron 中高级网络服务 Service Plugin 及其 Agent 提供丰富的扩展功能，其中包（　　）。

A. 路由　　　B. load balance　　　C. firewall　　　D. VPN

E. 交换

20. Linux iptables 定义的规则链有以（　　）。

A. PRWEOURING　　　　　　　B. INPUT

C. OUTPUT　　　　　　　　　D. FORWARD

E. POSTROUTING

三、判断题（10 道）

21. flat 网络是有 vlan tagging 的网络。

22. local 网络与其他网络资源和节点相互隔离。

23. vlan 网络是具有 802.1q tagging 的网络。

24. vxlan 是基于隧道技术的 overlay 网络。

25. gre 是与 vxlan 类似的一种 overlay 网络。

26. subnet 是一个 IPv4 或者 IPv6 地址段。

27. port 可以看做虚拟交换机上的一个地址。

28. 二层网络是 TCP/IP 七层网络数据中的网络层。

29. 交换机的 MAC 地址转发表是通过自我学习建立的。

30. Neutron 的架构主要分两层，分别是插件层和代理层。

练习与思考题参考答案

1. A	2. B	3. A	4. D	5. C	6. B	7. B	8. C	9. D	10. A
11. ABCDE	12. ABC	13. ABCDE	14. AB	15. ABC	16. CD	17. AB	18. CDE	19. ABCD	20. ABCDE
21. ×	22. √	23. √	24. √	25. √	26. √	27. ×	28. ×	29. √	30. √

任务 13

基于OpenStack的FLAT、VLAN网络配置

该训练任务建议用 6 个学时完成学习。

13.1 任务来源

通过任务 12 的 OpenStack neutron 原理系统学习以后，对 OpenStack 网络实现原理的理解已经相当的充分。理论指导于实践，通过本节的学习，系统地掌握 OpenStack 虚拟网络中如何创建 FLAT 和 VLAN 网络。

13.2 任务描述

通过 Web GUI 和 CLI 命令行工具两种方式创建基于 FLAT 和 VLAN 两种模式的虚拟网络，并将创建的网络关联到实例。

13.3 能力目标

通过实际操作创建 FLAT 和 VLAN 两种网络模式，理解这两种网络模式在虚拟二层网络中的实现。

13.3.1 技能目标

完成本训练任务后，读者应当能（够）掌握以下技能。

1. 关键技能

（1）会通过 Web GUI 和 CLI 命令行工具两种方式创建 OpenStack FLAT 网络。

（2）会通过 Web GUI 和 CLI 命令行工具两种方式创建 OpenStack VLAN 网络。

2. 基本技能

（1）会创建 OpenStack 支持的二层网络。

（2）会使用 OpenStack 网络组件 neutron。

（3）会使用 Linux Bridge 在 OpenStack 中实现 FLAT 网络功能。

13.3.2 知识目标

完成本训练任务后，读者应当能（够）学会以下知识。

（1）理解 FLAT 网络模式的通信原理。

（2）掌握 VLAN 网络模式的通信原理。

13.3.3 职业素质目标

完成本训练任务后，读者应当能（够）具备以下素质。

（1）具有守时、诚信、敬业精神。

（2）具有安全意识、质量意识、保密意识。

（3）遵守系统调试标准规范，养成严谨科学的工作态度。

（4）养成总结训练过程和结果的习惯，为再次实训总结经验。

（5）树立学习新知识、掌握新技能的自信心。

13.4 任务实施

13.4.1 活动一 知识准备

Neutron 中最为核心的工作便是对二层物理网络 network 的抽象与管理。虚拟机的网络功能由虚拟网卡（vNIC）提供，Hypervisor 可以为每个虚拟机创建一个或多个 vNIC，从虚拟机的角度出发，这些 vNIC 等同于物理的网卡，为了实现与传统物理网络一样的网络功能，与物理网卡一样，Switch 也被虚拟化成虚拟交换机（OpenvSwitch），各个 vNIC 连接在 vSwitch 的端口（br-int）上，最后这些 vSwitch 通过物理服务器的物理网卡访问外部的物理网络。

对一个虚拟的二层网络结构而言，主要完成两种网络设备的虚拟化，即物理网卡和交换设备。在 Linux 环境下网络设备的虚拟化主要有以下几种形式：TAP/TUN/VETH、Linux Bridge、Open vSwitch。

13.4.2 活动二 示范操作

1. 活动内容

（1）通过 Web GUI 和 CLI 命令行工具两种方式创建 OpenStack FLAT 网络。

（2）通过 Web GUI 和 CLI 命令行工具两种方式创建 OpenStack VLAN 网络。

2. 操作步骤

（1）步骤一：FLAT 网络原理。FLAT 网络是不带 tag 标签的网络，其 Linux bridge 直接与宿主机的物理网卡相连，每个物理网卡只能绑定一个 FLAT 网络，其单一 FLAT 网络原理图如图 13-1 所示。

从图中可以看到 eth1 桥接到 brqxxx 桥上，为虚拟机提供 FLAT 网络，eth0 作为云平台管理网络使用。如果需要部署多个 FLAT 网络，可以采用多网卡的形式进行部署。

（2）步骤二：修改 ml2_conf.ini 文件，配置 FLAT 相关参数。使用远程连接工具登录到 OpenStack 服务端，使用以下命令切入到/etc/neutron/plugins/ml2 目录下：

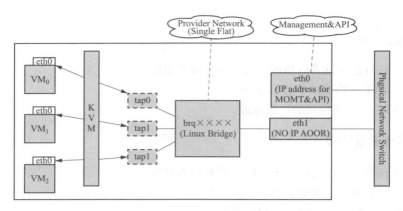

图 13-1　FLAT 网络原理图

＃cd /etc/neutron/plugins/ml2

编辑 ml2 _ conf. ini 文件，设置 FLAT 相关参数 enable flat network ，配置方法可参考图 13-2
画线部分内容：

```
[ml2]

#
# From neutron.ml2

# List of network type driver entrypoints to be loaded from the
# neutron.ml2.type_drivers namespace. (list value)
#type_drivers = local,flat,vlan,gre,vxlan,geneve
type_drivers = vxlan,flat

# Ordered list of network_types to allocate as tenant networks. The default
# value 'local' is useful for single-box testing but provides no connectivity
# between hosts. (list value)
#tenant_network_types = local
tenant_network_types = flat
```

图 13-2　enable flat network

tenant_network_types＝flat 指定普通用户创建的网络类型为 FLAT。

配置 FLAT 网络与物理网卡的对应关系，配置参数参考图 13-3 所示的划线部分内容。

```
[ml2_type_flat]

#
# From neutron.ml2
#

# List of physical_network names with which flat networks can be created. Use
# default '*' to allow flat networks with arbitrary physical_network names. Use
# an empty list to disable flat networks. (list value)
#flat_networks = *
flat_networks = default

[linux_bridge]
physical_interface_mappings = defalut:ens34
```

图 13-3　配置 FLAT 网络与物理网卡绑定

（3）步骤三：Web GUI 管理界面创建 FLAT 网络。

1）使用 admin 用户登录 Web GUI 管理界面，点击【管理员】→【网络】→【创建网络】，输入需要创建网络的名称、项目、网络类型、共享的或者是外部网络等信息后，点击提交，此时网络创建完成，设置参数可参照图 13-4 所示。

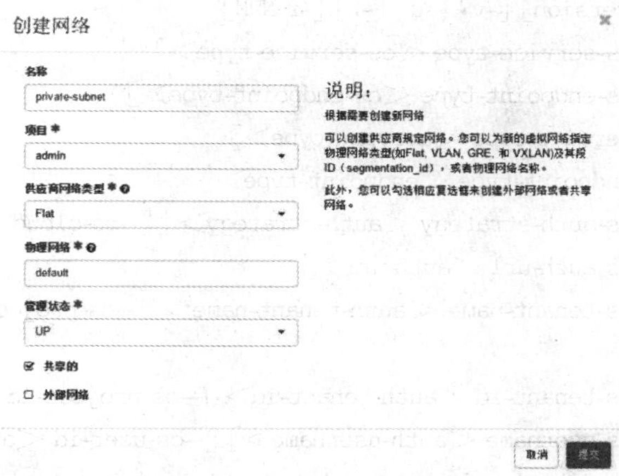

图 13-4　创建 FLAT 网络

2）创建子网。点击 private-subnet 链接，进入网络配置页面，点击【子网】→【创建子网】，设置子网名称和 IP 地址，设置参数可参照图 13-5 所示。

图 13-5　创建 subnet-1 子网

（4）步骤四：使用 CLI 命令行工具创建 FLAT 网络。

1）使用远程登录 xshell 登录 OpenStack 服务端，运行 admin 用户的环境变量参数（admin 用户的环境变量参数是按照 OpenStack 环境设置的），使用如下命令列出 admin 用户现有的网络：

neutron net-list

该命令支持后，将会返回所有租户现有的所有网络，从图 13-6 可以看到现有租户环境下的所有网络有三个，分别是 private-subnet、private 和 public，其中网络 private-subnet 为步骤三创建的网络。

图 13-6　CLI 命令列出现有租户的所有网络

2）neutron 命令使用方法如下，通过使用命令 neturon—help 可以查询 neutron 命令的具体使用方法：

usage：neutron [--version] [-v] [-q] [-h] [-r NUM]

　　　　　　　　　[--os-service-type <os-service-type>]

　　　　　　　　　[--os-endpoint-type <os-endpoint-type>]

　　　　　　　　　[--service-type <service-type>]

　　　　　　　　　[--endpoint-type <endpoint-type>]

　　　　　　　　　[--os-auth-strategy <auth-strategy>] [--os-cloud <cloud>]

　　　　　　　　　[--os-auth-url <auth-url>]

　　　　　　　　　[--os-tenant-name <auth-tenant-name> |--os-project-name <auth-project-name>]

　　　　　　　　　[--os-tenant-id <auth-tenant-id> |--os-project-id <auth-project-id>]

　　　　　　　　　[--os-username <auth-username>] [--os-user-id <auth-user-id>]

　　　　　　　　　[--os-user-domain-id <auth-user-domain-id>]

　　　　　　　　　[--os-user-domain-name <auth-user-domain-name>]

　　　　　　　　　[--os-project-domain-id <auth-project-domain-id>]

　　　　　　　　　[--os-project-domain-name <auth-project-domain-name>]

　　　　　　　　　[--os-cert <certificate>] [--os-cacert <ca-certificate>]

　　　　　　　　　[--os-key <key>] [--os-password <auth-password>]

　　　　　　　　　[--os-region-name <auth-region-name>] [--os-token <token>]

　　　　　　　　　[--http-timeout <seconds>] [--os-url <url>] [--insecure]

3）使用如下命令列出所有租户信息：

＃OpenStack project list

返回结果如图 13-7 所示。

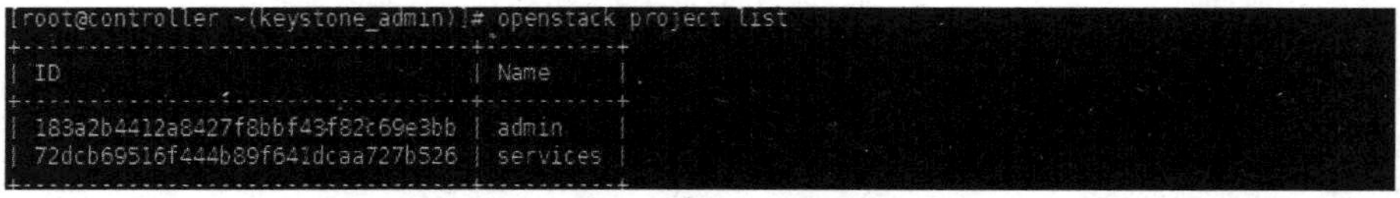

图 13-7　OpenStack 当前环境所有租户列表

4）使用如下命令创建网络 private-subnet-2。

a）由于 OpenStack 实验环境条件限制，创建 private-subnet-2 网络之前需要删除步骤三创建的 priate-subnet 网络，使用如下命令进行删除：

＃ neutron subnet-list

＃ neutron subnet-delete 93884d38-f0eb-4b0d-83d8-73d0f48abb51（该 ID 号为步骤三创建的子网 ID 号）

＃ neutron net-delete 3fa63039-8832-4767-b5c8-1052b1ea35e2（该 ID 号为步骤三创建的 private-subnet 网络的 ID 号）

b）使用如下命令创建网络 private-subnet-2：

＃ neutron net-create--tenant-id 183a2b4412a8427f8bbf43f82c69e3bb--shared--provider：network_type flat--provider：physical_network default--description "private subnet 2" private-subnet-2

创建完成返回结果如图 13-8 所示。

图 13-8　CLI 命令行工具创建 private-subnet-2 网络

（5）步骤五：CLI 命令行工具创建子网。

1）创建子网命令使用方法如下：

usage：neutron subnet-create [-h] [-f {json,shell,table,value,yaml}]

[-c COLUMN] [--max-width ＜integer＞]

[--print-empty] [--noindent] [--prefix PREFIX]

[--request-format {json}] [--tenant-id TENANT_ID]

[--name NAME] [--description DESCRIPTION]

[--gateway GATEWAY_IP |--no-gateway]

[--allocation-pool start = IP_ADDR,end = IP_ADDR]

[--host-route destination = CIDR,nexthop = IP_ADDR]

[--dns-nameserver DNS_NAMESERVER]

[--disable-dhcp] [--enable-dhcp]

[--ip-version {4,6}]

[--ipv6-ra-mode {dhcpv6-stateful,dhcpv6-stateless,slaac}]

[--ipv6-address-mode {dhcpv6-stateful,dhcpv6-stateless,slaac}]

[--subnetpool SUBNETPOOL]

[--use-default-subnetpool]

[--prefixlen PREFIX_LENGTH] [--segment SEGMENT]

NETWORK [CIDR]

Create a subnet for a given tenant.

2）使用如下命令列出 private-subnet-2 网络的相关信息：

♯ neutron net-list

以上命令执行后，返回的信息如图 13-9 所示。

图 13-9　private-subnet-2 网络相关信息

3）使用如下命令为 private-subnet-2 网络创建子网：

```
# neutron subnet-create--tenant-id 183a2b4412a8427f8bbf43f82c69e3bb\
--name subnet-2--description subnet-2--allocation-pool start=172.20.2.2,\
end=172.20.2.253--enable-dhcp 1107fdda-5c20-4c82-ba2c-2bef532fef2c\
172.20.2.0/24
```

命令执行后，返回结果如图 13-10 所示。

```
[root@controller ~(keystone_admin)]# neutron subnet-create --tenant-id 183a2b4412a8427f8bbf43f82c69e3bb --name subnet-2 --description subnet-2 --allocation-pool start=172.20.2.2,end=172.20.2
.253 --enable-dhcp 1107fdda-5c20-4c82-ba2c-2bef532fef2c 172.20.2.0/24
neutron CLI is deprecated and will be removed in the future. Use openstack CLI instead.
Created a new subnet:
+-------------------+----------------------------------------------+
| Field             | Value                                        |
+-------------------+----------------------------------------------+
| allocation_pools  | {"start": "172.20.2.2", "end": "172.20.2.253"} |
| cidr              | 172.20.2.0/24                                |
| created_at        | 2017-07-01T05:25:18Z                         |
| description       | subnet-2                                     |
| dns_nameservers   |                                              |
| enable_dhcp       | True                                         |
| gateway_ip        | 172.20.2.1                                   |
| host_routes       |                                              |
| id                | 29321561-21a3-43e4-a48a-e24f26b9780c         |
| ip_version        | 4                                            |
| ipv6_address_mode |                                              |
| ipv6_ra_mode      |                                              |
| name              | subnet-2                                     |
| network_id        | 1107fdda-5c20-4c82-ba2c-2bef532fef2c         |
| project_id        | 183a2b4412a8427f8bbf43f82c69e3bb             |
| revision_number   | 2                                            |
| service_types     |                                              |
| subnetpool_id     |                                              |
| tags              |                                              |
| tenant_id         | 183a2b4412a8427f8bbf43f82c69e3bb             |
| updated_at        | 2017-07-01T05:25:19Z                         |
+-------------------+----------------------------------------------+
```

图 13-10　创建 subnet-2 子网

4）使用如下命令查看子网与网络 private-subnet-2 的映射情况：

```
# neutron net-list
```

结果显示如图 13-11 所示。

```
[root@controller ~(keystone_admin)]# neutron net-list
neutron CLI is deprecated and will be removed in the future. Use openstack CLI instead.
+--------------------------------------+------------------+----------------------------------+-------------------------------------------------------+
| id                                   | name             | tenant_id                        | subnets                                               |
+--------------------------------------+------------------+----------------------------------+-------------------------------------------------------+
| 1107fdda-5c20-4c82-ba2c-2bef532fef2c | private-subnet-2 | 183a2b4412a8427f8bbf43f82c69e3bb | 29321561-21a3-43e4-a48a-e24f26b9780c 172.20.2.0/24 |
| 4f96c04d-c533-442d-9391-6aeaac67e6a3 | private          | 1467ca8b6d3d4e888a079a8817402fdf | 5bbac270-1f98-4b19-bcfe-6d6808fe38e9 10.0.0.0/24   |
| 9437abf6-987e-47d3-9bc1-4066f19dda78 | public           | 183a2b4412a8427f8bbf43f82c69e3bb | a0e9d073-2fd9-4f53-a629-7c20ba76888f 172.24.4.0/24 |
+--------------------------------------+------------------+----------------------------------+-------------------------------------------------------+
```

图 13-11　查看子网映射情况

从上图画线部分可以看到该子网属于 priate-subnet-2 网络，同时属于 admin 租户。

（6）步骤六：使用步骤三与步骤四同样的方法创建 VLAN 网络。

注意：创建 VLAN 网络时，需要制定该网络所在的 VLAN ID 号。

13.4.3 活动三　能力提升

使用 Web GUI 和 CLI 两种方式分别创建 FLAT 和 VLAN 网络，具体要求如下：

（1）使用 Web GUI 方式创建 FLAT 网络和子网。

（2）使用 CLI 方式创建 FLAT 网络和子网。

（3）使用 Web GUI 方式创建 VLAN 网络和子网。

（4）使用 CLI 方式创建 VLAN 网络和子网。

13.5 效果评价

效果评价参见任务 1，评价标准见附录任务 13。

13.6 相关知识与技能

13.6.1 VLAN 简介

1. 定义

VLAN（Virtual Local Area Network）即虚拟局域网，是将一个物理的 LAN 在逻辑上划分成多个广播域的通信技术。VLAN 内的主机间可以直接通信，而 VLAN 间不能直接通信，从而将广播报文限制在一个 VLAN 内。

2. 目的

以太网是一种基于 CSMA/CD（Carrier Sense Multiple Access/Collision Detection）的共享通信介质的数据网络通信技术。当主机数目较多时会导致冲突严重、广播泛滥、性能显著下降甚至造成网络不可用等问题。通过交换机实现 LAN 互连虽然可以解决冲突严重的问题，但仍然不能隔离广播报文和提升网络质量。在这种情况下出现了 VLAN 技术，这种技术可以把一个 LAN 划分成多个逻辑的 VLAN，每个 VLAN 是一个广播域，VLAN 内的主机间通信就像在一个 LAN 内一样，而 VLAN 间则不能直接互通。

图 13-12 是一个典型的 VLAN 应用组网图。两台交换机放置在不同的地点，比如写字楼的不同楼层。每台交换机分别连接两台计算机，他们分别属于两个不同的 VLAN，比如不同的企业客户。

使用 VLAN 能给用户带来以下受益。

（1）限制广播域：广播域被限制在一个 VLAN 内，节省了带宽，提高了网络处理能力。

（2）增强局域网的安全性：不同 VLAN 内

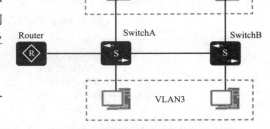

图 13-12　典型的 VLAN 应用组网图

的报文在传输时是相互隔离的，即一个 VLAN 内的用户不能和其他 VLAN 内的用户直接通信。

（3）提高了网络的健壮性：故障被限制在一个 VLAN 内，本 VLAN 内的故障不会影响其他 VLAN 的正常工作。

（4）灵活构建虚拟工作组：用 VLAN 可以划分不同的用户到不同的工作组，同一工作组的用户也不必局限于某一固定的物理范围，网络构建和维护更方便灵活。

3. VLAN 原理描述

（1）VLAN 标签介绍。要使交换机能够分辨不同 VLAN 的报文，需要在报文中添加标识 VLAN 信息的字段。IEEE 802.1Q 协议规定，在以太网数据帧的目的 MAC 地址和源 MAC 地址字段之后、协议类型字段之前加入 4 个字节的 VLAN 标签（又称 VLAN Tag，简称 Tag），用以标识 VLAN 信息。传统的以太网数据帧如图 13-13 所示。

Destination address	Source address	Length/Type	Data	FCS
6Byte	6Byte	2Byte	46-1500Byte	4Byte

图 13-13　传统的以太网数据帧

任务
13

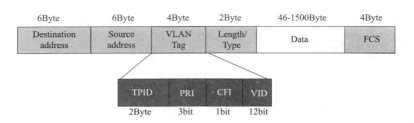

图 13-14　VLAN 数据帧

VLAN 数据帧如图 13-14 所示，VLAN 标签包含 4 个字段，各字段含义见表 13-1。

表 13-1　　　　　　　　　　　　　　　VLAN 标签各字段含义

字段	长度	含义	取值
TPID	2Byte	Tag Protocol Identifier（标签协议标识符），表示数据帧类型	表示帧类型，取值为 0x8100 时表示 IEEE 802.1Q 的 VLAN 数据帧。如果不支持 802.1Q 的设备收到这样的帧，会将其丢弃。各设备厂商可以自定义该字段的值。当邻居设备将 TPID 值配置为非 0x8100 时，为了能够识别这样的报文，实现互通，必须在本设备上修改 TPID 值，确保和邻居设备的 TPID 值配置一致
PRI	3bit	Priority，表示数据帧的 802.1p 优先级	取值范围为 0~7，值越大优先级越高。当网络阻塞时，交换机优先发送优先级高的数据帧
CFI	1bit	Canonical Format Indicator（标准格式指示位），表示 MAC 地址在不同的传输介质中是否以标准格式进行封装，用于兼容以太网和令牌环网	CFI 取值为 0 表示 MAC 地址以标准格式进行封装，为 1 表示以非标准格式封装。在以太网中，CFI 的值为 0
VID	12bit	VLAN ID，表示该数据帧所属 VLAN 的编号	VLAN ID 取值范围是 0~4095。由于 0 和 4095 为协议保留取值，所以 VLAN ID 的有效取值范围是 1~4094

交换机利用 VLAN 标签中的 VID 来识别数据帧所属的 VLAN，广播帧只在同一 VLAN 内转发。

（2）缺省 VLAN。缺省 VLAN 又称 PVID（Port Default VLAN ID）。前面提到，交换机处理的数据帧都带 Tag，当交换机收到 Untagged 帧时，就需要给该帧添加 Tag，添加什么 Tag，就由接口上的缺省 VLAN 决定。它的具体作用是：当接口接收数据帧时，如果接口收到一个 Untagged 帧，交换机会根据 PVID 给此数据帧添加等于 PVID 的 Tag，然后再交给交换机内部处理；如果接口收到一个 Tagged 帧，交换机则不会再给该帧添加接口上 PVID 对应的 Tag。当接口发送数据帧时，如果发现此数据帧的 Tag 的 VID 值与 PVID 相同，则交换机将 Tag 去掉，然后再从此接口发送出去。

每个接口都有一个缺省 VLAN。缺省情况下，所有接口的缺省 VLAN 均为 VLAN1，但用户可以根据需要进行配置：

对于 Access 接口，缺省 VLAN 就是它允许通过的 VLAN，修改接口允许通过的 VLAN 即可更改接口的缺省 VLAN。

对于 Trunk 接口和 Hybrid 接口，一个接口可以允许多个 VLAN 通过，但是只能有一个缺省 VLAN，修改接口允许通过的 VLAN 不会更改接口的缺省 VLAN。

13.6.2 VLAN 的类别划分与交换机管理 IP 的作用

1. 根据端口来划分 VLAN

许多 VLAN 厂商都利用交换机的端口来划分 VLAN 成员。被设定的端口都在同一个广播域中。例如，一个交换机的 1、2、3、4、5 端口被定义为虚拟网 AAA，同一交换机的 6、7、8 端口组成虚拟网 BBB。这样做允许各端口之间的通信，并允许共享型网络的升级。第二代端口 VLAN 技术允许跨越多个交换机的多个不同端口划分 VLAN，不同交换机上的若干个端口可以组成同一个虚拟网。通过交换机端口来划分网络成员，其配置过程简单明了。因此，从目前来看，这种划分 VLAN 的方式仍然是最常用的一种。

2. 根据 MAC 地址划分 VLAN

这种划分 VLAN 的方法是根据每个主机的 MAC 地址来划分，即对每个 MAC 地址的主机都配置它属于哪个组。这种划分 VLAN 方法的最大优点就是当用户物理位置移动时，即从一个交换机换到其他的交换机时，VLAN 不用重新配置，所以，可以认为这种根据 MAC 地址的划分方法是基于用户的 VLAN。这种方法的缺点是初始化时，所有的用户都必须进行重新配置，如果有几百个甚至上千个用户的话，配置是非常耗时的，而且这种划分的方法也导致了交换机执行效率的降低，因为在每一个交换机的端口都可能存在很多个 VLAN 组的成员，这样就无法限制广播包了。另外，对于使用笔记本电脑的用户来说，他们的网卡可能经常更换，这样，VLAN 就必须不停地配置。

3. 根据网络层划分 VLAN

这种划分 VLAN 的方法是根据每个主机的网络层地址或协议类型（如果支持多协议）划分的，虽然这种划分方法是根据网络地址，比如 IP 地址，但它不是路由，与网络层的路由毫无关系。这种方法的优点是用户的物理位置发生改变，不需要重新配置所属的 VLAN，而且可以根据协议类型来划分 VLAN，这对网络管理者来说很重要。还有，这种方法不需要附加的帧标签来识别 VLAN，可以减少网络的通信量。这种方法的缺点是效率低，因为检查每一个数据包的网络层地址是需要消耗处理时间的（相对于前面两种方法），一般的交换机芯片都可以自动检查网络上数据包的以太网帧头，但要让芯片能检查 IP 帧头，需要更高的技术，同时也更费时。

4. 根据 IP 组播划分 VLAN

IP 组播实际上也是一种 VLAN 的定义，即认为一个组播组就是一个 VLAN，这种划分的方法将 VLAN 扩大到了广域网，因此具有更大的灵活性，而且也很容易通过路由器进行扩展，当然这种方法不适合局域网，主要是效率较低。

5. 基于规则的 VLAN

也称为基于策略的 VLAN。这是最灵活的 VLAN 划分方法，具有自动配置的能力，能够把相关的用户连成一体，在逻辑划分上称为"关系网络"。网络管理员只需在网管软件中确定划分 VLAN 的规则（或属性），那么当一个站点加入网络中时，将会被"感知"，并被包含进正确的 VLAN 中。同时，对站点的移动和改变也可自动识别和跟踪。

采用这种方法，整个网络可以非常方便地通过路由器扩展网络规模。有的产品还支持一个端口上的主机分别属于不同的 VLAN，这在交换机与共享式 Hub 共存的环境中显得尤为重要。自动配置 VLAN 时，交换机中软件自动检查进入交换机端口的广播信息的 IP 源地址，然后软件自动将这个端口分配给一个由 IP 子网映射成的 VLAN。

以上划分 VLAN 的方式中，基于端口的 VLAN 端口方式建立在物理层上；MAC 方式建立在数据链路层上；网络层和 IP 广播方式建立在第三层上。

练习与思考

一、单选题（10 道）

1. 在一个双绞线网络中的一个网络接口上监测到网络冲突，从这个表述中，有关该网络接口，哪一项是正确的。（　　）
   A. 这是一个 10Mb/s 接口　　　　　　B. 这是一个 100Mb/s 接口
   C. 这是一个半双工以太网接口　　　　D. 这是一个全双工以太网接口

2. 收到一个主机发来的帧并进行校验以确认是否损坏，然后丢弃。这个过程发生在 OSI 的哪一层？（　　）
   A. 会话层　　　　B. 网络层　　　　C. 物理层　　　　D. 数据链路层

3. 交换机是基于什么转发数据帧的？（　　）。
   A. MAC 地址　　　B. IP 地址　　　　C. 报文　　　　　D. 数据包

4. 在交换机上 switchport trunk native vlan 999 这个命令的作用是（　　）。
   A. 没有标记的流量都打上 vlan999　　　B. 阻塞 VLAN999 从这个链路通过
   C. 创立 vlan999 端口　　　　　　　　D. 制定所有的未知标记帧为 VLAN999

5. 一个交换机的所有端口分配在 VLAN2 里，且使用的是全双工快速以太网。现在把交换机的端口划分到新的 vlan 中会发生什么情况？（　　）
   A. 更多的冲突域将会创建　　　　　　B. IP 地址利用率将会更有效
   C. 比以前需要更多的带宽　　　　　　D. 一个额外的广播域将会创建

6. VLAN ID 取值范围是（　　）。
   A. 0 到 4095　　B. 1 到 4094　　　C. 1 到 999　　　D. 0 到 999

7. VLAN ID 的有效取值范围是（　　）。
   A. 0 到 4095　　B. 1 到 4094　　　C. 1 到 999　　　D. 0 到 999

8. 二层交换机工作在 OSI 七成框架的（　　）。
   A. 应用层　　　　B. 会话层　　　　C. 物理层　　　　D. 数据链路层

9. 一个管理员 ping 默认网关，并且看到以下输出，这是 OSI 的哪一层问题（　　）？

```
C:\> ping 10.10.10.1

Pinging 10.10.10.1 with 32 bytes of data:
Request timed out.
Request timed out.
Request timed out.
Request timed out.
Ping statistics for 10.10.10.1:
Packets: Sent = 4, Received = 0, Lost = 4 (100% loss)
```

   A. 数据链路层　　B. 应用层　　　　C. 访问层　　　　D. 网络层

10. 交换机不具备有（　　）功能。
    A. 转发过滤　　　B. 回路避免　　　C. 路由转发　　　D. 地址学习

二、多选题（10 道）

11. 在 Linux 环境下网络设备的虚拟化主要有（　　）几种形式。
    A. TAP/TUN/VETH　　　　　　　　B. LinuxBridge
    C. OpenvSwitch　　　　　　　　　　D. 防火墙
    E. VPN

12. 目前常见的 VPN 有（　　　　）。

   A. GRE VPN　　　　B. SSL VPN　　　　　C. IPSec VPN　　　　　D. MPLS VPN

   E. OS VPN

13. OSI 参考模型包含（　　　　）。

   A. 应用层和网络层　　　　　　　　　　　　B. 会话层和表示层

   C. 物理层　　　　　　　　　　　　　　　　D. 数据链路层

   E. 传输层

14. 如图 13-15 所示，主机 A 发送数据到主机 C，会使用（　　　　）这些目的地址。

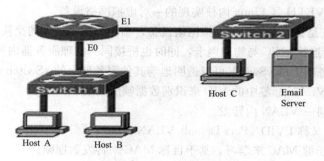

图 13-15　题 14 图

   A. Switch 1 A 的 IP 地址　　　　　　　　　B. Switch 1 的 MAC 地址

   C. Host C 的 IP 地址　　　　　　　　　　　D. Host C 的 MAC 地址

   E. 路由器 E0 接口的 MAC 地址

15. 下列（　　　　）是 vlan 的好处。

   A. 他们增加了冲突域的大小

   B. 他们允许根据使用者功能进行逻辑分组

   C. 他们能提高网络安全性

   D. 他们增加了广播域的大小，并减少冲突域的数量

   E. 他们增加了广播域的数量并减少了广播域的大小

16. TCP/IP 参考模型包含（　　　　）。

   A. 应用层　　　　　B. Internet 层　　　　　C. 互联网层　　　　　D. 传输层

   E. 网络接口层

17. 在升级一个新的 IOS 版本之前，在交换机或者路由器上需要检查（　　　　）。

   A. 有效的 ROM　　　　　　　　　　　　　　B. 可用的 FLASH 和 RAM 内存

   C. 查看版本　　　　　　　　　　　　　　　D. 查看进程

   E. 查案运行配置

18. 实施 vlan 有（　　　　）几项好处。

   A. 广播风暴会被抑制，通过增大广播域的数量和减少广播域的大小

   B. 广播风暴会被抑制，通过减小广播域的数量和增大广播域的大小

   C. 通过分割不同的网络数据从而达到更高的网络安全

   D. 基于端口的 vlan 提高了交换机端口的使用效率，由于采用的是 802.1Q

   E. 一个更有效利用带宽，这样可以允许更多的逻辑组组使用同一个网络基础设施

19. 交换机可以划分 VLAN 基于（　　　　）几种方式。

任务 **13**

A. 根据 MAC 地址划分 VLAN　　　　B. 根据网络层划分 VLAN

C. 根据 IP 组播划分 VLAN　　　　　D. 基于规则的 VLAN

E. 根据应用层划分 VLAN

20. OSI 参考模型（　　　）。

A. 应用层和网络层　　　　　　　　B. 会话层和表示层

C. 物理层　　　　　　　　　　　　D. 数据链路层

E. 传输层

三、判断题（10 道）

21. TAP/TUN/VETH 是 Linux 内核实现的一对虚拟网络设备。

22. Linux Bridge 是工作在三层的虚拟网络设备，功能类似于物理的交换机。

23. vSwitch 负责连接 vNIC 与物理网卡，同时也桥接同一物理服务器内的各个 VM 的 vNIC。

24. 一个物理服务器上的 vSwitch 可以透明地与其他服务器上的 vSwitch 连接通信。

25. 交换机利用 VLAN 标签中的 VID 来识别数据帧所属的 VLAN。

26. 广播帧只在同一 VLAN 内转发。

27. 缺省 VLAN 又称 PVID（Port Default VLAN ID）。

28. 交换机是基于源 MAC 来学习，基于目标 MAC 来转发数据帧。

29. 交换机的管理 IP 配置在 VLAN 上。

30. 集线器工作在数据链路层。

练习与思考题参考答案

1. C	2. D	3. A	4. A	5. D	6. A	7. B	8. D	9. D	10. C
11. ABC	12. ABCD	13. ABCDE	14. CE	15. BCE	16. ABDE	17. BC	18. ACE	19. ABCD	20. ABCDE
21. √	22. ×	23. √	24. √	25. √	26. √	27. √	28. √	29. √	30. ×

任务 14

OpenStack存储服务Cinder应用

该训练任务建议用 6 个学时完成学习。

14.1 任务来源

OpenStack 提供三个与存储相关的组件，分别是 Glance、Cinder 和 Swift，其中 Cinder 为 OpenStack 中的实例提供持久化的 volume 管理服务功能。

14.2 任务描述

掌握 Cinder 组件的设计思想、Cinder 组件的工作原理，以及如何通过 Web GUI 创建 OpenStack 本地卷。

14.3 能力目标

（1）理解 Cinder 组件的设计思想。

（2）理解 Cinder 组件的工作原理。

（3）通过 Web GUI 管理界面手动创建 Cinder 本地磁盘卷。

14.3.1 技能目标

完成本训练任务后，读者应当能（够）掌握以下技能。

1. 关键技能

（1）会通过 Web GUI 管理界面手动创建本地 iscsi 磁盘卷。

（2）会使用当今主流的存储。

（3）会使用分布式存储。

2. 基本技能

（1）会使用 iscsi 存储。

（2）会使用 NAS 与 SAN 存储。

14.3.2 知识目标

完成本训练任务后，读者应当能（够）学会以下知识。

（1）理解 OpenStack Cinder 组件的设计思想。

（2）理解 OpenStack Cinder 组件的工作原理。

（3）理解块存储与对象存储。

14.3.3　职业素质目标

完成本训练任务后，读者应当能（够）具备以下素质。

（1）具有守时、诚信、敬业精神。

（2）具有安全意识、质量意识、保密意识。

（3）遵守系统调试标准规范，养成严谨科学的工作态度。

（4）养成总结训练过程和结果的习惯，为再次实训总结经验。

（5）树立学习新知识、掌握新技能的自信心。

14.4　任务实施

14.4.1　活动一　知识准备

与 OpenStack 存储相关的组件有三个，这三个组件分别为 Swift、Glance 和 Cinder，各组件的详细说明如下。

（1）Swift—提供对象存储（Object Storage）。Swift 对象存储服务在概念上类似于 Amazon S3 服务，该服务具有很强的扩展性、冗余和持久性，同时兼容 S3 API。对象存储支持多种应用，比如复制和存档数据、图像或视频服务、存储次级静态数据、开发数据存储整合的新应用、存储容量难以估计的数据、为 Web 应用创建基于云的弹性存储。

（2）Glance—提供虚机镜像（Image）存储和管理。Glance 服务能够以三种形式加以配置：利用 OpenStack 对象存储机制来存储镜像；利用 Amazon 的简单存储解决方案（简称 S3）直接存储信息；或者将 S3 存储与对象存储结合起来，作为 S3 访问的连接器。OpenStack 镜像服务支持多种虚拟机镜像格式，包括 VMware（VMDK）、Amazon 镜像（AKI、ARI、AMI）以及 VirtualBox 所支持的各种磁盘格式。

（3）Cinder - 提供块存储（Block Storage）。Cinder 服务类似于 Amazon 的 EBS 块存储服务，OpenStack 中的实例是不能持久化的，需要挂载 volume，在 volume 中实现持久化。Cinder 就是提供对 volume 实际需要的存储块单元的实现管理功能。

三个组件中，Glance 主要是虚机镜像的管理，相对简单；Swift 作为对象存储已经很成熟。Cinder 是比较新出现的块存储，设计理念很好，并且和商业存储有结合的机会。

14.4.2　活动二　示范操作

1. 活动内容

（1）理解 Cinder 服务的设计思想。

（2）理解 Cinder 服务各组件的工作原理。

（3）通过 OpenStack Web GUI 管理界面手动创建 Cinder volume。

2. 操作步骤

（1）步骤一：Cinder 的设计思想

Cinder 延续了其他组件的设计思想，采用松耦合分布式的方式进行设计。

1）API 前端服务。Cinder-api 作为 Cinder 组件对外的唯一窗口，向客户暴露 Cinder 能够提供的功能，当客户需要执行 volume 相关操作时，执行动作将向 Cinder-api 发送 REST 请求。

设计 API 前端服务的好处在于：

- 对外提供统一接口，隐藏实现细节。
- API 提供 REST 标准调用服务，便于与第三方系统集成。
- 可以通过运行多个 API 服务，实例轻松实现 API 的高可用，比如运行多个 Cinder-api 进程。

2）Scheduler 调度服务。Cinder 可以有多个存储节点，当需要创建 volume 时，cinder-scheduler 会根据存储节点的属性和资源使用情况选择一个最合适的节点来创建 volume。

3）Worker 工作服务。调度服务只管分配任务，真正执行任务的是 Worker 工作服务。在 Cinder 中，这个 Worker 就是 Cinder-volume。这种 Scheduler 和 Worker 之间职能上的划分使得 OpenStack 非常容易扩展：

当存储资源不够时可以增加存储节点（增加 Worker）。当客户的请求量太大调度不过来时，可以增加 Scheduler。

4）Driver 框架。OpenStack 作为开放的 Infrastructure as a Service 云操作系统，支持业界各种优秀的技术，这些技术可能是开源免费的，也可能是商业收费的。这种开放的架构使得 OpenStack 保持技术上的先进性，具有很强的竞争力，同时又不会造成厂商锁定（Lock-in）。

（2）步骤二：Cinder 服务各组件功能。

1）Cinder-api。Cinder-api 是整个 Cinder 组件的门户，所有 Cinder 的请求都首先由 Nova-api 处理。Cinder-api 向外界暴露若干 HTTP REST API 接口，在 keystone 中可以查询 Cinder-api 的 endponits。客户端可以将请求发送到 endponits 指定的地址，向 Cinder-api 请求操作。OpenStack CLI、Dashboard 和其他需要跟 Cinder 交换的组件会使用这些 API。Cinder-api 对接收到的 HTTP API 请求会做如下处理：

a）检查客户端传递的参数是否合法有效。

b）调用 Cinder 其他子服务的来处理客户端请求。

c）将 Cinder 其他子服务返回的结果序列号并反馈给客户端。

Cinder-api 接受哪些请求呢？简单地说，只要是 Volume 生命周期相关的操作，Cinder-api 都可以响应。

2）Cinder-scheduler。当创建 Volume 时，Cinder-scheduler 会基于容量、Volume Type 等条件选择出最合适的存储节点，然后让其创建 Volume。

那么 Cinder-scheduler 是如何实现这个调度工作的呢？

在/etc/Cinder/Cinder.conf 中，Cinder 通过 scheduler_driver、scheduler_defaul \ t_filters 和 scheduler_default_weighers 这三个参数来配置 Cinder 的调度策略。

a）Filter scheduler。Filter scheduler 是 Cinder-scheduler 默认的调度器。其配置文件配置方式表现如下所示：

scheduler_driver＝Cinder. scheduler. filter_scheduler. FilterSchedulr

Cinder 支持使用第三方 scheduler；配置 scheduler_driver 即可实现。

scheduler 详细调度过程如下：

- 通过过滤器（filter）选择满足条件的存储节点（运行 Cinder-volume）。
- 通过权重计算（weighting）选择最优（权重值最大）的存储节点。

b）Filter。当 Filter scheduler 需要执行调度操作时，会让 filter 对计算节点进行判断，filter 返回 True 或者 False。

Cinder. conf 中 scheduler_default_filters 选项指定 filter scheduler 使用的 filter，默认值如下：

scheduler _ default _ filters＝AvailabilityZoneFilter，CapacityFilter， \ CapabilitiesFilter

任务
14

Filter scheduler 将按照列表中的顺序依次过滤：

AvailabilityZoneFilter

为提高容灾性和提供隔离服务，可以将存储节点和计算节点划分到不同的 Availability Zone 中。用户可以根据需要创建自己的 Availability Zone。

创建 Volume 时，需要指定 Volume 所属的 Availability Zone。

Cinder-scheduler 在做 filtering 时，会使用 AvailabilityZoneFilter 将不属于指定 Availability Zone 的存储节点过滤掉。

c）CapacityFilter。创建 Volume 时，用户会指定 Volume 的大小。CapacityFilter 的作用是将存储空间不能满足 Volume 创建需求的存储节点过滤掉。

不同的 Volume Provider 有自己的特性（Capabilities），比如是否支持 thin provision 等。Cinder 允许用户创建 Volume 时通过 Volume Type 指定需要的 Capabilities。

Volume Type 可以根据需要定义若干 Capabilities，详细描述 Volume 的属性。VolumeVolume Type 的作用与 Nova 的计算规格类似。

Cinder-volume 会配置文件/etc/Cinder/Cinder. conf 中设置"volume_backend_name"这个参数，其作用是为存储节点的 Volume Provider 命名。

这样，CapabilitiesFilter 就可以通过 Volume Type 的"volume_backend_name"筛选出指定的 Volume Provider。

不同的存储节点可以在各自的 Cinder. conf 中配置相同的 volume_backend_name，这是允许的。

d）Weighter。Filter Scheduler 通过 scheduler_default_weighers 指定计算权重的 weigher，默认为 CapacityWeigher。其配置文件配置方法如下：

scheduler_default_weighers＝CapacityWeigher

CapacityWeigher 基于存储节点的空闲容量计算权重值，空闲容量最大的胜出。

3）Cinder-volume。Cinder-volume 在存储节点上运行，OpenStack 对 Volume 的操作，最后都是交给 Cinder-volume 来完成。Cinder-volume 自身并不管理真正的存储设备，存储设备是由 volume provider 管理。Cinder-volume 与 volume provider 一起合作实现 volume 全生命周期的管理。

OpenStack 通过 Driver 架构支持多种 Volume Provider，Cinder-volume 为这些 volume provider 定义了统一的接口，volume provider 只需要实现这些接口，就可以以 Driver 的形式即插即用到 OpenStack 系统中。

（3）步骤三：Web GUI 界面创建卷。

1）点击【项目】→【卷】→【创建卷】，在弹出的窗口中输入卷名称、描述、类型、大小和可用域等信息后，点击【创建卷】，此时 openstack Cinder 服务将会调度相应的资源来创建卷，创建窗口如图 14-1 所示。

2）卷创建成功后，返回 Web GUI 查看卷创建结果，其方法同上一步骤，查看到的卷结果如图 14-2 所示。

同样，通过 Web GUI 界面可以对创建的卷做进一步的操作，例如拓展卷、管理连接、创建快照、修改卷类型、上传镜像、创建转

图 14-1　Web GUI 创建卷

让、删除卷、更新元数据等操作。具体操作选择一个卷，点击【编辑卷】下拉菜单，可以看到针对卷的所有操作，如图 14-3 所示。

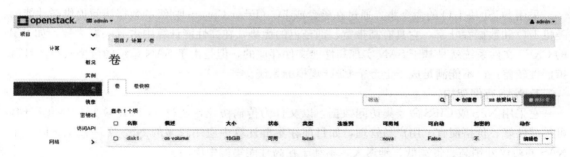

图 14-2　查看卷创建结果

图 14-3　可对卷操作的功能

14.4.3　活动三　能力提升

通过对 Cinder 组件设计思想和原理的理解，通过 Web GUI 管理界面手动创建本地 iscsi 磁盘卷，并对该卷做扩充卷大小、管理连接、创建快照和修改卷类型等操作。具体要求如下：

（1）通过 Web GUI 管理界面手动创建命名为 disk1，大小为 1G 的本地 iscsi 磁盘卷。

（2）扩充 disk1 卷的大小到 2G。

（3）将卷 disk1 与实例进行连接。

（4）对卷 disk1 进行快照操作。

（5）对卷 disk1 进行卷类型更改操作。

14.5　效果评价

效果评价参见任务 1，评价标准见附录任务 14。

14.6　相关知识与技能

对象存储

存储局域网（SAN）和网络附加存储（NAS）是目前两种主流网络存储架构，而对象存储（Object-based Storage）是一种新的网络存储架构，基于对象存储技术的设备就是对象存储设备

（Object-based Storage Device）简称 OSD。

1. SAN 存储架构

采用 SCSI 块 I/O 的命令集，通过在磁盘或 FC（Fiber Channel）级的数据访问提供高性能的随机 I/O 和数据吞吐率，它具有高带宽、低延迟的优势，在高性能计算中占有一席之地，如 SGI 的 CXFS 文件系统就是基于 SAN 实现高性能文件存储的，但是由于 SAN 系统的价格较高，且可扩展性较差，已不能满足成千上万个 CPU 规模的系统。

2. NAS 存储架构

它采用 NFS 或 CIFS 命令集访问数据，以文件为传输协议，通过 TCP/IP 实现网络化存储，可扩展性好、价格便宜、用户易管理，如目前在集群计算中应用较多的 NFS 文件系统，但由于 NAS 的协议开销高、带宽低、延迟大，不利于在高性能集群中应用。

3. 对象存储架构

核心是将数据通路（数据读或写）和控制通路（元数据）分离，并且基于对象存储设备（Object-based Storage Device，OSD）构建存储系统，每个对象存储设备具有一定的智能，能够自动管理其上的数据分布。对象存储结构由对象、对象存储设备、元数据服务器、对象存储系统的客户端四部分组成。

（1）对象。对象是系统中数据存储的基本单位，每个 Object 是数据和数据属性集的综合体，数据属性可以根据应用的需求进行设置，包括数据分布、服务质量等。在传统的存储系统中用文件或块作为基本的存储单位，块设备要记录每个存储数据块在设备上的位置。Object 维护自己的属性，从而简化了存储系统的管理任务，增加了灵活性。Object 的大小可以不同，可以包含整个数据结构，如文件、数据库表项等。在存储设备中，所有对象都有一个对象标识，通过对象标识 OSD 命令访问该对象。通常有多种类型的对象，存储设备上的根对象标识存储设备和该设备的各种属性，组对象是存储设备上共享资源管理策略的对象集合等。

（2）对象存储设备。每个 OSD 都是一个智能设备，具有自己的存储介质、处理器、内存以及网络系统等，负责管理本地的 Object，是对象存储系统的核心。OSD 同块设备的不同不在于存储介质，而在于两者提供的访问接口。OSD 的主要功能包括数据存储和安全访问。目前国际上通常采用刀片式结构实现对象存储设备。OSD 提供如下三个主要功能。

1）数据存储。OSD 管理对象数据，并将它们放置在标准的磁盘系统上，OSD 不提供块接口访问方式，Client 请求数据时用对象 ID、偏移进行数据读写。

2）智能分布。OSD 用其自身的 CPU 和内存优化数据分布，并支持数据的预取。由于 OSD 可以智能地支持对象的预取，从而可以优化磁盘的性能。

3）每个对象元数据的管理。OSD 管理存储在其上对象的元数据，该元数据与传统的 inode 元数据相似，通常包括对象的数据块和对象的长度。而在传统的 NAS 系统中，这些元数据是由文件服务器维护的，对象存储架构将系统中主要的元数据管理工作由 OSD 来完成，降低了 Client 的开销。

（3）元数据服务器（Metadata Server，MDS）。MDS 控制 Client 与 OSD 对象的交互，为客户端提供元数据，主要是文件的逻辑视图，包括文件与目录的组织关系、每个文件所对应的 OSD 等。主要提供以下几个功能。

1）对象存储访问。MDS 构造、管理描述每个文件分布的视图，允许 Client 直接访问对象。MDS 为 Client 提供访问该文件所含对象的能力，OSD 在接收到每个请求时将先验证该能力，然后才可以访问。

2）文件和目录访问管理。MDS 在存储系统上构建一个文件结构，包括限额控制、目录和文件的创建和删除、访问控制等。

3）Client Cache 一致性。为了提高 Client 性能，在对象存储系统设计时通常支持 Client 方的 Cache。由于引入 Client 方的 Cache，带来了 Cache 一致性问题，MDS 支持基于 Client 的文件 Cache，当 Cache 的文件发生改变时，将通知 Client 刷新 Cache，从而防止 Cache 不一致引发的问题。

（4）对象存储系统的客户端 Client。为了有效支持 Client 支持访问 OSD 上的对象，需要在计算节点实现对象存储系统的 Client。现有的应用对数据的访问大部分都是通过 POSIX 文件方式进行的，对象存储系统提供给用户的也是标准的 POSIX 文件访问接口。接口具有和通用文件系统相同的访问方式，同时为了提高性能，也具有对数据的 Cache 功能和文件的条带功能。

练 习 与 思 考

一、单选题（10 道）

1. （　　）为 OpenStack 中的实例提供持久化的 volume 管理服务功能。
　　A. Glance　　　　　　B. Cinder　　　　　　C. Swift　　　　　　D. Nova

2. FC-SAS 和 IP-SAN 都可以通过光纤连接，主要区别在于（　　）。
　　A. 一个支持的距离短，一个支持的距离长
　　B. 一个是多模光纤，一个是单模光纤
　　C. 一个传输是 FC 协议，一个传输是 IP 协议
　　D. 没有区别

3. 以下 iSCSI 数据包封装正确的是（　　）。
　　A. SCSI-iSCSI-IP　　B. IP-SCSI-iSCSI　　C. iSCSI-IP-SCSI　　D. iSCSI-SCSI-IP

4. SCSI 的中文名称是（　　）。
　　A. 小型计算机　　　　　　　　　　B. 小型系统接口
　　C. 小型接口　　　　　　　　　　　D. 小型计算机系统接口

5. 一个线性逻辑卷聚合（　　）物理卷组成一个逻辑卷。
　　A. 多个　　　　　　　B. 1 个　　　　　　　C. 单个　　　　　　D. 0 个

6. 内存属于（　　）。
　　A. 网络存储　　　　　B. 分布式存储　　　　C. 外部存储　　　　D. 内部存储

7. 磁盘、光盘属于（　　）。
　　A. 网络存储　　　　　B. 分布式存储　　　　C. 外部存储　　　　D. 内部存储

8. DAS 代表的意思是（　　）。
　　A. 直连存储　　　　　　　　　　　B. 两个异步的储存
　　C. 数据归档软件　　　　　　　　　D. 连接一个可选的存储

9. 磁盘分区从实质上说是对硬盘的一种（　　）。
　　A. 用途规划　　　　　B. 功能划分　　　　　C. 格式化　　　　　D. 磁道分隔

10. NAS 存储模型传输协议为（　　）。
　　A. TCP/IP　　　　　　B. SCSI　　　　　　　C. FC　　　　　　　D. SCSI-FCP

二、多选题（10 道）

11. OpenStack 提供三个与存储相关的组件，分别是（　　）。
　　A. Glance　　　　　　B. Cinder　　　　　　C. Swift　　　　　　D. Nova

E. Neutron

12. Cinder API 前端服务的好处在于（　　）。

A. 允许根据使用者功能进行逻辑分组

B. 能提高网络安全性

C. 对外提供统一接口，隐藏实现细节

D. API 提供 REST 标准调用服务，便于与第三方系统集成

E. 可以通过运行多个 API 服务，实例轻松实现 API 的高可用

13. Cinder 为例，存储节点支持多种 volume provider，包括（　　）。

A. LVM　　　　　　B. NFS　　　　　　C. Ceph　　　　　　D. GlusterFS

E. EMC，IBM 等商业存储系统

14. 对象存储结构由（　　）四部分组成。

A. 对象　　　　　　　　　　　　B. 对象存储设备

C. 元数据服务器　　　　　　　　D. 对象存储系统的客户端

E. 元素

15. OSD 提供三个主要功能是（　　）。

A. 数据存储　　　　　　　　　　B. 智能分布

C. 每个对象元数据的管理　　　　D. 数据加密

E. 数据压缩

16. 以下体现 SAN 与 NAS 差异的有（　　）。

A. NAS 设备拥有自己的文件系统，而 SAN 没有

B. NAS 适合于文件传输与存储，而 SAN 对于块数据的传输与存储效率更高

C. SAN 可以拓展空间存储，而 NAS 不能

D. SAN 是一种网络架构，而 NAS 是一个专用型的文件存储服务器

E. SAN 与网络协议的兼容性好，而 NAS 不行

17. 与传统的本地存储和 DAS 存储相比较，下面哪些属于现代新型 SAN 存储阵列的主要特点和优势（　　）。

A. 容量大　　　　B. 性能高　　　　　　C. 稳定性好　　　　D. 不支持拓展性

E. 性能差

18. 磁盘阵列的主要接口类型包括（　　）。

A. FC　　　　　　B. V. 35　　　　　　C. SAS　　　　　　D. iSCSI

E. IED

19. 传统磁带存储存在哪些问题（　　）。

A. 机械设备的故障率高　　　　　　B. 存储速度慢

C. 无法实现磁带压缩　　　　　　　D. 磁带的保存和清洁难

E. 存储容量小

20. 对于基于网络的存储虚拟化技术，以下说法正确的有（　　）。

A. 必须在主机端安装代理程序，才能够实现

B. 能够支持异构主机，异构存储设备

C. 使不同存储设备的数据管理统一

D. 基于网络虚拟化技术，就是带外虚拟化技术

E. 实现成本低

三、判断题（10 道）

21. Swift 提供对象存储（Object Storage）。

22. Cinder 提供虚机镜像（Image）存储和管理。

23. Glance 提供块存储（Block Storage）。

24. 磁盘阵列上的硬盘组成 RAID 组后，通常连接磁盘阵列的服务器并不能直接访问 RAID 组，而是要再划分为逻辑单元才能分配给服务器，这些逻辑单元就是 LUN。

25. 基于网络存储虚拟化的特点是必须在主机端安装代理程序才能够实现。

26. 存储虚拟化的原动力是实现空间资源的完全整合。

27. 存储阵列的主要接口类型包括 iSCSI、FC 和 SAS。

28. 分区从实质上说就是对硬盘的一种格式化。

29. 计算机的存储器分为内部存储和外部存储两大类。

30. 不可以在卷组（VG）上创建逻辑卷。

练习与思考题参考答案

1. B	2. C	3. A	4. D	5. A	6. D	7. C	8. A	9. C	10. A
11. ABC	12. CDE	13. ABCDE	14. ABCD	15. ABC	16. ABD	17. ABC	18. ACD	19. ABD	20. BC
21. √	22. ×	23. ×	24. √	25. ×	26. √	27. √	28. √	29. √	30. ×

任务 15

openfiler外置存储部署

该训练任务建议用 6 个学时完成学习。

15.1 任务来源

存储是云计算系统的重要组成部分，在 OpenStack 云平台学习环境中，需要涉及各种存储系统的模拟，例如 NFS、iSCSI、SAN、NAS 和分布式存储等。

15.2 任务描述

基于 openfiler 的 x86/64 架构来提供一个强大的 NAS、SAN 存储、IP 存储网关以及管理平台，并能提供各种存储需求。

15.3 能力目标

15.3.1 技能目标

完成本训练任务后，读者应当能（够）掌握以下技能。

1. 关键技能

（1）会安装 open-e 虚拟存储操作系统。

（2）会虚拟存储的实现方式。

2. 基本技能

（1）会常用的系统安装方法。

（2）会 Linux 操作系统的安装。

15.3.2 知识目标

完成本训练任务后，读者应当能（够）学会以下知识。

（1）掌握网络基础知识。

（2）理解虚拟存储的概念。

（3）认识常用的存储设备。

（4）理解 openfiler 软件实现存储虚拟化的原理。

15.3.3 职业素质目标

完成本训练任务后，读者应当能（够）具备以下素质。

（1）具有守时、诚信、敬业精神。

（2）具有安全意识、质量意识、保密意识。

（3）遵守系统调试标准规范，养成严谨科学的工作态度。

（4）养成总结训练过程和结果的习惯，为再次实训总结经验。

（5）树立学习新知识、掌握新技能的自信心。

15.4 任务实施

15.4.1 活动一 知识准备

常用的存储介质主要包括硬盘、PD 光驱、移动硬盘、FlashRAM、CD/DVDRW、U 盘。

15.4.2 活动二 示范操作

1. 活动内容

（1）理解虚拟存储的概念及应用。

（2）安装 open-e 虚拟存储操作系统。

2. 操作步骤

（1）步骤一：创建虚拟机。

1）创建 openfiler 虚拟机。创建虚拟机一台 vCPU 为 2 核，内存为 2G，系统磁盘为 20G 的虚拟机，如图 15-1 所示。

图 15-1 创建 openfiler 虚拟机

2）给虚拟机添加额外磁盘。点击【编辑虚拟机设置】，给虚拟机添加额外 3 块 60 大小的数据磁盘，添加磁盘如图 15-2、图 15-3 所示。

3）设置 CD/DVD 启动镜像。点击【编辑虚拟机设置】，选择 CD/DVD，勾选右上角的【启动时连接】，连接设置为【使用 iso 映像文件】，设置正确的 ISO 映像文件，如图 15-4 所示。

（2）步骤二：安装 openfiler。

1）点击【启动虚拟机】，系统将从 ISO 文件引导，点击回车键，系统开始安装，如图 15-5 所示。

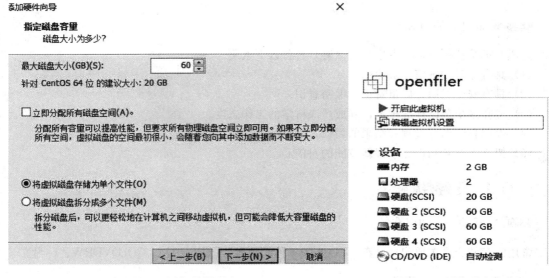

图 15-2　添加数据磁盘　　　　　　　　　图 15-3　添加磁盘完成

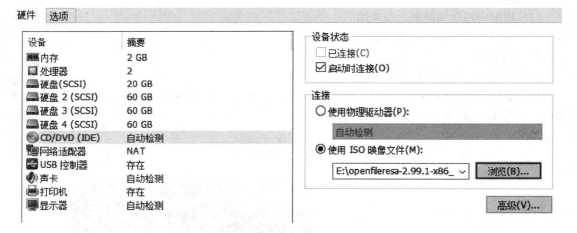

图 15-4　编辑 CD/DVD 设置

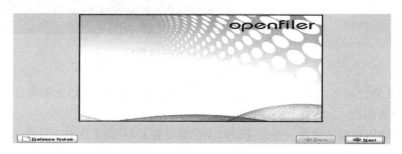

图 15-5　开始安装 openfiler 软件

　　2）选择安装语言为 english，系统安装磁盘选择第一个磁盘 sda，其余的磁盘作为数据盘使用，如图 15-6 所示。

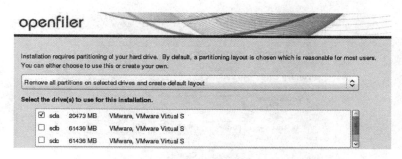

图 15-6　选择系统安装磁盘

3）设置网卡 eth0 为 dhcp 模式，时区设置为 Asia/shanghai，root 用户密码设置为 password，设置好以上参数后，系统开始进入安装状态，如图 15-7 所示。

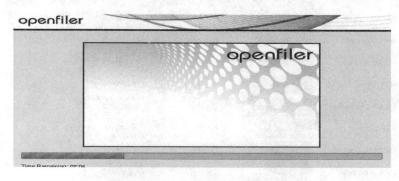

图 15-7　openfiler 系统开始安装

4）系统安装完成界面如图 15-8 所示，此时可以使用浏览器登录 openfiler 的 GUI 管理客户端，登录用户名为：openfiler，密码为：password，如图 15-9 所示。

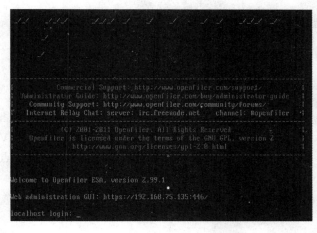

图 15-8　openfiler 系统安装成功

图 15-9　系统 GUI 登录界面

（3）步骤三：初始化 openfiler。

1）设置 hostname 为 openfiler.com，主 DNS、DHCP 为自动获取，如图 15-10 所示。

2）服务初始化，选择服务选项，开启 CIFS、NFS、iSCSI Target 和 cluster manager 等服务项，如图 15-11 所示。

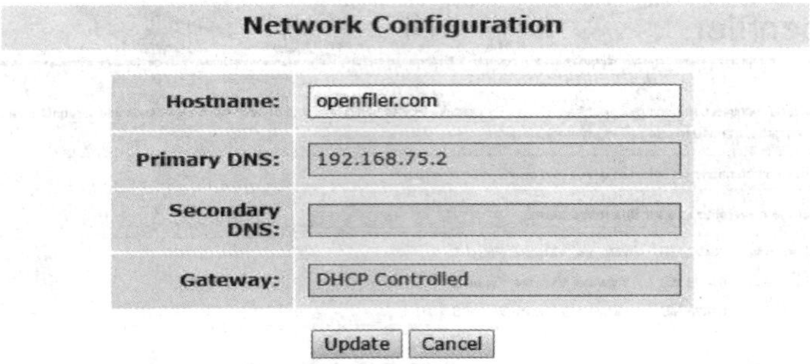

Network Configuration

Hostname:	openfiler.com
Primary DNS:	192.168.75.2
Secondary DNS:	
Gateway:	DHCP Controlled

Update　Cancel

图 15-10　openfiler 网络初始化设置

Service	Boot Status	Modify Boot	Current Status	Start / Stop
CIFS Server	Enabled	Disable	Running	Stop
NFS Server	Enabled	Disable	Running	Stop
RSync Server	Disabled	Enable	Stopped	Start
HTTP/Dav Server	Disabled	Enable	Running	Stop
LDAP Container	Disabled	Enable	Stopped	Start
FTP Server	Disabled	Enable	Stopped	Start
iSCSI Target	Enabled	Disable	Running	Stop
UPS Manager	Disabled	Enable	Stopped	Start
UPS Monitor	Disabled	Enable	Stopped	Start
iSCSI Initiator	Disabled	Enable	Stopped	Start
ACPI Daemon	Enabled	Disable	Running	Stop
SCST Target	Disabled	Enable	Stopped	Start
FC Target	Disabled	Enable	Stopped	Start
Cluster Manager	Enabled	Disable	Stopped	Start

图 15-11　openfiler 提供的服务初始化

3）磁盘块设备初始化（此处的磁盘初始化是指对磁盘进行分区操作或是对磁盘进行逻辑上的划分，例如创建 software RAID），本实验对磁盘的初始化为创建 software RAID，选择 Volumes，选择右菜单栏的 Block Devices，分别把每块磁盘设置为 RAID array member，然后点击【create】，如图 15-12 所示。

图 15-12　初始化磁盘块设备

4）创建软 RAID，本实验创建一个 RAID 5 级别的软 RAID，如图 15-13 所示。

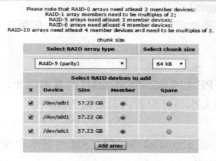

图 15-13　创建 software RAID

5）至此，openfiler 系统安装与初始化完成。

15.4.3　活动三　能力提升

通过以上实验，重新部署一套新的实验环境，具体步骤如下：
（1）安装 open-e 虚拟存储操作系统。
（2）理解虚拟存储的概念。
（3）会虚拟存储的实现方式。

15.5　效果评价

效果评价参见任务 1，评价标准见附录任务 15。

15.6　相关知识与技能

15.6.1　磁盘、卷组、逻辑卷之间的关系

1. 磁盘（PV, Physical Volume）

磁盘就叫物理卷，磁盘分区或从逻辑上与磁盘分区具有同样功能的设备（如 RAID），是 LVM 的基本存储逻辑块，但和基本的物理存储介质（如分区、磁盘等）比较，却包含有与 LVM 相关的管理参数。当前 LVM 允许读者在每个物理卷上保存这个物理卷的 0 至 2 份元数据拷贝。默认为 1，保存在设备的开始处，为 2 时，在设备结束处保存第二个备份。

2. 卷组（VG, Volume Group）

LVM 卷组类似于非 LVM 系统中的物理硬盘，其由物理卷组成，可以在卷组上创建一个或多个 "LVM 分区"（逻辑卷），LVM 卷组由一个或多个物理卷组成。

3. 逻辑卷（LV, Logical Volume）

LVM 的逻辑卷类似于非 LVM 系统中的硬盘分区，在逻辑卷之上可以建立文件系统（比如/home 或者/usr）。

4. 分区

分区从实质上说就是对硬盘的一种格式化。当我们创建分区时，就已经设置好了硬盘的各项物理参数，指定了硬盘主引导记录（即 Master Boot Record，一般简称为 MBR）和引导记录备份

的存放位置。对于文件系统以及其他操作系统管理硬盘所需要的信息则是通过之后的高级格式化，即 Format 命令来实现。

5．线性逻辑卷（Linear Volumes）

一个线性逻辑卷聚合多个物理卷成为一个逻辑卷。比如，如果读者有两个 60GB 硬盘，读者可以生成 120GB 的逻辑卷。

6．PE（Physical Extent）

每一个物理卷被划分为称为 PE（Physical Extents）的基本单元，具有唯一编号的 PE 是可以被 LVM 寻址的最小单元。PE 的大小是可配置的，默认为 4MB。

7．LE（logical extent）

逻辑卷也被划分为 LE（Logical Extents）的可被寻址的基本单位。在同一个卷组中，LE 的大小和 PE 是相同的，并且一一对应。

和非 LVM 系统将包含分区信息的元数据保存在位于分区的起始位置的分区表中一样，逻辑卷以及卷组相关的元数据也是保存在位于物理卷起始处的 VGDA（卷组描述符区域）中。VGDA 包括以下内容：PV 描述符、VG 描述符、LV 描述符和一些 PE 描述符。

15.6.2　内部存储与外部存储

计算机的存储器有两类，一类是内部存储器，一断电就会把记住的东西忘光；另一类是外部存储器，断了电也能记住。

内部：内存；外部：磁盘（硬盘和软盘）和光盘。

这两种存储器各有利弊，内部存储器就是内存，它的速度快，但是断电后存储内容全部丢失。

外部存储器主要是磁盘，它所存储的信息不受断电的影响，但是它的速度相对于内存就慢很多。

硬盘在机箱里面负责储存数据，而软盘用来搬运数据，硬盘的容量大，软盘的容量小，另外硬盘的存取速度比软盘快得多。

一、单选题（10 道）

1．硬盘 MBR 主引导区由（　　）个字节组成。

　　A．4096　　　　　　B．256　　　　　　　C．512　　　　　　　D．1024

2．硬盘在物理结构上由头盘组件和（　　）两大部分组成。

　　A．盘体　　　　　　B．控制电路板　　　C．电机　　　　　　D．磁头

3．Linux 查看分区使用情况的命令是（　　）。

　　A．fdisk　　　　　　B．df　　　　　　　　C．du　　　　　　　D．cat

4．Linux 通过（　　）命令查看磁盘的挂载状态。

　　A．mount　　　　　　B．find　　　　　　　C．ls　　　　　　　D．df

5．分布式存储软件有（　　）。

　　A．nfs　　　　　　　B．SAS　　　　　　　C．FC　　　　　　　D．gluster

6．NAS 存储的劣势是（　　）。

　　A．构架于 IP 网络　　　　　　　　　　　B．不适应某些数据库的应用

C. 部署简单　　　　　　　　　　　　　　D. 内部存储

7. 有 N 块硬盘做成 RAID 5，磁盘利用率为（　　　）。

　A. 50％　　　　　B. 100％　　　　　　C. N　　　　　　D.（N-1）/N

8. 磁盘 A 与磁盘 B 都为 500G，现把磁盘 A 和磁盘 B 做成 RAID1 阵列组，此时查看系统盘空间容量为（　　　）。

　A. 1000G　　　　B. 250G　　　　　　C. 500G　　　　　D. 750G

9. DAS 存储连接方式是存储直接连接到（　　　）。

　A. 磁盘阵列　　　　B. 交换机　　　　　C. 服务器　　　　　D. 磁盘柜

10. RAID-1 的磁盘利用率为（　　　）。

　A. 50％　　　　　B. 100％　　　　　　C. 75％　　　　　D. 25％

二、多选题（10 道）

11. SAN 可以细分为（　　　）。

　A. NAS　　　　　B. IP-SAN　　　　　C. FC-SAN　　　　D. DAS

　E. NFS

12. DAS 直连式存储的优势有（　　　）。

　A. 集成在服务器内部，点到点的连接，距离短

　B. 安装技术要求不高

　C. 通用的解决方案：投资低，绝大多数应用可接受

　D. 较好的性能

　E. 投资高

13. SAN 存储区域网络优点有（　　　）。

　A. 高性能：支持服务器集群技术　　　　B. 实现存储介质的共享，扩展性非常好

　C. 易于数据备份和恢复　　　　　　　　D. 成本较高

　E. 部署较难

14. NAS 网络接入存储的优势。

　A. 异构环境下的资源共享　　　　　　　B. 构架于 IP 网络

　C. 较好的扩展性　　　　　　　　　　　D. 部署简单，易于管理，备份方案简单

　E. 总的拥有成本低

15. SAN 技术的劣势（　　　）。

　A. 成本较高　　　　　　　　　　　　　B. SAN 孤岛

　C. 技术较为复杂　　　　　　　　　　　D. 兼容性差

　E. 成本低

16. DAS 直连式存储的劣势有（　　　）。

　A. 资源无法和其他服务器共享　　　　　B. 存储容量的加大导致管理成本上升

　C. 存储使用效率低　　　　　　　　　　D. 硬件失败将导致更高的恢复成本

　E. 存储使用率高

17. RAID 使用中的好处有（　　　）。

　A. 提供更大的容量

　B. 更高的读写性能

　C. 提供更好的数据安全可靠性

　D. 可采用镜像冗余或校验冗余方式对数据进行不同级别的保护

E. 数据易于读取

18. 外挂存储有（　　）。

    A. 固态硬盘　　　　B. DAS　　　　　　　C. NAS　　　　　　　D. SAN

    E. 内存

19. FC-SAN 的缺点有（　　）。

    A. 比较昂贵　　　　B. 配置复杂　　　　C. 互操作性不好　　　D. 高扩展性不好

    E. 比较便宜

20. 实现虚拟存储的方法有（　　　）

    A. 基于主机的虚拟存储　　　　　　　　B. 基于存储设备的虚拟存储

    C. 基于网络的虚拟存储　　　　　　　　D. 基于传输协议的虚拟存储

    E. 基于传输介质的虚拟存储

三、判断题（10 道）

21. 存储虚拟化是对存储硬件资源进行抽象化表现。

22. 常用的存储设备有磁盘、光盘、磁带和软盘。

23. 目前 RAID 的实现方式分为硬件 RAID 方式和软件 RAID 方式。

24. 组件 RAID 5 阵列组至少需要 4 块磁盘。

25. MBR 主引导区在硬盘 0 磁道 0 柱面 1 扇区上，大小为 512M。

26. Linux 任何一个分区都必须挂载到某个目录上。

27. SAN 成本低，架构于 IP 网络之上。

28. SAN 包括面向块（iSCSI）和面向文件（NAS）的存储产品。

29. RAID 10 这种结构是一个带区结构加一个镜像结构，能实现高效又高速同时可以容错的目的。

30. 3 块 2T 大小的磁盘做成 RAID 5 以后可用的磁盘空间为 6T。

练习与思考题参考答案

1. C	2. B	3. B	4. D	5. D	6. B	7. D	8. C	9. C	10. A
11. AC	12. ABCD	13. ABC	14. ABCDE	15. ABCD	16. ABCD	17. ABCD	18. BCD	19. ABC	20. ABC
21. √	22. √	23. √	24. ×	25. ×	26. √	27. ×	28. √	29. √	30. ×

任务 16

配置NFS为Cinder后端存储

该训练任务建议用 6 个学时完成学习。

16.1 任务来源

数据的存储设备，为 volume 提供物理存储空间，Cinder-volume 支持多种 volume provider，每种 volume provider 通过自己的 driver 与 Cinder-volume 协调工作。

16.2 任务描述

配置 openfiler 为系统提供 nfs 服务，然后将 nfs 文件系统作为 OpenStack cinder 服务的后端存储使用。

16.3 能力目标

16.3.1 技能目标

完成本训练任务后，读者应当能（够）掌握以下技能。

1. 关键技能

（1）会配置 NFS 文件系统为 OpenStack cinder 后端存储。

（2）会通过 openfiler 建立卷组（VG）。

（3）会配置软 RAID 阵列。

（4）会通过 openfiler 在卷组的基础上建立逻辑卷（LUN）。

2. 基本技能

（1）会 openfiler 虚拟存储操作系统的使用。

（2）会分辨常见的硬盘接口标准。

16.3.2 知识目标

完成本训练任务后，读者应当能（够）学会以下知识。

（1）理解 FCoE 存储的构建与组成。

（2）理解物理磁盘、卷组（VG）、逻辑磁盘、操作系统之间的关系。

（3）理解内部存储与外部存储的概念。

（4）理解 SAN 存储概念（FC，FCoE）。

16.3.3　职业素质目标

完成本训练任务后，读者应当能（够）具备以下素质。

（1）具有守时、诚信、敬业精神。

（2）具有安全意识、质量意识、保密意识。

（3）遵守系统调试标准规范，养成严谨科学的工作态度。

（4）养成总结训练过程和结果的习惯，为再次实训总结经验。

（5）树立学习新知识、掌握新技能的自信心。

16.4　任务实施

16.4.1　活动一　知识准备

磁盘阵列（Redundant Arrays of Independent Disks，RAID）有"独立磁盘构成的具有冗余能力的阵列"之意。它是由很多价格较便宜的磁盘，组合成一个容量巨大的磁盘组，利用个别磁盘提供数据所产生加成效果提升整个磁盘系统效能。利用这项技术，将数据切割成许多区段，分别存放在不同硬盘上。

磁盘阵列还能利用同位检查（Parity Check）的理念，在数组中任意一个硬盘故障时，仍可读出数据，在数据重构时，将数据经计算后重新置入新硬盘中。

1. 分类

磁盘阵列其样式有三种，一是外接式磁盘阵列柜，二是内接式磁盘阵列卡，三是利用软件来仿真。

外接式磁盘阵列柜最常被使用在大型服务器上，具可热交换（Hot Swap）的特性，不过这类产品的价格都很贵。

内接式磁盘阵列卡，因为价格便宜，但需要较高的安装技术，适合技术人员使用操作。硬件阵列能够提供在线扩容、动态修改阵列级别、自动数据恢复、驱动器漫游、超高速缓冲等功能。它能提供性能、数据保护、可靠性、可用性和可管理性的解决方案。

利用软件仿真的方式，是指通过网络操作系统自身提供的磁盘管理功能将连接的普通 SCSI 卡上的多块硬盘配置成逻辑盘，组成阵列。软件阵列可以提供数据冗余功能，但是磁盘子系统的性能会有所降低，有的降低幅度还比较大，达 30% 左右，因此会拖累机器的速度，不适合大数据流量的服务器。

磁盘阵列作为独立系统在主机外直连或通过网络与主机相连。磁盘阵列有多个端口可以被不同主机或不同端口连接。一个主机连接阵列的不同端口可提升传输速度。

2. 优缺点

（1）优点。提高传输速率。RAID 通过在多个磁盘上同时存储和读取数据来大幅提高存储系统的数据吞吐量（Throughput）。在 RAID 中，可以让很多磁盘驱动器同时传输数据，而这些磁盘驱动器在逻辑上又是一个磁盘驱动器，所以使用 RAID 可以达到单个磁盘驱动器几倍、几十倍甚至上百倍的速率。

通过数据校验提供容错功能。普通磁盘驱动器无法提供容错功能，如果不包括写在磁盘上的 CRC（循环冗余校验）码的话，RAID 容错是建立在每个磁盘驱动器的硬件容错功能之上的，所以它提供更高的安全性。

（2）缺点。RAID0 没有冗余功能，如果一个磁盘（物理）损坏，则所有的数据都无法使用。RAID1 磁盘的利用率最高只能达到 50％（使用两块盘的情况下），是所有 RAID 级别中最低的。

RAID0＋1 以理解为是 RAID 0 和 RAID 1 的折中方案。RAID 0＋1 可以为系统提供数据安全保障，但保障程度要比 Mirror 低而磁盘空间利用率要比 Mirror 高。

16.4.2 活动二　示范操作

1. 活动内容

通过 openfiler 图形化界面配置 nfs 服务，然后将 nfs 文件系统挂载为 OpenStack cinder 服务的后端存储使用。

（1）创建卷组。

（2）查看 nfs 服务运行状态。

（3）设置 ACL 访问控制。

（4）创建共享文件夹。

（5）编辑 cinder 存储节点配置文件。

（6）创建 NFS 类型云盘。

2. 操作步骤

（1）步骤一：创建卷组。由于 openfiler 的数据磁盘已经在任务 15 的实验环境中进行了初始化，因此，本实验可以在任务 15 的基础上进行操作。

1）开启任务 15 搭建好的 openfiler 实验环境，使用浏览器登录 openfiler 的图形化管理客户端。选择导航栏中的【volumes】链接，进入卷导航功能页面，选择右功能栏的【volume groups】，此时会弹出 volume groups 功能对话框，在这里可以新建卷组和删除卷组，实验选择【新建卷组】，输入卷组名称，点击【add volume group】来创建卷组，如图 16-1、图 16-2 所示。

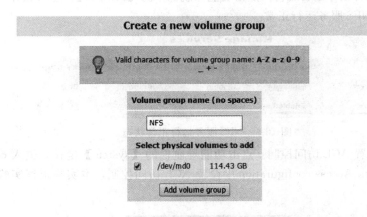

图 16-1　创建卷组

2）选择功能导航栏中的【shares】功能，点击【create a new filesystem volume】，指定一个卷的名字、卷的描述、卷的空间大小和卷的文件系统，输入这些信息后，点击【create】，新的文件系统创建完成，创建过程与完成状态如图 16-3、图 16-4 所示。

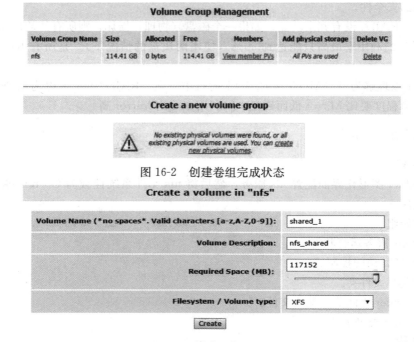

Volume Group Management

Volume Group Name	Size	Allocated	Free	Members	Add physical storage	Delete VG
nfs	114.41 GB	0 bytes	114.41 GB	View member PVs	All PVs are used	Delete

图 16-2 创建卷组完成状态

Create a volume in "nfs"

Volume Name (*no spaces*. Valid characters [a-z,A-Z,0-9]):	shared_1
Volume Description:	nfs_shared
Required Space (MB):	117152
Filesystem / Volume type:	XFS

图 16-3 创建文件系统卷

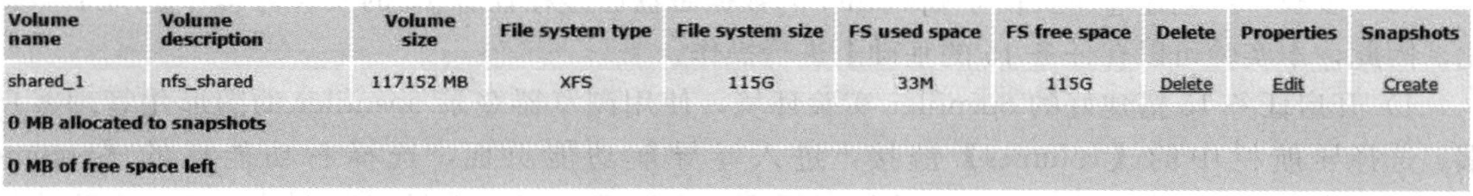

Volume name	Volume description	Volume size	File system type	File system size	FS used space	FS free space	Delete	Properties	Snapshots
shared_1	nfs_shared	117152 MB	XFS	115G	33M	115G	Delete	Edit	Create
0 MB allocated to snapshots									
0 MB of free space left									

图 16-4 创建文件系统卷完成

（2）步骤二：查看服务是否运行。点击功能导航栏中的【services】，进入服务窗口，看到如图 16-5 所示状态为 NFS 服务运行正常。

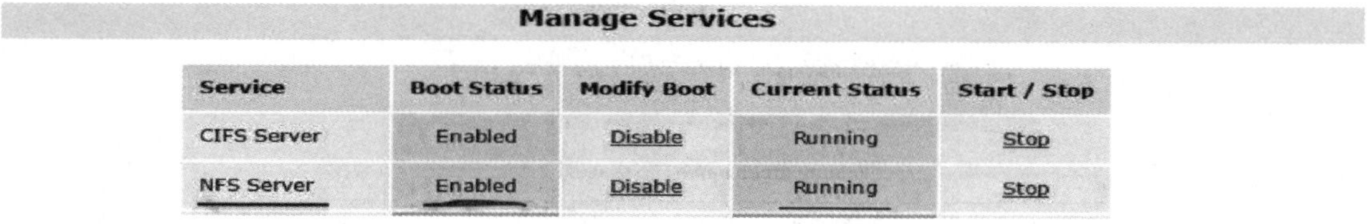

Manage Services

Service	Boot Status	Modify Boot	Current Status	Start / Stop
CIFS Server	Enabled	Disable	Running	Stop
NFS Server	Enabled	Disable	Running	Stop

图 16-5 NFS 服务运行正常状态

（3）步骤三：设置 ACL 访问控制。点击功能导航栏的【system】链接，进入 openfiler 系统设置窗口，在 network Access configuration 中设置 ACL 访问控制，本实验根据实验的环境设置参数如图 16-6 所示。

Network Access Configuration

Delete	Name	Network/Host	Netmask	Type
☐	nfs	192.168.75.0	255.255.255.0	Share
New			0.0.0.0	Share

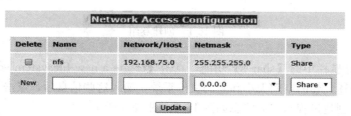

图 16-6 NFS share ACL 规则

（4）步骤四：创建共享文件夹。

1）点击功能导航栏的【shares】，进入共享设置窗口，点击步骤一创建的 nfs_shard，此时会弹出创建共享文件夹窗口，设置一个共享文件夹名称，点击【create】，此时共享文件夹创建成功。创建过程与完成状态如图 16-7、图 16-8 所示。

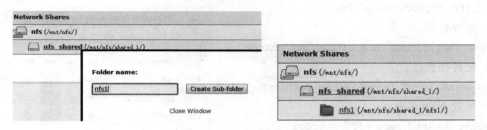

图 16-7　创建共享文件夹　　　　　　　　图 16-8　共享文件夹 nfs1 创建完成

2）再次点击共享文件夹 nfs1，回弹出该共享文件夹的相关信息，此时点击【make sure】，确认共享，如图 16-9 所示。

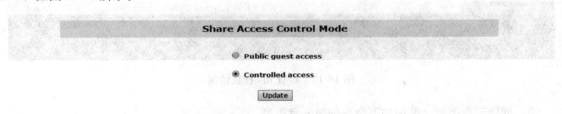

图 16-9　确认共享 nfs1 文件夹

3）点击确认共享以后，需要进一步设置 share access mode，本实验设置为 public guest access，如图 16-10 所示。

图 16-10　共享访问控制模式

4）配置组访问控制如图 16-11 所示，host 访问控制如图 16-12 所示。

5）此时网络共享存储 NFS 设置完成，下一步可以在 OpenStack 中添加该共享存储为主 cinder 的后端存储。

（5）步骤五：编辑 cinder 存储节点配置文件。编辑 cinder 存储节点配置文件/etc/cinder/cinder.conf，并同时完成以下动作。

1）配置驱动：

```
volume_driver = cinder. volume. drivers. nfs. NfsDriver
```

2）配置挂载路径：

nfs_ahares_config = /etc/cinder/nfs_shares

3）在/etc/cinder/nfs_shares 文件中配置挂载路径：

192.168.75.130:/data/nfs

4）配置权限：

chown root:cinder /etc/cinder/nsf_shares

5）配置挂载点：

nfs_mount_point_basw = $state_path/mnt

6）配置 NFS 名称：

Volume_backend_name = NFS_storage

7）重启 OpenStack-cinder-volume 服务：

systemctl restart OpenStack-cinder-volume. service

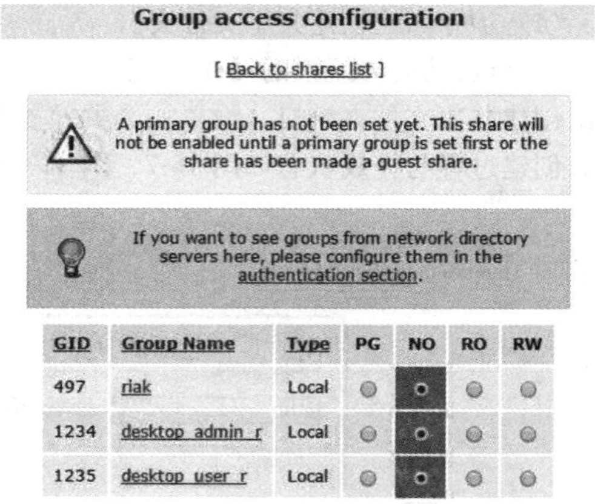

Group access configuration

[Back to shares list]

⚠ A primary group has not been set yet. This share will not be enabled until a primary group is set first or the share has been made a guest share.

💡 If you want to see groups from network directory servers here, please configure them in the authentication section.

GID	Group Name	Type	PG	NO	RO	RW
497	riak	Local	○	◉	○	○
1234	desktop_admin_r	Local	○	◉	○	○
1235	desktop_user_r	Local	○	◉	○	○

图 16-11　组访问控制

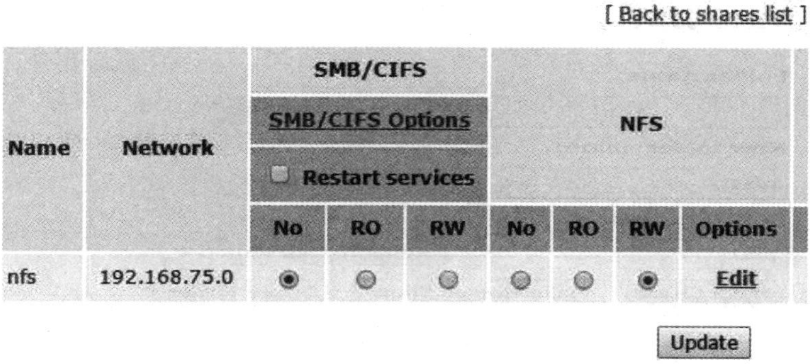

[Back to shares list]

Name	Network	SMB/CIFS			NFS			
		SMB/CIFS Options						
		☐ Restart services						
		No	RO	RW	No	RO	RW	Options
nfs	192.168.75.0	◉	○	○	○	○	◉	Edit

Update

图 16-12　host 访问控制

8）检查挂载。使用命令 mount 查看挂载情况，如图 16-13 所示。

图 16-13　检查 nfs 挂载情况

9）创建云盘类型。使用如下命令创建云盘类型：

#cinder type-create lvm

#cinder type-create nfs

10）将硬盘类型和 volume 关联：

#cinder type-key nfs set\

volume_backend_name = NFS-Storage

#cinder type-key lvm set\

volume_backend_name = iSCSI-Storage

（6）步骤六：创建 NFS 类型云盘。如图 16-14、图 16-15 所示创建 NFS 类型云盘。

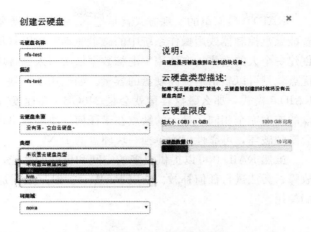

图 16-14　创建云盘

图 16-15　查看云盘创建结果

16.4.3　活动三　能力提升

通过 openfiler 图形化界面配置 nfs 服务，然后将 nfs 文件系统挂载为 OpenStack cinder 服务的后端存储使用，具体步骤如下。

（1）创建卷组。

（2）查看 nfs 服务运行状态。

（3）设置 ACL 访问控制。

（4）创建共享文件夹。

（5）编辑 cinder 存储节点配置文件。

（6）创建 NFS 类型云盘。

16.5　效果评价

效果评价参见任务 1，评价标准见附录任务 16。

16.6　相关知识与技能

RAID 级别级功能

1. RAID 0

RAID 0（见图 16-16）是最早出现的 RAID 模式，即 Data Stripping 数据分条技术。RAID 0 是组建磁盘阵列中最简单的一种形式，只需要 2 块以上的硬盘即可，成本低，可以提高整个磁盘的性能和吞吐量。RAID 0 没有提供冗余或错误修复能力，但实现成本是最低的。

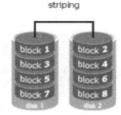

图 16-16　RAID 0

RAID 0 最简单的实现方式就是把 N 块同样的硬盘用硬件的形式通过智能磁盘控制器或用操作系统中的磁盘驱动程序以软件的方式串联在一起创建一个大的卷集。在使用中电脑数据依次写入到各块硬盘中，它的最大优点就是可以整倍地提高硬盘的容量。如使用了三块 80GB 的硬盘组建成 RAID 0 模式，那么磁盘容量就会是 240GB。在速度方面，各单独一块硬盘的速度完全相同。最大的缺点在于任何一块硬盘出现故障，整个系统将会受到破坏，可靠性仅为单独一块硬盘的 $1/N$。

虽然 RAID 0 可以提供更多的空间和更好的性能，但是整个系统是非常不可靠的，如果出现故障，无法进行任何补救。所以 RAID 0 一般只是在那些对数据安全性要求不高的情况下才被人们使用。

2. RAID 1

RAID 1（见图 16-17）称为磁盘镜像，原理是把一个磁盘的数据镜像到另一个磁盘上，也就是说数据在写入一块磁盘的同时，会在另一块闲置的磁盘上生成镜像文件，在不影响性能情况下最大限度地保证系统的可靠性和可修复性上，只要系统中任何一对镜像盘中至少有一块磁盘可以使用，甚至可以在一半数量的硬盘出现问题时系统都可以正常运行。当一块硬盘失效时，系统会忽略该硬盘，转而使用剩余的镜像盘读写数据，具备很好的磁盘冗余能力。虽然这样对数据来讲绝对安全，但是成本也会明显增加，磁盘利用率为 50％，以四块 80GB 容量的硬盘来讲，可利用的磁盘空间仅为 160GB。另外，出现硬盘故障的 RAID 系统不再可靠，应当及时的更换损坏的硬盘，否则剩余的镜像盘也出现问题，那么整个系统就会崩溃。更换新盘后原有数据会需要很长时间同步镜像，外界对数据的访问不会受到影响，只是这时整个系统的性能有所下降。因此，RAID 1 多用在保存关键性的重要数据的场合。

RAID 1 主要是通过二次读写实现磁盘镜像，所以磁盘控制器的负载也相当大，尤其是在需要频繁写入数据的环境中。为了避免出现性能瓶颈，使用多个磁盘控制器就显得很有必要。

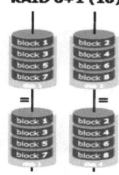

图 16-18
RAID 0+1

3. RAID0＋1

从 RAID 0＋1（见图 16-18）名称上可以看出是 RAID0 与 RAID1 的结合体。在单独使用 RAID 1 也会出现类似单独使用 RAID 0 那样的问题，即在同一时间内只能向一块磁盘写入数据，不能充分利用所有的资源。为了解决这一问题，可以在磁盘镜像中建立带区集。因为这种配置方式综合了带区集和镜像的优势，所以被称为 RAID 0＋1。把 RAID0 和 RAID1 技术结合起来，数据除分布在多个盘上外，每个盘都有其物理镜像盘，提供全冗余能力，允许一个以下磁盘故障，而不影响数据可用性，并具有快速读/写能力。RAID0＋1 要在磁盘镜像中建立带区集至少 4 个硬盘。

4. RAID：LSI MegaRAID、Nytro 和 Syncro

MegaRAID、Nytro 和 Syncro 都是 LSI 针对 RAID 而推出的解决方案，并且一直在创造更新。

LSI MegaRAID 的主要定位是保护数据，通过高性能、高可靠的 RAID 控制器功能，为数据提供高级别的保护。

LSI Nytro 的主要定位是数据加速，它充分利用当今备受追捧的闪存技术，极大地提高数据 I/O 速度。

LSISyncro 的定位主要用于数据共享,提高系统的可用性、可扩展性,降低成本。

LSI 通过 MegaRAID 提供基本的可靠性保障;通过 Nytro 实现加速;通过 Syncro 突破容量瓶颈,让价格低廉的存储解决方案可以大规模扩展,并且进一步提高可靠性。

5. RAID2:带海明码校验

从概念上讲,RAID 2 同 RAID 3 类似,两者都是将数据条块化分布于不同的硬盘上,条块单位为位或字节。然而 RAID 2 使用一定的编码技术来提供错误检查及恢复。这种编码技术需要多个磁盘存放检查及恢复信息,使得 RAID 2 技术实施更复杂。因此,在商业环境中很少使用。

6. RAID3:带奇偶校验码的并行传送

这种校验码与 RAID2 不同,只能查错不能纠错,它访问数据时一次处理一个带区,这样可以提高读取和写入速度,校验码在写入数据时产生并保存在另一个磁盘上。需要实现时用户必须要有三个以上的驱动器,写入速率与读出速率都很高,因为校验位比较少,因此计算时间相对而言比较少。RAID 3 对于大量的连续数据可提供很好的传输率,但对于随机数据,奇偶盘会成为写操作的瓶颈。

7. RAID4:带奇偶校验码的独立磁盘结构

RAID4 和 RAID3 很像,不同的是,它对数据的访问是按数据块进行的,也就是按磁盘进行的,每次是一个盘。在图上可以这么看,RAID3 是一次一横条,而 RAID4 一次一竖条。它的特点和 RAID3 也挺像,不过在失败恢复时,它的难度要比 RAID3 大得多,控制器的设计难度也要大许多,而且访问数据的效率不够好。

8. RAID10:高可靠性与高效磁盘结构

这种结构无非是一个带区结构加一个镜像结构,因为两种结构各有优缺点,因此可以相互补充,达到既高效又高速的目的。这种新结构的价格高,可扩充性不好,主要用于数据容量不大,但要求速度和差错控制的数据库中。

9. RAID53:高效数据传送磁盘结构

越到后面的结构就是对前面结构的一种重复和再利用,这种结构就是 RAID3 和带区结构的统一,因此它速度比较快,也有容错功能,但价格十分高,不易于实现。这是因为所有的数据必须经过带区和按位存储两种方法,在考虑到效率的情况下,要求这些磁盘同步有一定难度。

 练 习 与 思 考

一、单选题(10 道)

1. 磁盘 A 与 磁盘 B 都为 500G,现把磁盘 A 和磁盘 B 做成 RAID 1 阵列组,此时查看系统磁盘空间容量为( )。

   A. 1000G   B. 250G   C. 500G   D. 750G

2. 有 N 块硬盘做成 RAID 5,磁盘利用率为( )。

   A. 50%   B. 100%   C. N D. $(N-1)/N$

3. RAID-6 阵列中即使有( )个磁盘故障,阵列依然能够继续工作并恢复故障的磁盘数据。

   A. 5   B. 4   C. 3   D. 2

4. NAS 存储的劣势是( )。

   A. 构架于 IP 网络   B. 不适应某些数据库的应用

   C. 部署简单   D. 扩展性不好

5. DAS 存储连接方式是存储直接连接到（　　）。

    A. 磁盘阵列　　　　　B. 交换机　　　　　C. 服务器　　　　　D. 磁盘柜

6. NAS 存储模型传输协议为（　　）。

    A. TCP/IP　　　　　B. SCSI　　　　　C. FC　　　　　D. SCSI-FCP

7. RAID-1 的磁盘利用率为（　　）。

    A. 50%　　　　　B. 100%　　　　　C. 75%　　　　　D. 25%

8. RAID-5 有 N 块磁盘组成阵列时，用户空间为（　　）块磁盘容量。

    A. N　　　　　B. $N-1$　　　　　C. $N/2$　　　　　D. $N/5$

9. RAID6 级别的 RAID 组的磁盘利用率为（　　），N 为镜像盘个数。

    A. $(N-2)/N$　　　　　B. $1/N$　　　　　C. 100%　　　　　D. $1/2N$

10. RAID 0 级别的 RAID 组的磁盘利用率为（　　），N 为镜像盘个数。

    A. $(N-2)/N$　　　　　B. $1/N$　　　　　C. 100%　　　　　D. $1/2$

二、多选题（10 道）

11. SAN 可以细分为（　　）。

    A. NAS　　　　　B. IP-SAN　　　　　C. FC-SAN　　　　　D. DAS

    E. NFS

12. DAS 直连式存储的优点有（　　）。

    A. 集成在服务器内部，点到点的连接，距离短

    B. 安装技术要求不高

    C. 通用的解决方案：投资低，绝大多数应用可接受

    D. 较好的性能

    E. 投资高

13. SAN 存储区域网络优点有（　　）。

    A. 高性能：支持服务器集群技术　　　　　B. 实现存储介质的共享，扩展性非常好

    C. 易于数据备份和恢复　　　　　D. 成本较高

    E. 部署较难

14. NAS 网络接入存储的优势有（　　）。

    A. 异构环境下的资源共享　　　　　B. 构架于 IP 网络

    C. 较好的扩展性　　　　　D. 部署简单，易于管理，备份方案简单

    E. 总的拥有成本低

15. DAS 直连式存储的传输协议有（　　）。

    A. SCSI　　　　　B. FC　　　　　C. IP　　　　　D. IPX

    E. SSH

16. SAN 技术的缺点有（　　）。

    A. 成本较高　　　　　B. SAN 孤岛　　　　　C. 技术较为复杂　　　　　D. 兼容性差

    E. 成本低

17. DAS 直连式存储的劣势有（　　）。

    A. 资源无法和其他服务器共享　　　　　B. 存储容量的加大导致管理成本上升

    C. 存储使用效率低　　　　　D. 硬件失败将导致更高的恢复成本

    E. 存储使用率高

18. RAID 有哪些好处？（　　）。

A. 提供更大的容量

B. 更高的读写性能

C. 提供更好的数据安全可靠性

D. 可采用镜像冗余或校验冗余方式对数据进行不同级别的保护

E. 数据易于读取

19. 外挂存储有（　　）。

A. 内置存储　　　　B. DAS　　　　　　C. NAS　　　　　　D. SAN

E. 内存

20. FC-SAN 的缺点有（　　）。

A. 比较昂贵　　　　B. 配置复杂　　　　C. 互操作性不好　　　D. 高扩展性不好

E. 比较便宜

三、判断题（10 道）

21. RAID 0 一般只是在那些对数据安全性要求不高的情况下才被人们使用。

22. RAID 1 磁盘容量利用率很低，只有 50%，是所有 RAID 级别中最低的。

23. RAID-10 集 RAID-0 和 RAID-1 的优点为一体，适合应用在速度和容错要求都比较低的
场合。

24. RAID 7 是一个带区结构加一个镜像结构，能实现高效又高速同时可以容错的目的。

25. SAN 仅包括面向块（iSCSI）的存储产品。

26. RAID 0 可以提供更多的空间和更好的性能，而且能保证数据冗余。

27. RAID-0 代表了所有 RAID 级别中最差的存储性能。

28. RAID-5 有固定的奇偶校验盘。

29. RAID-6 有两种独立的奇偶校验信息块。

30. RAID-5 的数据安全性比 RAID-6 高。

练习与思考题参考答案

1. C	2. A	3. D	4. B	5. C	6. A	7. A	8. B	9. A	10. C
11. BC	12. ABCD	13. ABC	14. ABCDE	15. AB	16. ABCD	17. ABCD	18. ABCD	19. BCD	20. ABC
21. √	22. √	23. ×	24. ×	25. ×	26. ×	27. ×	28. ×	29. √	30. ×

任务 17

云计算虚拟化之KVM

该训练任务建议用 6 个学时完成学习。

17.1 任务来源

虚拟化是云计算中非常重要的技术，通过虚拟化技术将计算资源统一为云计算平台的计算资源池，通过云平台实现这些资源的统一管理和调度，从而实现资源的按需分配。

17.2 任务描述

云计算主流虚拟化方案 KVM 的功能、基本原理剖析，以及 OpenStack 与 KVM 之间的关系梳理。

17.3 能力目标

17.3.1 技能目标

完成本训练任务后，读者应当能（够）掌握以下技能。

1. 关键技能

（1）会创建虚拟化技术应用场景。

（2）会主流的虚拟化技术。

（3）会设计主流虚拟化方案。

2. 基本技能

（1）掌握常用虚拟化技术。

（2）会使用主流的虚拟化产品。

17.3.2 知识目标

完成本训练任务后，读者应当能（够）学会以下知识。

（1）会区别云计算与虚拟化。

（2）理解 KVM 虚拟化的原理。

（3）理解 OpenStack 与 KVM 之间的联系。

17.3.3 职业素质目标

完成本训练任务后，读者应当能（够）具备以下素质。

（1）具有守时、诚信、敬业精神。

（2）具有安全意识、质量意识、保密意识。

（3）遵守系统调试标准规范，养成严谨科学的工作态度。

（4）养成总结训练过程和结果的习惯，为再次实训总结经验。

（5）树立学习新知识、掌握新技能的自信心。

（6）培养喜爱云计算运维管理工作的心态。

17.4 任务实施

17.4.1 活动一 知识准备

虚拟化是指通过一系列技术将一台计算机虚拟为多台逻辑计算机，在一台计算机上同时运行多个逻辑计算机，每个逻辑计算机可运行不同的操作系统，并且应用程序都可以在相互独立的空间内运行而互不影响，从而显著提高计算机的工作效率。

虚拟化使用软件的方法重新定义划分 IT 资源，可以实现 IT 资源的动态分配、灵活调度、跨域共享，提高 IT 资源利用率，使 IT 资源能够真正成为经济社会发展的基础设施，服务于各行各业中灵活多变的应用需求。

17.4.2 活动二 示范操作

1. 活动内容

（1）掌握主流虚拟化技术。

（2）掌握 KVM 虚拟化原理。

（3）梳理清楚虚拟化与云计算之间的关系。

2. 操作步骤

（1）步骤一：虚拟化技术。虚拟化是一个广义的术语，是指计算机软件在虚拟的基础上而不是真实的环境中运行，是个为了简化管理、优化资源的解决方案。

虚拟化按照实现方案可以分为软件虚拟化和硬件虚拟化。

1）软件虚拟化。纯软件虚拟化，就是用纯软件的方法在现有的物理平台上（往往并不支持硬件虚拟化）实现对物理平台访问的截获和模拟。

常见的软件虚拟机例如 QEMU，它是通过纯软件来仿真 X86 平台处理器的取指、解码和执行，客户机的指令并不在物理平台上直接执行。由于所有的指令都是软件模拟的，因此性能往往比较差，但是可以在同一平台上模拟不同架构平台的虚拟机。

VMWare 的软件虚拟化则使用了动态二进制翻译的技术。虚拟机监控机在可控制的范围内，允许客户机的指令在物理平台上直接运行。但是，客户机指令在运行前会被虚拟机监控机扫描，其中突破虚拟机监控机限制的指令会被动态替换为可以在物理平台上直接运行的安全指令，或者替换为对虚拟机监控器的软件调用。这样做的好处是比纯软件模拟性能有大幅的提升，但是也同时失去了跨平台虚拟化的能力。

2）硬件虚拟化。硬件虚拟化，简而言之，就是物理平台本身提供了对特殊指令的截获和重定向的硬件支持。甚至新的硬件会提供额外的资源来帮助软件实现对关键硬件资源的虚拟化，从而提升性能。

以 X86 平台的虚拟化为例，支持虚拟技术的 X86 CPU 带有特别优化过的指令集来控制虚拟过程，通过这些指令集，VMM 会很容易将客户机置于一种受限制的模式下运行，一旦客户机试图访问物理资源，硬件会暂停客户机的运行，将控制权交回给 VMM 处理。VMM 还可以利用硬件的虚拟化增强机制，将客户机在受限模式下对一些特定资源的访问，完全由硬件重定向到 VMM 指定的虚拟资源，整个过程不需要暂停客户机的运行和 VMM 软件的参与。

由于虚拟化硬件可提供全新的架构，支持操作系统直接在上面运行，无需进行二进制转换，减少了相关的性能开销，极大简化了 VMM 设计，进而使 VMM 能够按通用标准进行编写，性能更加强大。

硬件虚拟化技术是一套解决方案。完整的情况需要 CPU、主板芯片组、BIOS 和软件的支持，例如 VMM 软件或者某些操作系统本身。即使只是 CPU 支持虚拟化技术，在配合 VMM 软件的情况下，也会比完全不支持虚拟化技术的系统有更好的性能。

（2）步骤二：KVM 虚拟化技术。KVM 是基于虚拟化拓展（Intel VT 或 AMD-V 硬件辅助虚拟化）的 x86 硬件，是 Linux 原始的全虚拟化解决方案。KVM 同时支持部分的准虚拟化。在 KVM 中，虚拟机被实现为常规的 Linux 进程，由标准 Linux 调度程序进行调度；虚机的每个虚拟 CPU 被实现为一个常规的 Linux 进程。这使得 KMV 能够使用 Linux 内核的已有功能。但是，KVM 本身不执行任何硬件模拟，需要客户空间程序通过/dev/KVM 接口设置一个客户机虚拟服务器的地址空间，向它提供模拟的 I/O，并将它的视频显示映射回宿主的显示屏，目前这个应用程序是 QEMU。

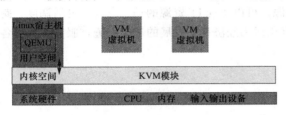

图 17-1　KVM 架构图

KVM 架构中，Linux 上的用户空间、内核空间和虚机之间的关系如图 17-1 所示。

- Guest：客户机系统，包括 CPU（vCPU）、内存、驱动（Console、网卡、I/O 设备驱动等），被 KVM 置于一种受限制的 CPU 模式下运行。
- KVM：运行在内核空间，提供 CPU 和内存的虚级化，以及客户机的 I/O 拦截。Guest 的 I/O 被 KVM 拦截后，交给 QEMU 处理。
- QEMU：修改过的为 KVM 虚机使用的 QEMU 代码，运行在用户空间，提供硬件 I/O 虚拟化，通过 IOCTL/dev/KVM 设备和 KVM 交互。

现代 CPU 本身有对特殊指令的截获和重定向的硬件支持，甚至新的硬件会提供额外的资源来帮助软件实现对关键硬件资源的虚拟化从而提高性能。以 X86 平台为例，支持虚拟化技术的 CPU 带有特别优化过的指令集来控制虚拟化过程。通过这些指令集，VMM 很容易将客户机置于一种受限制的模式下运行，一旦客户机试图访问物理资源，硬件会暂停客户机的运行，将控制权交回给 VMM 处理。VMM 还可以利用硬件的虚拟化增强机制，将客户机在受限模式下对一些特定资源的访问，完全由硬件重定向到 VMM 指定的虚拟资源，整个过程不需要暂停客户机的运行和 VMM 的参与。

1）QEMU-KVM。其实 QEMU 原本不是 KVM 的一部分，它自己就是一个纯软件实现的虚拟化系统，但是 QEMU 代码中包含整套的虚拟机实现，包括处理器虚拟化、内存虚拟化以及 KVM 需要使用到的虚拟设备模拟（网卡、显卡、存储控制器和硬盘等）。

为了简化代码，KVM 在 QEMU 的基础上做了修改。VM 运行期间，QEMU 会通过 KVM 模块提供的系统调用进入内核，由 KVM 负责将虚拟机置于处理的特殊模式运行。遇到虚拟机进行 I/O 操作，KVM 会从上次的系统调用出口处返回 QEMU，由 QEMU 来负责解析和模拟这些设备。

2）KVM。KVM 内核模块在运行时按需加载进入内核空间运行。KVM 本身不执行任何设备模拟，需要 QEMU 通过/dev/KVM 接口设置一个 GUEST OS 的地址空间，向它提供模拟的 I/O 设备，并将它的视频显示映射回宿主机的显示屏，它是 KVM 虚拟机的核心部分，其主要功能是初始化 CPU 硬件，打开虚拟化模式，然后将虚拟客户机运行在虚拟机模式下，并对虚拟机的运行提供一定的支持。

除了 CPU 的虚拟化，内存虚拟化也由 KVM 实现。实际上，内存虚拟化往往是一个虚拟机实现中最复杂的部分。CPU 中的内存管理单元 MMU 是通过页表的形式将程序运行的虚拟地址转换成实际物理地址。在虚拟机模式下，MMU 的页表则必须在一次查询的时候完成两次地址转换。因为除了将客户机程序的虚拟地址转换了客户机的物理地址外，还要将客户机物理地址转化成真实物理地址。

KVM 所支持的功能包括：
- 支持 CPU 和 memory 超分（Overcommit）。
- 支持半虚拟化 I/O（virtio）。
- 支持热插拔（CPU、块设备、网络设备等）。
- 支持对称多处理（Symmetric Multi-Processing，缩写为 SMP）。
- 支持实时迁移（Live Migration）。
- 支持 PCI 设备直接分配和单根 I/O 虚拟化（SR-IOV）。
- 支持内核同页合并（KSM）。
- 支持 NUMA（Non-Uniform Memory Access，非一致存储访问结构）。

KVM 管理工具集包括如下几项。
- libvirt：操作和管理 KVM 虚机的虚拟化 API，使用 C 语言编写，可以由 Python、Ruby、Perl、PHP、Java 等语言调用。可以操作包括 KVM、vmware、XEN、Hyper-v、LXC 等 Hypervisor。
- Virsh：基于 libvirt 的命令行工具（CLI）。
- Virt-Manager：基于 libvirt 的 GUI 工具。
- virt-v2v：虚机格式迁移工具。
- virt-* 工具：包括 Virt-install（创建 KVM 虚机的命令行工具），Virt-viewer（连接到虚机屏幕的工具），Virt-clone（虚机克隆工具），virt-top 等。
- sVirt：安全工具。

（3）步骤三：虚拟化与云计算的关系。

1）云计算和虚拟化的概念。云计算是一个科技领域信息化概念，是由谷歌提出的网络应用模式。狭义上的云计算主要是指 IT 设施的使用模式和交付，指通过网络以易扩展、按需方式获得的 IT 基础设施。广义上的云计算主要是指服务的使用模式和交付，指通过网络以易扩展、按需方式取得的服务。这种服务能够是互联网、软件和 IT 相关的，也能够是其他的服务，它具有安全可靠、虚拟化、超大规模等特性。云计算是负载均衡、虚拟化、网络存储、效用计算、并行计算、分布计算、网格计算等技术发展的产物。它通过网络将多个计算实体整合为一个计算能力强大的系统，借助商业模式将这种计算能力部署到用户手中。

虚拟化是云计算系统的重要组成部分之一，是将各种存储资源和各种计算有效整合和进行利用的技术。虚拟化在计算机中，是虚拟版本，并不是实际创建的版本，比如网络资源、储存设备、中间件、操作系统、硬件平台等。虚拟化以集中管理任务为目标，同时提高工作负载和可扩展性。计算机技术的迅速发展，虚拟化也在计算机中获得良好发展，在软件与硬件上、在网络系统与服务器系统上、在存储系统和主机系统上，都能够看见虚拟化技术的存在。通过虚拟化，可以有效提高系统的管理方便性、设备复用性以及动态扩展性。虚拟化有以下几个作用：

- 提高软件和硬件的利用率。
- 可以有效解决硬件不足的问题。
- 方便系统的容灾、迁移以及部署。
- 方便动态扩展，实现资源整合。
- 资源复用的实现。
- 作用域隔离的实现。

2）通过虚拟化实现云计算。从上一节内容可以看出，云计算其实是一种信息的服务模式，怎么从技术上实现这种模式，是云计算的关键问题。在云计算技术架构中，需要解决的问题主要有两个，第一是资源整合。通过整合数据资源，使这些资源成为系统资源池；第二是统一资源。将同类资源集合到一起，实现统一入口。

云计算服务包括基础设施即服务、软件即服务、平台即服务这三大类服务模式。

基础设施，就是硬件设施，包括网络系统、存储系统以及服务器系统，采用虚拟化，建立存储系统和服务器系统相统一的设施云，并且通过网络提供给用户。用户获取的资源不是物理系统，而是一个虚拟系统，该系统从用户端看与物理系统没有任何差别，完全可以作为物理系统来使用。

软件服务，就是把软件作为服务，改变传统的买为租的形式，是众多服务商提供的服务，也是云计算最广泛的实现方式。将软件变成一种服务，主要在于软件的相关业务和数据存储均在云端，用户通过简易的客户端或者浏览器，就可以进行操作和访问。由此可见，全部计算都在云端，所以云端承受的计算能力要保证充分满足计算要求。移动终端的迅速发展，比如平板电脑和智能手机的发展，这种客户端占据了大量的访问量，怎么提高性能问题是服务的关键。通常单一硬件无法实现大量的计算要求，所以，要通过多个数据中心或者多个硬件来共同服务，这是解决的必须路径，负载均衡可以有效解决这类问题。负载均衡是虚拟化的一种，与其他传统的虚拟化不同，它是汇聚型虚拟化，解决单一系统不能满足要求的问题。通过负载均衡，可以将处于不同数据中心、不同机器的相同服务汇聚一起，提供统一入口，用户能够通过统一入口进行访问。

平台服务，就是应用运行平台，主要包括了操作系统和中间件等。通过对此类软件的虚拟化，构建统一的虚拟服务和公共平台，用户可以部署其应用，无需自维护平台和构建平台，所有的工作都由云端进行处理。通过在硬件平台进行部署各种数据库系统和应用服务器等，一些软件能够通过创建实例来进行虚拟服务，每个虚拟服务彼此相对隔离，可以为不同用户提供不同应用。可以看出，平台服务是一种放射型虚拟化技术，通过这种虚拟化技术，能够实现平台的云计算。

17.4.3　活动三　能力提升

根据以上的介绍，理解 KVM 虚拟化技术的原理和虚拟化技术在 OpenStack 中的具体体现。具体要求如下：

（1）理解 KVM 的设计架构。

（2）理解 KVM 虚拟化技术的原理。

（3）理解虚拟化技术与云计算的关系。

17.5　效果评价

效果评价参见任务 1，评价标准见附录任务 17。

17.6 相关知识与技能

17.6.1 Xen 虚拟化技术

Xen 是一个由剑桥大学开发的开放源代码虚拟机监视器，它采用 ICA 协议，通过一种叫作准虚拟化的技术获得高性能，甚至在某些与传统虚拟技术极度不友好的架构上（x86），Xen 也有上佳的表现。

Xen 虚拟机可以在不停止的情况下在多个物理主机之间实时迁移，在操作过程中，虚拟机在没有停止工作的情况下内存被反复的复制到目标机器。虚拟机在最终目的地开始执行之前，会有一次 60～300ms 的非常短暂的暂停以执行最终的同步化，给人一种无缝迁移的感觉。

XEN 是一个基于 X86 架构、发展最快、性能最稳定、占用资源最少的开源虚拟化技术。Xen 可以在一套物理硬件上安全地执行多个虚拟机，与 Linux 是一个完美的开源组合，Novell SUSE Linux Enterprise Server 最先采用了 XEN 虚拟技术。它特别适用于服务器应用整合，可有效节省运营成本，提高设备利用率，最大化利用数据中心的 IT 基础架构。

XEN 可以在一套物理硬件上安全地执行多个虚拟机，它和操作平台结合得极为密切，占用的资源最少。编写文档时稳定版本为 XEN3.0，支持万贯虚拟化和超虚拟化，XEN 以高性能、占用资源少著称，赢得了 IBM、AMD、HP、Red Hat 和 Novell 等众多世界级软硬件厂商的高度认可和大力支持，已被国内外众多企事业用户用来搭建高性能的虚拟化平台。

17.6.2 VMware 虚拟化技术介绍

VMware（Virtual Machine ware）是 VMware 软件公司提供的虚拟化解决方案。VMware 虚拟化是直接在计算机硬件或主机操作系统上面导入一个精简的软件层，它包含一个以动态和透明方式分配硬件资源的虚拟机监视器，从而实现多个操作系统同时运行在同一台物理机上，彼此之间共享硬件资源。

VMware 于 1999 年首次将虚拟化技术引入到 x86 计算平台上，VMware 虚拟化将操作系统从运行它的底层硬件中抽离出来，并为操作系统及其应用程序提供标准化的虚拟硬件，从而使多台虚拟机能够在一台或多台共享处理器上同时独立运行。

在所有通过虚拟化技术对 IT 环境进行优化和管理的软件中，VMware 虚拟化技术得到了相当广泛的应用，从桌面环境到数据中心均有涉及。

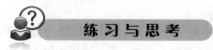

练 习 与 思 考

一、单选题（10 道）

1. KVM 是基于虚拟化拓展（Intel VT 或 AMD-V 硬件辅助虚拟化）的（   ）硬件，是 Linux 原始的全虚拟化解决方案。

    A. ARM   B. x86   C. PowerPC   D. IA-64

2. 在全虚拟化环境中，hypervisor 可以捕获（   ），为指令访问硬件控制器和外设充当中介。

    A. 操作系统指令   B. I/O 指令   C. 内存指令   D. CPU 指令

3. 在完全虚拟化的环境下，hypervisor 运行在（   ）之上充当主机操作系统；而 hypervisor 管理的虚拟服务器运行客户端操作系统（guest OS）。

A. 操作系统命名空间　　　　　　　B. 软件模拟环境

C. 裸硬件　　　　　　　　　　　D. 操作系统

4. 随着硬件虚拟化技术的逐渐演化，运行于 Intel 平台的（　　）性能已经超越了准虚拟化产品，这一点在 64 位操作系统上显得尤其突出。

A. 全虚拟化　　　B. 半虚拟化　　　C. 辅助虚拟化　　　D. 软件虚拟化

5. 软件虚拟化可以在缺乏硬件虚拟化支持的平台上完全通过（　　）软件来实现对各个虚拟机的监控，以保证它们之间彼此独立和隔离。

A. MGMT　　　B. OS　　　C. hypervisor　　　D. VMM

6. 准虚拟化弱化了对虚拟机特殊指令的被动截获要求，将其转化成客户机操作系统的主动通知。但是，准虚拟化需要（　　）来实现主动通知。

A. 修改宿主机机操作系统的源代码　　　B. 修改客户机操作系统的源代码

C. 修改 hypervisor 的源代码　　　　　D. 修改客户机 CPU 指令集

7. （　　）为客户机提供了完整的 x86 服务平台，包括处理器、内存和各种外设，支持运行任何理论上可在真实物理平台上运行的操作系统，为虚拟机的配置提供了最大程度的灵活性。

A. 全虚拟化　　　B. 半虚拟化　　　C. 辅助虚拟化　　　D. 软件虚拟化

8. 在 KVM 中，虚拟机被实现为常规的 Linux 进程，由标准 Linux 调度程序进行调度，虚拟机的每个虚拟 CPU 被实现为（　　）个常规的 Linux 进程。

A. 4　　　B. 3　　　C. 2　　　D. 1

9. KVM 本身不执行任何硬件模拟，需要客户空间程序通过接口（　　）设置一个客户机虚拟服务器的地址空间，向它提供模拟的 I/O，并将它的视频显示映射回宿主的显示屏。

A. /dev/KVM　　　B. /etc/KVM　　　C. /home/KVM　　　D. /KVM

10. VMWare 的软件虚拟化使用了（　　）技术。

A. 静态二进制翻译　　　　　　　B. 动态二进制翻译

C. 动态二进制编码　　　　　　　D. 静态二进制编码

二、多选题（10 道）

11. 虚拟化按照实现方案可以分为（　　）。

A. 软件虚拟化　　　B. 半虚拟化　　　C. 全虚拟机　　　D. 辅助虚拟化

E. 硬件虚拟化

12. 虚拟化按照虚拟化程度可以划分为（　　）。

A. 软件虚拟化　　　B. 全虚拟化　　　C. 半虚拟化　　　D. 硬件虚拟化

E. 辅助虚拟化

13. Xen 是开源准虚拟化技术的一个例子，操作系统作为虚拟服务器在 Xen Hypervisor 上运行之前，它必须在内核层面进行某些改变。因此，Xen 适用于以下（　　）开源操作系统。

A. BSD　　　B. Linux　　　C. Solaris　　　D. Windows

E. UNIX

14. 全虚拟化为客户机提供了完整的 x86 服务平台，包括（　　）等各种硬件设备，支持运行任何理论上可在真实物理平台上运行的操作系统，为虚拟机的配置提供了最大程度的灵活性。

A. 处理器　　　B. 磁盘　　　C. 内存　　　D. 网络设备

E. I/O 设备

15. KVM 支持以下（　　）硬件辅助虚拟化技术。

A. VME　　　B. VMCS　　　C. IBM-power　　　D. Intel-VT

E. AMD-V

16. KVM 运行在宿主机内核空间，提供（　　）和（　　）的虚级化，以及客户机的 I/O 拦截。Guest 的 I/O 被 KVM 拦截后，交给 QEMU 处理。

    A. 磁盘　　　　　　　B. CPU　　　　　　　　C. 内存　　　　　　　D. 网络设备

    E. 显示设备

17. KVM 所支持的功能包括（　　）。

    A. 支持 CPU 和 memory 超分（Overcommit）

    B. 支持半虚拟化 I/O（virtio）

    C. 支持热插拔（CUP，块设备、网络设备等）

    D. 支持对称多处理（Symmetric Multi-Processing，缩写为 SMP）

    E. 支持实时迁移（Live Migration）

18. KVM 管理工具集包括（　　）。

    A. 操作和管理 KVM 虚机的虚拟化 API libvirt

    B. 基于 libvirt 的命令行工具（CLI）virsh

    C. 基于 libvirt 的 GUI 工具 virt-manager

    D. 虚机格式迁移工具 virt-v2v

    E. 安全工具 sVirt

19. 以下属于虚拟化作用的有（　　）。

    A. 提高软件和硬件的利用率　　　　　　B. 可以有效解决硬件不足的问题

    C. 方便系统的容灾、迁移以及部署　　　　D. 方便动态扩展，实现资源整合

    E. 资源复用及作用域隔离的实现

20. 云计算服务包括（　　）。

    A. 基础设施即服务　　　　　　　　　　B. 软件即服务

    C. 平台即服务　　　　　　　　　　　　D. 资源即服务

    E. 网络即服务

三、判断题（10 道）

21. Xen 是开源准虚拟化技术的一个例子。

22. 操作系统作为虚拟服务器在 Xen Hypervisor 上运行之前，它不需要在内核层面进行修改即可运行。

23. Xen 适用于 BSD、Linux、Solaris 及其他开源操作系统，但不适合对像 Windows 这些专有的操作系统进行虚拟化处理，因为它们不公开源代码，所以无法修改其内核。

24. KVM 是基于虚拟化拓展（Intel VT 或 AMD-V 硬件辅助虚拟化）的 x86 硬件，是 Linux 原始的全虚拟化解决方案。

25. KVM 只支持全虚拟化技术。

26. 虚拟化是指通过特定的技术将一台计算机虚拟为多台逻辑计算机。

27. 云计算服务主要包括基础设施即服务、软件即服务、平台即服务这三大类。

28. 在云计算技术架构中，实现云计算需要解决的问题有两个，第一是资源整合。通过整合数据资源，使这些资源成为系统资源池；第二是分散资源。将同类资源分散管理，实现多入口。

29. Virt-Manager 是一个命令行的虚拟机管理工具。

30. KVM 不支持内核同页合并（KSM）。

练习与思考题参考答案

1. B	2. D	3. C	4. A	5. D	6. B	7. A	8. D	9. A	10. B
11. AE	12. BC	13. ABC	14. ABCDE	15. DE	16. BC	17. ABCDE	18. ABCDE	19. ABCDE	20. ABC
21. √	22. ×	23. √	24. √	25. ×	26. √	27. √	28. ×	29. ×	30. ×

任务 18

KVM管理工具之libvirt

该训练任务建议用 9 个学时完成学习。

18.1 任务来源

原生的 qemu-kvm 命令行工具对于管理 kvm 虚拟机时有非常复杂的配置参数，这些参数对于刚接触 kvm 的初学者来说是一件有难度的事情。通过使用 libvirt 这样高效的管理工具，对 kvm 虚拟机的全生命周期管理会更加高效。

18.2 任务描述

通过对 libvirt 原理的理解，使用 libvirt 工具对本地 kvm 虚拟机进行全生命周期管理、远程节点的管理、存储资源的管理和网络资源管理等操作。

18.3 能力目标

18.3.1 技能目标

完成本训练任务后，读者应当能（够）掌握以下技能。

1. 关键技能

（1）会通过源码方式安装 libvirt 工具。

（2）会配置 libvirt 相关配置文件。

（3）会 qemu-kvm 命令行管理工具的使用。

2. 基本技能

（1）会使用 Linux 系统。

（2）会通过 yum 方式安装 libvirt 工具。

（3）会 kvm 虚拟化环境的安装和部署。

18.3.2 知识目标

完成本训练任务后，读者应当能（够）学会以下知识。

（1）理解 kvm 虚拟机全生命周期的管理流程。

（2）理解 kvm 虚拟化技术的原理。

（3）掌握常用的 KVM 虚拟机管理工具。

（4）理解 libvirt 工具相关 API。

18.3.3 职业素质目标

完成本训练任务后，读者应当能（够）具备以下素质。

（1）具有守时、诚信、敬业精神。

（2）具有安全意识、质量意识、保密意识。

（3）遵守系统调试标准规范，养成严谨科学的工作态度。

（4）养成总结训练过程和结果的习惯，为再次实训总结经验。

（5）树立学习新知识、掌握新技能的自信心。

（6）培养喜爱云计算运维管理工作的心态。

18.4 任务实施

18.4.1 活动一 知识准备

libvirt 是目前使用最为广泛的对 KVM 虚拟机进行管理的工具和应用程序接口（API），而且一些常用的虚拟机管理工具（如 virsh、virt-install、virt-manager 等）和云计算框架平台（如 OpenStack、OpenNebula、Eucalyptus 等）都在底层使用 libvirt 的应用程序接口。libvirt 是为了更方便地管理平台虚拟化技术而设计的开放源代码的应用程序接口、守护进程和管理工具，它不仅提供了对虚拟化客户机的管理，也提供了对虚拟化网络和存储的管理。

libvirt 本身提供了一套较为稳定的 C 语言应用程序接口，目前，在其他一些流行的编程语言中也提供了对 libvirt 的绑定，在 Python、Perl、Java、Ruby、PHP、OCaml 等高级编程语言中已经有 libvirt 的程序库可以直接使用。libvirt 还提供了基于 AMQP（高级消息队列协议）的消息系统（如 Apache Qpid）提供 QMF 代理，这可以让云计算管理系统中宿主机与客户机、客户机与客户机之间的消息通信变得更易于实现。libvirt 还为安全地远程管理虚拟客户机提供了加密和认证等安全措施。正是由于 libvirt 拥有这些强大的功能和较为稳定的应用程序接口，而且它的许可证（license）也比较宽松，libvirt 的应用程序接口已被广泛地用在基于虚拟化和云计算的解决方案中，主要作为连接底层 Hypervisor 和上层应用程序的一个中间适配层。

libvirt 对多种不同的 Hypervisor 的支持是通过一种基于驱动程序的架构来实现的。libvirt 对不同的 Hypervisor 提供了不同的驱动：对 Xen 有 Xen 的驱动，对 QEMU/KVM 有 QEMU 驱动，对 VMware 有 VMware 驱动。在 libvirt 源代码中，可以很容易找到 qemu_driver. c、xen_driver. c、xenapi_driver. c、vmware_driver. c、vbox_driver. c 这样的驱动程序源代码文件。

libvirt 作为中间适配层，让底层 Hypervisor 对上层用户空间的管理工具是可以做到完全透明的，因为 libvirt 屏蔽了底层各种 Hypervisor 的细节，为上层管理工具提供了一个统一的、较稳定的接口（API）。通过 libvirt，一些用户空间管理工具可以管理各种不同的 Hypervisor 和上面运行的客户机，它们之间基本的交互框架如图 18-1 所示。

18.4.2 活动二 示范操作

1. 活动内容

通过对 libvirt 工具原理的理解，详细介绍 libvirt 工具的命令使用方法。具体讲解内容如下：

（1）介绍 libvirt 工具管理 kvm 虚拟机各种资源的原理。

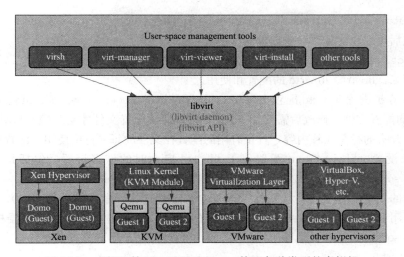

图 18-1　虚拟机管理工具通过 libvirt 管理各种类型的虚拟机

（2）介绍 libvirt 工具命令的使用。

2. 操作步骤

（1）步骤一：libvirt 的安装。

1）源码安装。源码安装 Libvirt，首先需要安装好依赖环境。安装依赖环境命令如下：

```
yum install -y build-essential python-dev libxml2-devlibxslt-dev\
tgt lvm2 python-lxml unzip python-mysqldb mysql-client memcached\
openssl expect iputils-arping python-xattr python-lxml kvm gawk\
iptablesebtables sqlite3 sudo curl socat python-libxml2\
iscsitarget iscsitarget-dkms open-iscsi build-essential libxml2\
libxml2-devmakefakeroot dkms openvswitch-switch openvswitch-\
datapath-dkms libxslt1.1 libxslt1-dev vlan gnutls-bin libgnutls-dev\
cdbs debhelper libncurses5-dev libreadline-dev libavahi-client-dev\
libparted0-devlibdevmapper-dev libudev-dev libpciaccess-dev\
libcap-ng-dev libnl-3-dev libapparmor-dev python-all-dev libxen-dev\
policykit-1libyajl-dev libpcap0.8-dev libnuma-dev radvd\
libxml2-utils libnl-route-3-200 libnl-route-3-dev libnuma1 numactl\
libnuma-dbg libnuma-dev dh-buildinfo expect\
ebtables iptables iputils-ping iputils-arping dnsmasq-base\
dnsmasq-utils
```

依赖包安装完成之后，再下载 Libvirt 的源代码［源码位于 http://libvirt.org/\sources/］。

```
wget http://libvirt.org/sources/libvirt-1.2.7.tar.gz
```

当下载完成之后，可以采用如下方式进行安装。

```
#./configure-prefix=/libvirt/libvirt-1.2.7/
#make
#make install
#/libvirt/libvirt-1.2.7/sbin/libvirtd
```

2）yum 安装。使用如下命令安装 libvirt：

＃yum install -ylibvirt qemu virt-manager

安装完成后可以通过如下命令启动其服务：

＃systemctl start libvirtd. service

（2）步骤二：libvirt、libvirtd 的配置和使用。

1）libvirt 守护进程 libvirtd 配置文件/etc/libvirt/libvirtd. conf。libvirtd. conf 是 libvirt 的守护进程 libvirtd 的配置文件，修改后需要让 libvirtd 重新加载配置文件才会生效。libvirtd. conf 文件中，用"＃"开头的行是注释内容，真正有用的配置在文件的每一行中使用"配置项＝值"这样配对的格式来设置。libvirtd. conf 配置值了 libvirtd 启动时的许多设置，包括是否建立 TCP、UNIX domain socket 等连接方式及其最大连接数以及这些连接的认证机制等。

例如下面的几个配置项，表示关闭 TLS 安全认证的连接（默认值是打开的）、打开 TCP 连接（默认是关闭 TCP 连接的），设置 TCP 监听的端口，TCP 连接不使用认证授权方式，设置 UNIX domain socket 的保存目录等。

listen_tls = 0

listen_tcp = 1

tcp_port = "16666"

unix_sock_dir = "/var/run/libvirt"

auth_tcp = "none"

上面配置选项让 UNIX socket 放到/var/run/libvirt 目录下，启动 libvirtd 并检验配置是否生效，命令行操作如下：

＃libvirtd-listen-d

2）libvirt 对 QEMU 驱动配置文件/etc/libvirt/qemu. conf。qemu. conf 是 libvirt 对 QEMU 的驱动的配置文件，包括 VNC、SPICE 等和连接它们时采用的权限认证方式的配置，也包括内存大页、SELinux、Cgroups 等相关配置。

3）/etc/libvirt/qemu/目录。qemu 目录下是存放使用 QEMU 驱动的域的配置文件，查看 qemu 目录如下：

＃ ls /etc/libvirt/qemu/

networks   rhel6u3-1. xml   rhel6u3-2. xml

其中包括了两个域的 XML 配置文件（rhel6u3-1. xml 和 rhel6u3-2. xml），这是编者用 virt-manager 工具创建的两个域，默认会将其配置文件保存到/etc/libvirt/qemu/目录下，而其中的 networks 目录是保存了创建一个域时默认使用的网络配置。

（3）步骤三：libvirt API。libvirt 的核心价值和主要目标就是提供了一套管理虚拟机的、稳定的、高效的应用程序接口（API）。libvirt API 本身是用 C 语言实现的，本节提供了最核心的 C 语言接口的 API 为例做简单的解释。

libvirt API 大致可划分为如下八个部分。

1）连接 Hypervisor 相关的 API：以 virConnect 开头的一系列函数。只有与 Hypervisor 建立了连接之后，才能进行虚拟机管理操作，所以连接 Hypervisor 的 API 是其他所有 API 使用的前提条件。与 Hypervisor 建立的连接是为其他 API 的执行提供了路径，是其他虚拟化管理功能的基础。通过调用 virConnectOpen 函数可以建立一个连接，其返回值是一个 virConnectPtr 对象，该对象就代表到 Hypervisor 的一个连接；如果连接出错，则返回空值（NULL），而 virConnectOpenReadOnly 函数会建立一个只读的连接，在该连接上可以使用一些查询的功能，而不使用创建、修改等功能。virConnectGetCapabilities 函数是返回对 Hypervisor 和驱动的功能的描述的

XML 格式的字符串。virConnectListDomains 函数返回一列域标识符，它们代表该 Hypervisor 上的活动域。

2）域管理的 API：以 virDomain 开头的一系列函数。虚拟机的管理，最基本的职能就是对各个节点上的域的管理，故 libvirt API 中实现了很多针对域管理的函数。要管理域，首先就要获取 virDomainPtr 这个域对象，然后才能对域进行操作。读者有很多种方式来获取域对象，如 virDomainPtr virDomainLookupByID（virConnectPtr conn，int id）函数是根据域的 id 值到 conn 这个连接上去查找相应的域。类似地，virDomainLookupByName、virDomainLookupByUUID 等函数分别是根据域的名称和 UUID 去查找相应的域。在得到了某个域的对象后，就可以进行很多的操作，可以是查询域的信息（如 virDomainGetHostname、virDomainGetInfo、virDomainGetVcpus、virDomainGetVcpusFlags、virDomainGetCPUStats，等等），也可以是控制域的生命周期（如 virDomainCreate、virDomainSuspend、virDomainResume、virDomainDestroy、virDomainMigrate 等）。

3）节点管理的 API：以 virNode 开头的一系列函数。域是运行在物理节点之上，libvirt 也提供了对节点的信息查询和控制的功能。节点管理的多数函数都需要使用一个连接 Hypervisor 的对象作为其中的一个传入参数，以便可以查询或修改到该连接上的节点的信息。virNodeGetInfo 函数是获取节点的物理硬件信息，virNodeGetCPUStats 函数可以获取节点上各个 CPU 的使用统计信息，virNodeGetMemoryStats 函数可以获取节点上的内存的使用统计信息，virNodeGetFreeMemory 函数可以获取节点上可用的空闲内存大小。也有一些设置或者控制节点的函数，如 virNodeSetMemoryParameters 函数可以设置节点上的内存调度的参数，virNodeSuspendForDuration 函数可以让节点（宿主机）暂停运行一段时间。

4）网络管理的 API：以 virNetwork 开头的一系列函数和部分以 virInterface 开头的函数。libvirt 对虚拟化环境中的网络管理也提供了丰富的 API。libvirt 首先需要创建 virNetworkPtr 对象，然后才能查询或控制虚拟网络。一些查询网络相关信息的函数，如：virNetworkGetName 函数可以获取网络的名称，virNetworkGetBridgeName 函数可以获取该网络中网桥的名称，virNetworkGetUUID 函数可以获取网络的 UUID 标识，virNetworkGetXMLDesc 函数可以获取网络的以 XML 格式的描述信息，virNetworkIsActive 函数可以查询网络是否正在使用中。一些控制或更改网络设置的函数，有 virNetworkCreateXML 函数可以根据提供的 XML 格式的字符串创建一个网络（返回 virNetworkPtr 对象），virNetworkDestroy 函数可以销毁一个网络（同时也会关闭使用该网络的域），virNetworkFree 函数可以回收一个网络（但不会关闭正在运行的域），virNetworkUpdate 函数可根据提供的 XML 格式的网络配置来更新一个已存在的网络。另外，virInterfaceCreate、virInterfaceFree、virInterfaceDestroy、virInterfaceGetName、virInterfaceIsActive 等函数可以用于创建、释放和销毁网络接口，以及查询网络接口的名称和激活状态。

5）存储卷管理的 API：以 virStorageVol 开头的一系列函数。libvirt 对存储卷（volume）的管理，主要是对域的镜像文件的管理，这些镜像文件可能是 raw、qcow2、vmdk、qed 等各种格式。libvirt 对存储卷的管理，首先需要创建 virStorageVolPtr 这个存储卷的对象，然后才能对其进行查询或控制操作。libvirt 提供了 3 个函数来分别通过不同的方式来获取存储卷对象，如：virStorageVolLookupByKey 函数可以根据全局唯一的键值来获得一个存储卷对象，virStorageVolLookupByName 函数可以根据名称在一个存储资源池（storagepool）中获取一个存储卷对象，virStorageVolLookupByPath 函数可以根据它在节点上路径来获取一个存储卷对象。有一些函数用于查询存储卷的信息，如：virStorageVolGetInfo 函数可以查询某个存储卷的使用情况，virStorageVolGetName 函数可以获取存储卷的名称，virStorageVolGetPath 函数可以获取存储卷的路径，virStorageVolGetConnect 函数可以查询存储卷的连接。一些函数用于创建和修改存储卷，如：virStorageVolCreateXML 函数可以根据提供的 XML 描述来创建一个存储卷，virStorageVolFree 函数可以释放存储卷的句柄（但是存储卷依然存在），virStorageVolDelete 函数可以删除一个存储卷，virStorageVolResize 函数可以调整存储卷的大小。

6）存储池管理的 API：以 virStoragePool 开头的一系列函数。libvirt 对存储池（pool）的管理，包括对本地的基本文件系统、普通网络共享文件系统、iSCSI 共享文件系统、LVM 分区等的管理。libvirt 需要基于 virStoragePoolPtr 这个存储池对象才能进行查询和控制操作。一些函数可以通过查询获取一个存储池对象，如：virStoragePoolLookupByName 函数可以根据存储池的名称来获取一个存储池对象，virStoragePoolLookupByVolume 可以根据一个存储卷返回其对应的存储池对象。virStoragePoolCreateXML 函数可以根据 XML 描述来创建一个存储池（默认已激活），virStoragePoolDefineXML 函数可以根据 XML 描述信息静态地定义个存储池（尚未激活），virStoragePoolCreate 函数可以激活一个存储池。virStoragePoolGetInfo、virStoragePoolGetName、virStoragePoolGetUUID 等函数可以分别获取存储池的信息、名称和 UUID 标识。virStoragePoolIsActive 函数可以查询存储池是否处于使用中的状态。virStoragePoolFree 函数可以释放存储池相关的内存（但是不改变其在宿主机中的状态），virStoragePoolDestroy 函数可以用于销毁一个存储池（但并没有释放 virStoragePoolPtr 对象，之后还可以用 virStoragePoolCreate 函数重新激活它），virStoragePoolDelete 函数可以物理删除一个存储池资源（该操作不可恢复）。

7）事件管理的 API：以 virEvent 开头的一系列函数。libvirt 支持事件机制，使用该机制注册之后，可以在发生特定的事件（如域的启动、暂停、恢复、停止等）之时，得到自己定义的一些通知。

8）数据流管理的 API：以 virStream 开头的一系列函数。libvirt 还提供了一系列函数用于数据流的传输。

18.4.3 活动三　能力提升

根据以上内容介绍，自行安装 libvirt 工具集，具体要求如下：
（1）采用源码方式重新安装 libvirt 工具。
（2）采用 yum 方式重新安装一遍 libvirt 工具。
（3）根据以上内容介绍，配置 libvirt 工具的相关配置文件。

18.5　效果评价

效果评价参见任务 1，评价标准见附录任务 18。

18.6　相关知识与技能

libvirt Python API 的使用

许多编程语言都提供了 libvirt 的绑定，Python 作为一种在 Linux 上比较流行的编程语言，它也提供了 libvirt API 的绑定。在使用 Python 调用 libvirt 之前，需要安装 libvirt-python 软件包。

本示例是基于 centos7.3 系统自带 libvirt 和 libvirt-python 软件包来进行的，对 libvirt-python 以及 Python 中的 libvirt API 文件的查询，命令行如下：

```
# rpm-qlibvirt-python
libvirt-python-0.9.10-21.el6.x86_64
# ls /usr/lib64/python2.6/site-packages/libvirt*
```

/usr/lib64/python2.6/site-packages/libvirtmod_qemu.so   /usr/lib64/python2.6/site-packages/libvirt.pyo

/usr/lib64/python2.6/site-packages/libvirtmod.so   /usr/lib64/python2.6/site-packages/libvirt_qemu.py

/usr/lib64/python2.6/site-packages/libvirt.py   /usr/lib64/python2.6/site-packages/libvirt_qemu.pyc

/usr/lib64/python2.6/site-packages/libvirt.pyc   /usr/lib64/python2.6/site-packages/libvirt_qemu.pyo

如下是本次示例使用的一个 Python 小程序（libvirt-test.py），用于通过调用 libvirt Python API 来查询域的一些信息。该示例 Python 程序的源代码如下：

```python
#!/usr/bin/python
# Get domain info vialibvirt python API.
# Tested with python2.6 and libvirt-python-0.9.10 on a KVM host.
importlibvirt
import sys
defcreateConnection():
conn = libvirt.openReadOnly(None)
if conn == None:
print 'Failed to open connection to QEMU/KVM'
sys.exit(1)
else:
print '---Connection is created successfully---'
returnconn
def closeConnnection(conn):
print "
try:
conn.close()
except:
print 'Failed to close the connection'
return 1
print 'Connection is closed'
def getDomInfoByName(conn, name):
print "
print '--------- get domain info by name ---------"'
try:
myDom = conn.lookupByName(name)
except:
print 'Failed to find the domain with name "%s" ' % name
return 1
print "Dom id: %d   name: %s" % (myDom.ID(), myDom.name())
print "Dom state: %s" % myDom.state(0)
```

```
print "Dom info：%s" % myDom.info()
print "memory：%d MB" % (myDom.maxMemory()/1024)
print "memory status：%s" % myDom.memoryStats()
print "vCPUs：%d" % myDom.maxVcpus()

def getDomInfoByID(conn, id)：
print "
print '————- get domain info by ID ————-"'
try：
myDom = conn.lookupByID(id)
except：
print 'Failed to find the domain with ID " %d " ' % id
return 1

print "Domain id is %d；Name is %s" % (myDom.ID(), myDom.name())

if_name_ == '_main_'：
name1 = "kvm-guest"
name2 = "notExist"
id1 = 3
id2 = 9999
print "—Get domain info via libvirt python API—"
conn = createConnection()
getDomInfoByName(conn, name1)
getDomInfoByName(conn, name2)
getDomInfoByID(conn, id1)
getDomInfoByID(conn, id2)
closeConnnection(conn)
```

该示例程序比较简单，只是简单地调用 libvirt Python API 获取一些信息，这里唯一需要注意的是"import libvirt"语句引入了 libvirt.py 这个 API 文件，然后才能够使用 libvirt.openReadOnly、conn.lookupByName 等 libvirt 中的方法。

获得该示例 Python 程序后，运行该程序（libvirt-test.py），查看其运行结果，命令行操作如下：

```
# python libvirt-test.py 2>/dev/null
—Get domain info via libvirt python API—
—-Connection is created successfully—-

————- get domain info by name ————-"
Dom id：3    name：kvm-guest
Dom state：[1, 1]
Dom info：[1, 1048576L, 1048576L, 4, 257070000000L]
```

```
memory: 1024 MB
memory status: {'actual': 1048576L, 'rss': 680228L}
vCPUs: 4
----------- get domain info by name ----------"
Failed to find the domain with name "notExist"


----------- get domain info by ID ----------"
Domain id is 3 ; Name is kvm-guest
----------- get domain info by ID ----------"
Failed to find the domain with ID "9999"
Connection is closed
```

练习与思考

一、单选题（10 道）

1. libvirt 是一个免费的开源的软件，使用的许可证是（　　）。

   A. Apache2　　　B. Apache　　　C. GPL　　　D. LGPL

2. 使用 yum 方式安装 libvirt 软件，其配置文件默认的路径是（　　）。

   A. /etc/　　　B. /etc/libvirt/　　　C. /etc/bin/libvirt/　　　D. /etc/sbin/libvirt/

3. Python 作为一种在 Linux 上比较流行的编程语言，它也提供了 libvirt API 的绑定。在使用 Python 调用 libvirt 之前，需要安装（　　）软件包。

   A. libvirt-python　　　　　　B. libvirt
   C. libvirt-linux-python　　　　D. libvirt-python-linux

4. 云计算管理系统中宿主机与客户机、客户机与客户机之间的消息通信基于 AMQP（高级消息队列协议）的消息系统提供（　　）实现。

   A. Rabbitmq 代理　　B. https 代理　　　C. http 代理　　　D. QMF 代理

5. 在 libvirt 中涉及的重要概念中，域（Domain）是指（　　）。

   A. 一个虚拟机管理工具　　　　B. 一个 hypervisor
   C. 一个客户机操作系统实例　　　D. 一台宿主机

6. 在 libvirt 中涉及的几个重要的概念中 hypervisor 也被称作（　　）。

   A. 虚拟机管理工具　　　　　　B. 虚拟机监控器（VMM）
   C. 虚拟化层　　　　　　　　　D. 超级管理员

7. 在 libvirt 中涉及的重要的概念中，节点是指（　　）。

   A. 一个物理机器　　B. 一台虚拟机　　　C. 一个容器　　　D. 一个 hypersior

8. libvirt 对多种不同的 Hypervisor 的支持是通过一种（　　）的架构来实现的。

   A. 离散机制　　B. 紧耦合机制　　　C. 基于驱动程序　　　D. 松耦合机制

9. libvirt 的应用程序接口已被广泛地用在基于虚拟化和云计算的解决方案中，主要作为连接底层（　　）和上层应用程序的一个中间适配层。

   A. 设备　　　B. 设备驱动　　　C. 系统内核　　　D. Hypervisor

10. OpenStack 平台的底层虚拟化调用（　　）管理结构来管理虚拟机。

   A. virt-manager　　B. virt-install　　　C. libvirt　　　D. virsh

二、多选题（10 道）

11. libvirt 是目前使用最为广泛的对 KVM 虚拟机进行管理的（　　　）。
 A. 虚拟机迁移工具　　　　　　　　B. 虚拟机创建工具
 C. 虚拟机删除工具　　　　　　　　D. 管理工具
 E. 应用程序接口 API

12. libvirt 支持以下（　　　）虚拟化方案。
 A. kvm 　　　　　B. xen 　　　　　C. LXC 　　　　　D. VMware
 E. QEMU

13. libvirt 支持以下（　　　）容器虚拟化系统。
 A. OpenVZ 　　　B. UML 　　　　C. Docker 　　　　D. LXC
 E. VirtualBox

14. libvirt 提供了以下（　　　）编程语言的应用程序接口。
 A. C 　　　　　　B. Python 　　　C. Java 　　　　　D. Ruby
 E. Perl

15. libvirt 的应用程序接口已被广泛地用在基于（　　　）和（　　　）的解决方案中。
 A. 多点运算 　　B. 虚拟化 　　　C. 高性能计算 　　D. 人工智能
 E. 云计算

16. libvirt 域的管理包括对节点上域的各个生命周期的管理，如（　　　）。
 A. 启动 　　　　B. 停止 　　　　C. 暂停 　　　　　D. 恢复
 E. 迁移

17. libvirt 远程节点管理只要物理节点上运行了 libvirtd 这个守护进程，远程的管理程序就可以连接到该节点进行管理操作，经过（　　　）之后，所有的 libvirt 功能都可以被访问和使用。
 A. 回访 　　　　B. 远程登录 　　C. 认证 　　　　　D. 授权
 E. ssh 登录

18. 任何运行了 libvirtd 守护进程的主机，都可以通过 libvirt 来管理不同类型的存储，如创建（　　　）等不同格式的客户机镜像。
 A. qcow2 　　　B. raw 　　　　C. qde 　　　　　D. vmdk
 E. vdi

19. 任何运行了 libvirtd 守护进程的主机，都可以通过 libvirt 来管理物理的和逻辑的网络接口，包括（　　　）。
 A. 列出现有的网络接口卡　　　　　B. 配置网络接口
 C. 创建虚拟网络接口　　　　　　　D. 网络接口的桥接
 E. VLAN 管理

20. libvirt 主要由三个部分组成，它们分别是（　　　）。
 A. 一个 root 权限的 libvirtd　　　　B. 一个普通用户权限的 libvirtd
 C. 应用程序编程接口（API）库　　　D. 一个守护进程（libvirtd）
 E. 一个默认命令行管理工具（virsh）

三、判断题（10 道）

21. libvirt 是目前使用最为广泛的对 KVM 虚拟机进行管理的工具。

22. 目前，libvirt 的开发主要由 Redhat 公司作为强大的支持，由于 Redhat 公司在虚拟化方面逐渐偏向于支持 Xen（而不是 KVM），故 libvirt 对 Xen 的支持是非常成熟和稳定的。

任务
18

23. libvirt 目前也支持用户态 Linux（UML）的虚拟化。

24. 与 KVM、Xen 等开源项目相比，libvirt 目前无自己的开发者社区。

25. libvirt 是目前使用最为广泛的对 KVM 虚拟机进行管理的应用程序接口。

26. libvirt 目前还不支持容器虚拟化技术。

27. libvirt 是一个免费的开源的软件，使用的许可证是 GPL（GNU 通用公共许可证）。

28. 尽管 libvirt 项目最初是为 Xen 设计的一套 API，但是目前对 KVM 等其他 Hypervisor 的支持也非常给力。

29. libvirt 只支持 KVM 虚拟化方案。

30. 一些常用的虚拟机管理工具（如 virsh、virt-install、virt-manager 等）和云计算框架平台（如 OpenStack、OpenNebula、Eucalyptus 等）都在底层使用 libvirt 的应用程序接口。

练习与思考题参考答案

1. D	2. B	3. A	4. D	5. C	6. B	7. A	8. C	9. D	10. C
11. DE	12. ABCDE	13. AD	14. ABCDE	15. BE	16. ABCDE	17. CD	18. ABCD	19. ABCDE	20. CDE
21. √	22. ×	23. √	24. ×	25. √	26. ×	27. ×	28. √	29. ×	30. √

任务 ⑲

KVM管理工具之virsh

该训练任务建议用 9 个学时完成学习。

19.1 任务来源

virsh 是用于管理虚拟化环境中的客户机和 hypervisor 的命令行工具，功能与 virt-manager 图形化管理工具类似，两者同样是通过 libvirt API 来实现虚拟化的管理。

19.2 任务描述

介绍 virsh 两者管理模式的应用和 virsh 命令行工具的命令使用格式以及具体使用方法。

19.3 能力目标

19.3.1 技能目标

完成本训练任务后，读者应当能（够）掌握以下技能。

1. 关键技能

（1）会使用源码和 yum 两种方式安装 virsh 工具软件。

（2）会使用 virsh 命令。

（3）会 virsh 命令的具体对象使用方法。

2. 基本技能

（1）掌握 Linux 环境下使用源码安装软件。

（2）会熟练 Linux 操作系统命令。

19.3.2 知识目标

完成本训练任务后，读者应当能（够）学会以下知识。

（1）理解 libvirt API 的功能。

（2）熟悉 libvirt 对 kvm 虚拟化环境的管理机制。

19.3.3 职业素质目标

完成本训练任务后，读者应当能（够）具备以下素质。

（1）具有守时、诚信、敬业精神。

（2）具有安全意识、质量意识、保密意识。

（3）遵守系统调试标准规范，养成严谨科学的工作态度。

（4）养成总结训练过程和结果的习惯，为再次实训总结经验。

（5）树立学习新知识、掌握新技能的自信心。

（6）培养喜爱云计算运维管理工作的心态。

19.4 任务实施

19.4.1 活动一　知识准备

virsh 是用于管理虚拟化环境中的客户机和 hypervisor 的命令行工具，功能与 virt-manager 图形化管理工具类似，两者同样是通过 libvirt API 来实现虚拟化的管理。virsh 是完全在命令行文本模式下运行的用户态工具。

virsh 是使用 C 语言编写的一个使用 libvirt API 的虚拟化管理工具，virsh 程序的源代码在 libvirt 项目代码的 tools 目录下，实现 virsh 工具最核心的源代码是 virsh.c。

读者在使用 virsh 命令行进行虚拟化管理时，可以使用两种工作模式：交互模式和非交互模式。交互模式是连接到相应的 hypervisor，然后输入一个命令得到一个返回结果，直到用户输入 quit 命令时才执行退出操作。非交互模式，是直接在命令行中使用连接的 URL 和命令直接执行一个或多个命令，执行完成后将命令结果返回到当前的终端，然后直接退出。

19.4.2 活动二　示范操作

1. 活动内容

本实验详细介绍 virsh 工具的两种安装方法、virsh 工具的使用语法、virsh 工具的两种交互模式的使用事例和 virsh 工具的常用命令详细说明，具体步骤如下。

（1）使用源码和 yum 两种方式安装 virsh 工具。

（2）virsh 命令使用语法介绍。

（3）virsh 工具的两种交互模式使用事例介绍。

（4）virsh 常用命令详细讲解。

2. 操作步骤

（1）步骤一：使用源码安装 virsh 工具。由于 virsh 工具的源代码集成在 libvirt API 库中，在源代码安装 libvirt 时，已经编译安装了 virsh 工具。具体安装方法请参照 libvirt 工具的源代码安装方法。

（2）步骤二：yum 方式安装 virsh。使用 yum 方式安装 libvirt API 库时，默认是没有安装 virsh 工具的，可以使用如下命令进行安装：

```
#yum install-yvirsh
```

注：安装时可能需要配置 yum 安装源。

（3）步骤三：virsh 命令使用语法介绍。使用如下命令可以查看 virsh 的使用方法和命令：

```
#virsh--help
virsh[options]...[<command_string>]
virsh[options]...<command>[args...]
virsh    选项        命令        参数
```

（4）步骤四：virsh 工具的两种交互模式使用事例介绍。

1）命令行模式。使用命令行模式，使用格式如下：

＃virsh 选项　命令参数

例如＃ virsh list —all

2）交互模式。交互模式使用方法是直接使用 virsh，然后回车。

例如：＃virsh

Welcome tovirsh, the virtualization interactive terminal.

Type： 'help' for help with commands

　'quit' to quit

virsh ＃ list —all

help ＜command＞ 单独 help 命令会显示所有的可用命令，如果后面有 command，则会简单解释该命令的用法。

使用 quit/exit 退出交互窗口。

（5）步骤五：virsh 常用命令。

1）通用 virsh 命令。这个类别中的命令并不只适用于虚拟机，而是能够帮助读者完成一些通用管理任务。

help：获取可用 virsh 命令的完整列表，并且分为不同的种类。管理员可以指定列表中的特定组来缩小查询范围，其中包含每个命令组的简要描述；或者查询特定命令以获取更为详细的信息，包括名称、简介、描述以及选项等。

list：管理员可以使用这个命令获取现有虚拟机的各种信息以及当前状态。根据需求的不同，管理员可以使用—inactive 或者—all 选项进行筛选。命令执行结果中将会包含虚拟机 ID、名称以及当前状态，可能的状态包括运行、暂停或者崩溃等。

connect：管理员可以使用这条命令连接到本地 hypervisor，也可以通过统一资源标识符来获取远程访问权限。其所支持的常见格式包括 xen：///（默认）、qemu：///system、qemu：///session 以及 lxc：///等。如果想要建立只读连接，需要在命令中添加—readonly 选项。

2）域相关命令。使用这些 virsh 命令直接操作特定虚拟机。

desc：显示或者更改虚拟机的描述和标题。相关选项包括—live、—config、—edit 和—title。需要注意的是如果同时使用—live 和—config，那么—config 拥有更高的优先级。

Save：这条命令将会关闭虚拟机并且将数据保存到文件中。这样就能够释放之前分配给虚拟机的内存，因为这些虚拟机不再运行在系统上。如果想要查看具体的保存过程，可以使用—verbose 选项。如果想要恢复之前保存的虚拟机，可以使用 restore 命令。

sysmem：管理员可以使用这个命令调整分配给虚拟机的内存，但是注意单位是 kilobytes。借助于 setmaxmem，管理员可以更改分配给虚拟机的最大内存数量。Setmem 和 setmaxmem 可以使用—config、—live 和—current flags 作为选项。

migrate：将虚拟机迁移到另外一台主机，选项包括实时迁移或者直接迁移等。需要注意的是单台 hypervisor 不能够支持所有这些迁移类型。如果对虚拟机进行实时迁移，则可以使用 migrate-setmaxdowntime 来设定最大停机时间。

undefine：这条命令可以在不产生任何停机时间的情况下将一台运行状态的虚拟机转变为临时虚拟机。如果虚拟机没有处于活动状态，那么这条命令将会移除其配置。管理员还可以添加多种选项，比如—managed-save、—snapshots-metadata、—storage、—remove-all-storage 和—wipe-storage 等。

dump：为虚拟机创建 dump 日志文件，以便在排错时使用。如果想要在产生 dump 文件的过程中保持虚拟机一直运行，则需要使用--live 选项，否则虚拟机将会被置于挂起状态。使用--crash 选项，虚拟机将会被停止运行，并且其状态也会被改为崩溃。使用--reset 选项可以在产生 dump 日志文件之后重置虚拟机。

shutdown：正常关闭虚拟机。这条命令比 destroy 命令更加安全，只有在虚拟机没有任何响应的情况下才推荐使用 destroy 命令，因为这条命令可能导致文件系统损坏。管理员还可以使用--more选项更改默认的虚拟机关闭方式。

3）存储池相关命令。这个类别中的命令主要用来操作存储池资源。

pool-list：获取处于活动状态的存储池对象列表。可以使用--persistent、--transient、--autostart 或--no-autostart 等选项进行分类筛选。如果想要获取非活动状态的存储池列表，可以使用--active 选项；如果想要获取完整列表，需要使用--all 选项。

pool-build：可以使用这条命令创建存储池。这条命令的选项包括--overwrite 和--no-over-write。如果使用--overwrite 选项，那么目标设备上的现有数据将会被覆盖，如果使用--no-over-write 参数，当目标设备上已经创建文件系统时用户将会收到报错。

pool-edit：这条命令允许管理员使用默认文本编辑器对存储池的 XML 配置文件进行编辑，并且还会进行错误检查。

4）存储卷相关命令。管理员可以使用下面这些 virsh 命令来管理存储卷。

vol-create：基于 XML 文件或者命令行参数来创建存储卷。进一步来说，管理员可以使用 vol-create-from 命令将其他卷作为输入来创建新的存储卷，也可以使用 vol-create-as 命令加上一系列参数来创建存储卷，还可以设定卷大小以及文件格式。

vol-resize：这条命令能够以字节为单位更改指定存储卷的大小。管理员需要输入目标卷大小，或者使用--delta 选项指定在现有基础上增加多少空间。需要注意的是在活动虚拟机上使用 vol-size 命令是非常不安全的，但是管理员可以使用 blockresize 命令实时更改存储空间。

vol-wipe：擦除存储卷中的数据，并且确保之前的所有数据都不能够再被访问。如果虚拟机中含有机密信息，那么这条命令非常有用。此外，管理员还可以使用其他数据擦除算法，默认方式是使用 0 覆盖整个存储卷。

5）快照相关命令。这个类别中的命令能够操作虚拟机快照。

snapshot-list：管理员可以使用这条命令获取指定虚拟机的所有可用快照列表。列表包括快照名称、创建时间以及虚拟机状态等。同样可以使用选项来对列表进行筛选，比如--form、--leave、--metadata、--inactive 和--internal 等。

snapshot-create：管理员需要首先输入快照名称、描述，并且在 XML 文件中指定磁盘，之后使用这条命令创建虚拟机快照。如果不想使用 XML 文件中的属性来创建快照，那么可以使用 snapshot-create-as 命令。如果使用--halt 选项，那么虚拟机被创建之后将处于非活动状态。

snapshot-revert：这条命令允许管理员将虚拟机恢复到之前的某个快照状态。如果想要恢复到当前快照，可以使用--current 选项。虚拟机状态将会保持与制作快照时相同，而之后所做的任何操作都将会被丢弃。

snapshot-delete：管理员可以使用这条命令来删除指定快照，或者使用--current 选项来删除现有快照。如果想要删除快照、子快照或时间点拷贝，则可以使用--children 选项。如果使用--children-only 选项，那么系统只会删除子快照，原有快照不会受到影响。

上面的列表无法包含所有相关命令，还有一些其他种类的命令，比如设备相关命令、nod-edev 相关命令、虚拟网络相关命令、接口相关命令、加密相关命令、nwfilter 相关命令以及

qemu-specific 相关命令。如果想要顺利管理 hypervisor 和虚拟机，管理员需要掌握所有选项的功能、限制以及可能产生的结果。

19.4.3 活动三　能力提升

通过实际操作熟练掌握 virsh 命令的使用，具体要求如下。

（1）通过 help 命令查看 virsh 支持的命令详细参数。

（2）通过 help 列出的命令列表，手动尝试使用这些命令来管理虚拟化环境。

（3）总结 virsh 命令的使用方法。

19.5　效果评价

效果评价参见任务 1，评价标准见附录任务 19。

19.6　相关知识与技能

virsh 详细命令参数及实例说明

1. 命令行

```
virsh list              ＃显示本地活动虚拟机
virsh list--all         ＃显示本地所有的虚拟机(活动的＋不活动的)
virsh define vm.xml     ＃通过配置文件定义一个虚拟机(这个虚拟机还不是活动的)
virsh start vm          ＃启动名字为 vm 的非活动虚拟机
virsh create vm.xml     ＃创建虚拟机(创建后,虚拟机立即执行,成为活动主机)
virsh suspend vm        ＃暂停虚拟机
virsh resume vm         ＃启动暂停的虚拟机
virsh shutdown vm       ＃正常关闭虚拟机
virsh destroy vm        ＃强制关闭虚拟机
virsh dominfo vm        ＃显示虚拟机的基本信息
virsh domname 2         ＃显示 id 号为 2 的虚拟机名
virsh domid vm          ＃显示虚拟机 id 号
virsh domuuid vm        ＃显示虚拟机的 uuid
virsh domstate vm       ＃显示虚拟机的当前状态
virsh dumpxml vm        ＃显示虚拟机的当前配置文件(可能和定义虚拟机时的配置不同,因
```
为当虚拟机启动时,需要给虚拟机分配 id 号、uuid、vnc 端口号等)

```
virsh setmem vm 512000  ＃给不活动虚拟机设置内存大小
virsh setvcpus vm 4     ＃给不活动虚拟机设置 cpu 个数
virsh edit vm           ＃编辑配置文件(一般是在刚定义完虚拟机之后)
```

2. vm.xml 配置文件说明

```
<domain type = 'xen'>//域类型
    <name>vm</name>                                //虚拟机的名字
    <memory>1048576</memory>                       //虚拟机的最大内存
    <currentMemory>524288</currentMemory>          //虚拟机当前的内存
    <vcpu>2</vcpu>                                  //该虚拟机的 cpu 数
```

```
<os>
<type>hvm</type>                                         //hvm 表示全虚拟化
<loader>/usr/lib/xen/boot/hvmloader</loader>   //全虚拟化的守护进程所在的位置
<boot dev = 'hd'/>                                       //hd 表示从硬盘启动
</os>
<features>
<acpi/>
<apic/>
<pae/>
</features>
<clock offset = 'utc'/>
<on_poweroff>destroy</on_poweroff>
<on_reboot>restart</on_reboot>
<on_crash>restart</on_crash>
<devices>
<emulator>/usr/lib64/xen/bin/qemu-dm</emulator>//二进制模拟器设备的完整路径
<disk type = 'file'device = 'disk'>          //disk 是用来描述磁盘的主要容器
<driver name = 'file'/>
<source file = '/opt/awcloud/vm/vm.img'/>//指定磁盘上文件的绝对路径
<target dev = 'hda'bus = 'ide'/>
</disk>
<disk type = 'file'device = 'disk'>
<driver name = 'file'/>
<source file = '/opt/awcloud/vm/sdb.img'/>
<target dev = 'hdb'bus = 'ide'/>
</disk>
<disk type = 'file'device = 'cdrom'>
<driver name = 'file'/>
<source file = '/opt/awcloud/forest/vm-10.04.3-desktop-i386.iso'/>
<target dev = 'hdc' bus = 'ide'/>
<readonly/>
</disk>
<serial type = 'pty'>   //定义串口
<target port = '0'/>
</serial>
<console type = 'pty'>//console 用来代表交互性的控制台
<target port = '0'/>
</console>
<interface type = 'bridge'>          //桥接设备
<mac address = '00:16:36:1e:1d:04'/> //MAC 地址
<source bridge = 'virbr0'/>
```

```
    </interface>
    <graphics type = 'vnc' autoport = 'yes' keymap = 'en-us'/> //图形类型
    </devices>
    </domain>
```

注:生成一个 10G 大小的空文件。

dd if = /dev/zero of = ./disk bs = 1024 count = 'expr 10 * 1024 * 1024'

3. 修改虚拟机的启动设备

<boot dev = 'hd'/>从硬盘启动;<boot dev = 'cdrom'/>从 CD 启动

4. 网络参数

如 vm. xml 配置文件,kvm 虚拟机和 xen 虚拟机都只需要按照下面的模板进行配置,MAC 地址是必需的,bridage 的名字可能在不同的主机上是不一样,可能是 virbr0,也可能是 br0,但类型一定要是桥接模式就可以了。

```
<interface type = 'bridge'>
<mac address = '00:16:36:1e:1d:04'/>
<source bridge = 'virbr0'/>
</interface>
```

5. KVM 虚拟机迁移

迁移命令:virsh migrate-live<id or name> qemu+ssh://<dstip>/system tcp://<dstip>:49152

迁移完之后,本地机器可能仍是定义状态,要执行 virsh undefine <name>清除。

一、单选题 (10 道)

1. 以下 (　　) 命令可以显示本地活动的虚拟机。
   A. virsh--all list　　　　B. virsh--all　　　　C. virsh list--all　　　　D. virsh list
2. 以下 (　　) 命令可以启动一台非活动的虚拟机 vm。
   A. virsh start vm　　　　B. virsh vm start　　　C. virsh reboot vm　　　D. virsh vm reboot
3. 以下 (　　) 命令可以正常停止一台正在运行的虚拟机 vm。
   A. virsh vm stop　　　　B. virsh stop vm　　　C. virsh destroy vm　　　D. Virsh vm destroy
4. 以下关于 virsh 命令使用格式正确的是 (　　)。
   A. virsh [args...] [options] ... <command>
   B. virsh [options] ... [args...] <command>
   C. virsh [options] ... <command> [args...]
   D. virsh <command> [options] ... [args...]
5. 以下 (　　) 命令可以查看 virsh 命令的使用帮助信息。
   A. Virsh-a　　　　B. virsh-h　　　　C. virsh-help　　　　D. virsh--help
6. 使用 virsh 工具迁移一台虚拟机到另一台主机,可以使用命令 (　　) 实现。
   A. Virsh migrate-live<id>tcp://<dstip>:49152 qemu+ssh://<dstip>/system
   B. Virsh migrate-live<id>qemu+ssh://<dstip>/system tcp://<dstip>:49152

C. Virsh migrate qemu＋ssh：//＜dstip＞/system-live＜id＞ tcp：//＜dstip＞:49152

D. Virsh migrate qemu＋ssh：//＜dstip＞/system tcp：//＜dstip＞:49152-live＜id＞

7. 以下（　　）命令可以列出指定虚拟机的 uuid。

    A. virsh vm uuid   B. virsh domuuid vm

    C. virsh uuid vm   D. virsh vm domuuid

8. 以下（　　）命令可以用来编辑虚拟机的配置文件。

    A. virsh edit vm   B. virsh edit uuid   C. virsh vm edit   D. virsh edit id

9. virsh 是一个命令行的管理工具，与之对应的图形化管理工具是（　　）。

    A. qemu-kvm   B. libvirt   C. virt-manager   D. virt-ssh

10. virsh 管理工具调用的 API 是（　　）。

    A. xen API   B. kvm API   C. virsh API   D. Libvirt API

二、多选题（10 道）

11. 在 Linux 系统中可以使用（　　）几种方式安装 virsh 工具。

    A. yum 安装   B. 直接复制   C. 源码安装   D. Usb引导工具安装

    E. DVD 光盘安装

12. 使用 yum 方式安装 virsh 工具时，以下（　　）几条命令是可行的。

    A. virsh install-y yum   B. yum virsh-y install

    C. yumvirsh install-y   D. yum install-y virsh

    E. yum installvirsh-y

13. virsh 命令有以下（　　）几种工作模式。

    A. 退出模式   B. 回环模式   C. 交互模式   D. 命令行模式   E. 访问模式

14. virsh pool-list 命令获取处于活动状态的存储池对象列表时，可以使用如下（　　）参数进行筛选。

    A. --persistent   B. --transient   C. --autostart   D. --no-autostart

    E. --active

15. virsh snapshot-list 命令获取指定虚拟机的所有可用快照列表时，可以使用如下（　　）参数进行筛选。

    A. --form   B. --leave   C. --metadata   D. --inactive

    E. --internal

16. 虚拟机迁移一般有（　　）几种迁移方式。

    A. 定时迁移   B. 动态迁移   C. 静态迁移   D. 自动迁移

    E. 手动迁移

17. 通过 virsh 管理工具，可以对 kvm 虚拟机进行以下（　　）操作。

    A. create   B. Start   C. stop   D. Delete

    E. destroy

18. 通过 virsh 工具查看虚拟机的 domain 信息，可以使用如下（　　）命令。

    A. domid   B. domuuid   C. doname   D. Doinfo

    E. domstate

19. virsh connect 命令支持通过统一资源标识符来获取远程管理权限，其支持的常用格式有（　　）。

    A. xen:///   B. qemu:///system

C. qemu：///session D. lxc：///

E. Libvirt：///

20. 使用 virsh system 命令更改分配给虚拟机的最大内存时，system 可以使用以下（ ）参数。

A. --config B. --live C. --current flags D. --managed-save

E. --storage

三、判断题（10 道）

21. virsh 是一个图形化的虚拟机管理工具。

22. virsh start vm 命令可以启动一台非活动的虚拟机 vm。

23. 虚拟机迁移有静态迁移和动态迁移两种方式。

24. virsh 命令只有一种命令行工作模式。

25. virsh list 可以显示本地活动的虚拟机动态。

26. virsh stop vm 命令可以正常停止一台正在运行中的虚拟机 vm。

27. virsh domuuid vm 命令可以列出宿主机中所有添加到某个 hypervisor 的所有虚拟机 uuid。

28. virsh snapshot-create 命令可以创建某台虚拟机的磁盘快照。

29. virsh snapshot-revert 命令可以删除虚拟机磁盘的某个快照。

30. virsh snapshot-delete 命令可以恢复指定的磁盘快照。

练习与思考题参考答案

1. D	2. A	3. B	4. C	5. D	6. B	7. B	8. A	9. C	10. D
11. AC	12. DE	13. CD	14. ABCDE	15. ABCDE	16. BC	17. ABCDE	18. ABCDE	19. ABCD	20. ABC
21. ×	22. √	23. √	24. ×	25. √	26. √	27. ×	28. √	29. ×	30. ×

任务 ⑳

公有云服务选型与规划

该训练任务建议用 6 个学时完成学习。

20.1 任务来源

在公有云服务部署之前，需要结合现有的业务架构和未来的需求做一个整体的需求分析和技术方案，以便部署人员、第三方的承包机构、工程项目实施单位和监理单位对项目有一个统一的技术标准。

20.2 任务描述

根据企业综合实力和实际应用需求，完成公有云服务选型与规划方案设计，主要包括现有需求分析、产品选型、经费预算、综合方案选定和实施部署。

20.3 能力目标

20.3.1 技能目标

完成本训练任务后，读者应当能（够）掌握以下技能。

1. 关键技能

（1）掌握云计算架构的选型。

（2）掌握云整体架构的规划。

（3）会设计公司现有的业务模式适合的云架构。

2. 基本技能

（1）熟悉不同厂家公有云的价格核算机制。

（2）会区别不同厂家公有云的优劣势。

（3）会掌握不同云计算厂商后期产品业务的可拓展能力。

（4）掌握国内提供公有云服务厂家的产品类型。

（5）会使用公有云与私有云产品。

20.3.2 知识目标

完成本训练任务后，读者应当能（够）学会以下知识。

（1）掌握云服务的整体调研流程。

（2）掌握云服务部署的可行性研究。

20.3.3　职业素质目标

完成本训练任务后，读者应当能（够）具备以下素质。

（1）具有守时、诚信、敬业精神。

（2）具有安全意识、质量意识、保密意识。

（3）遵守系统调试标准规范，养成严谨科学的工作态度。

（4）养成总结训练过程和结果的习惯，为再次实训总结经验。

（5）树立学习新知识、掌握新技能的自信心。

（6）培养喜爱云计算运维管理工作的心态。

20.4　任务实施

20.4.1　活动一　知识准备

公有云是将搭建好的云资源池放到 Internet 上，所有有使用权限的用户皆可以按需使用；私有云是企业或其他组织在自有数据中心单独搭建，或者由云服务提供商通过用户需求进行搭建后再整体租给用户使用，除所有者之外，其他用户无法使用；混合云是指公有云和私有云的混合，大多数是指在私有云搭建好之后，由于业务发展等原因，资源需求量超过了资源池，需要通过申请使用公有云作为私有云的补充。公有云是第三方提供商提供给用户使用的云，一般可通过 Internet 使用，可能是免费或成本低廉的，私有云是指企业自己使用的云，它所有的服务不供给别人使用，只给自己使用，而混合云是把二者并合起来。

公有云与私有云的具体区别有如下四点。

（1）IT 设施位置：私有云的 IT 基础设施是自己的，一般位于机关或者企事业单位内部，而采用公有云的 IT 基础设施是位于一个第三方的数据中心。

（2）基础设施差异性：私有云的 IT 基础设施往往采用不同的技术和平台，是一种异构平台环境；而大部分公有云的平台则往往是通过廉价和标准的硬件平台来构建的，其平台在性价比上较能满足大部分用户的需求。

（3）商务模式：企业选择自己构建 IT 系统，构建私有云平台，需要一次性大量投资来采购软、硬件设备，甚至包括数据中心的基础建设等，所花费的固定成本比较大；而采用第三方提供的公有云服务，是根据当前云计算服务来收费的，企业可以选择按月计算服务费的方式或者按 IT 资源使用量的计算方式来付费，前期投入的费用较少，体现为持续的运营成本。

（4）控制程度：企业自己构建的 IT 系统是作为企业的资产完全属企业自己拥有，并由企业自己来运维，企业可以独立控制 IT 系统，并根据实际需要进行改造和客户化；而对于公有云服务，企业实际上是租用服务的方式，虽然不需要自己来管理基础平台服务，但是对于企业来说这同时也降低了定制化的能力，因为所有基础设施，包括服务器、网络和存储等，以及上面的软件平台都是由服务提供商来进行维护和管理的。

20.4.2　活动二　示范操作

1. 活动内容

要完成公有云平台的迁移，首先需要根据企业的现有需求来规划，其中包括业务模式、迁移的可行性分析、迁移可能面对的问题、公有云平台的选择、公有云平台对自定义映像的支持、成本优势、信息安全保障、业务的可收缩性、网络的性能、存储性能、公私有模式的兼容性等。下面从以下几个具体方面来分析公有云平台的选型和规划。

（1）企业现有的需求分析。

（2）成本分析。

（3）迁移面临的问题。

（4）对自定义的支持。

（5）流量的拓展能力。

（6）网络连接。

（7）存储选择。

（8）区域性支持的能力。

（9）最终方案选择。

2. 操作步骤

（1）步骤一：企业需求分析。从现有的业务模式予以分析，企业需要什么样的云计算架构才能满足现有的业务需求。

业务的现有架构是否适合云计算架构是首要考虑因素。

对于企业来说，IT 系统是为了支撑业务发展而存在的，在当今瞬息万变的业务环境中，企业 IT 系统通常必须快速调整以促进业务发展。云计算的实施可以支持 IT 系统更快速地应对业务的变化与发展，并根据新的业务需求快速实施新的业务流程。

在架构方面，公有云把底层的计算资源集中，搭建成一个基础设备资源池，并以一种灵活的多租户方式提供给用户，在缩短部署周期的同时大大提升了系统的利用率和成本效益。作为上层应用的支撑，资源池往往是云服务运行的保证和基础，也将直接影响到云计算服务的质量，可以说，企业要部署公有云，选择合适云计算平台架构来构建资源池无疑是关键的第一步。

1）云计算平台架构设计原则。毫无疑问，构建云计算的起步便是着手建设云计算基础架构，明确建设云计算基础架构平台应用需求后，在云计算建设的整个过程中，都需要采用特定的技术进行支持，遵循一些基本的原则来设计硬件平台，使其真正达到弹性、灵活和高可靠性的综合目标。

首先，由于云计算平台往往会运行不止一个甚至不止一类应用，因此选择适用的设备是非常必要的。例如在运行基于互联网或者小型增值应用时，通常采用开放的 x86 服务器架构会具有较好的适用性，但是如果需要运行某些复杂应用，如数据库、在线联机处理应用时，对稳定性和安全性的要求往往较高，这种情况下采用 Unix 服务器是更适用的选择。遵循这一原则，将帮助云计算平台实现计算能力和计算资源的优化。从存储产品的角度来看，对于复杂的应用来说，选择基于光纤的 SAN 存储方式是一种很好的选择，但是对于相对比较独立、复杂程度不高的应用来说，SCSI 会具有更强的适用性。

其次，开放性是云计算平台区别于传统数据中心的一个重要特征，尤其是操作系统和应用的开放性。比如在云计算平台运行中，可能会部署有不同类型的应用、服务接入，尽管在接口类型等方面有具体的标准来规范，但是采用相对主流、开放的硬件架构、操作系统，对于新增应用的无缝接入是尤为必要的。

在兼容性方面，应从硬件系统和业务系统两个方面来考虑。硬件系统的兼容性表现在服务器接口、芯片种类、存储接口和架构等各个方面。例如由于云计算通常都会采用虚拟化技术来实现动态的管理，并提高服务器和存储利用率，但是 CPU 对于虚拟化技术的支持是有差别的，这时，就需要选择对于主流虚拟化软件兼容性较好的服务器和CPU来支持虚拟化的部署。同样，在网络设备中，如果要实现虚拟机跨网段的自由迁移，也需要路由器能够对这一功能具有很好的支持和兼容性。同时云计算平台应兼容既有的业务系统，在系统迁移中对原有系统不需要进行大的改动，实现平滑迁移，从而保证关键业务的连续性和系统迁移成本。

绿色是数据中心永恒的话题，对于云计算平台来说，实现绿色IT也是一个重要的构建原则。不佳的平台将会消耗更多的服务器、存储、网络设备，从而增加提供冷却的空调数量，消耗大量的电能。其实这些电能消耗对于云计算平台来说，是完全可以通过优化设计来避免的。除了选择能耗较低的硬件产品外，在供电系统、风道、出风方式、硬件格局、运营管理等方面，也需要进行合理规划和管理。

2）云计算平台架构的选择。作为一个整体化系统，云计算硬件平台必然将涉及服务器（包括x86架构服务器和Unix服务器）、外置存储设备、网络设备、安全产品等。这时，企业已积累了多种工作负载与应用程序，包括企业核心的关键应用和大量的边缘应用，包括计算与IO密集型的数据库类业务和大量的协作类业务。这种复杂的业务使企业的IT环境成为了一个混合环境，小型机、x86服务器、高中低端类型的设备都担负着不同的工作。

在云计算环境中，其底层硬件也不可能清一色为小型机或者x86体系架构，根据应用负载来选择合适的硬件平台不仅能增加IT基础架构的灵活性，还能有效降低成本。而且，企业在选择云计算架构时，更希望未来的平台能够和现有的基础架构相兼容，并能从现有的架构上平滑过渡，缩短实施周期的同时保护企业投资。

综上，在具体实现方式和技术选型上并没有某一种方式或者某一种技术平台是最好的。对于用户来讲，能够满足自己的需求、适合自己的业务特点的云计算架构就是最好的，成熟的云计算平台应是一个开放的、异构的、支持各种不同业务特征的支撑平台。

（2）步骤二：成本分析。IaaS有一套颇为复杂的价格体系。云端运行的虚拟机没有采用统一的定价。虽然云提供商公开定价公式，但是它们往往极其复杂，因而很难评估运行公有云虚拟机的成本。这些定价公式之所以很复杂，是因为它们基于虚拟机实际消耗的资源。公有云定价体系中包括的一些因素有消耗的处理器资源、执行的处理器活动类型、消耗的网络带宽、消耗的存储输入/输出、选择的操作系统、存储类型和消耗的存储空间（按每GB计算）。

在云端运行虚拟机之前，用户可以先向不同的云提供商注册试用账户进行试用。并在每个云上建立一套一模一样的虚拟机，跟踪了解成本。然后，读者就可以横向比较一家提供商与另一家提供商在价格上有怎样的不同。

不过想让这种方法奏效，虚拟机必须在一定程度上可以代表用户将在生产环境中运行的工作负载。

（3）步骤三：迁移面临的问题。需要考虑的另一个重要因素是对虚拟机迁移的支持。大多数企业都拥有部署在内部的虚拟机，将来需要迁移到公有云。大多数的公有云提供商为现有的虚拟机导入到云端提供了一套机制。一些提供商会为读者提供图形化界面，而另一些提供商需要通过编程来执行操作。

对虚拟机管理程序的支持在诸多公有云提供商当中也大不一样。比如说，一些提供商让用户很容易导入VMware虚拟机，却不支持思杰虚拟机。同时要留意虚拟机迁移成本，大多数公有云提供商会针对读者使用的资源进行收费，这些资源包括新虚拟机占用的存储空间。

（4）步骤四：对自定义的支持。任何公有云提供商都允许用户根据预先编译的普通映像来构建虚拟机。但是由于这些是普通映像，可能无法完全满足用户的要求。比如说，用户可能想要构建这样的虚拟机映像：包含读者青睐的某款反病毒软件，或者符合特定的安全要求。这些自定义虚拟机映像让用户很容易配置虚拟机，以满足自己的特定要求，也很容易在将来的虚拟机上重新生成那些配置。然而，如果用户计划在云端构建自定义虚拟机，就需要确保提供商支持这一过程。

（5）步骤五：流量的拓展能力。评估云提供商时要关注的另一个必要功能是弹性功能。弹性功能的基本做法是，服务器在工作负载很小的时候，能够实现资源的收缩，在出现性能需求高峰时，又能够自动拓展。比如保险公司的开放登记时段，或者是在线零售商的节假日大促销。而有时候，使用需求会缩减，弹性功能让虚拟机可以提供更高的性能，以应对更繁重的工作负载；必要时又可以缩减资源，以节省资金。

不同云平台上的弹性功能不一样。一些提供商安装额外的 Web 服务器，只针对 Web 应用程序提供弹性功能。另一些提供商增加虚拟机内存和处理器资源，执行工作负载扩展。这可以手动执行，也可以基于一套规则采用性能度量指标或时间来实现自动化。

（6）步骤六：网络连接。每一家云服务提供商都提供虚拟机网络连接。用户的虚拟机能够访问另一个虚拟机和互联网是司空见惯的一幕。

即便如此，大型云提供商在网络连接方面通常提供多种选项，这些选项因提供商而异，但通常会有高级连接选项，让虚拟机可以获得更高的网络性能级别，这尤其适用于对网络延迟敏感的运行虚拟机的应用程序。如果用户计划运行基于云、对延迟敏感的应用程序，就要确保认真研究潜在云提供商的网络选项。

（7）步骤七：存储选择。正如每家云提供商允许基本的虚拟机网络连接那样，提供基本的虚拟机存储。一家公有云提供商与另一家提供商在存储服务上大不一样，但通常需要提供标准和高级两种选择。较大的云提供商往往提供灵活定制功能，作为其高级存储服务的一项内容。比如说，客户可以在传统存储硬盘和固态存储硬盘之间选择。

高级存储还可能包括容错选项。一些云服务提供商让读者可以复制存储或构建提升性能、确保容错的虚拟存储阵列。虽然并不多见，但一些提供商还让读者可以使用高级存储，构建虚拟机快照或用于备份目标。

评估服务提供商时，要注意对方提供的存储类型，这一点很关键。有些提供商只提供对象存储，这与本地数据中心中通常使用的块存储和文件存储大不一样。同样，一些提供商将数据库当成存储选项，而另一些提供商将数据库当成虚拟机，这些都需要仔细核实。

（8）步骤八：区域性支持的能力。要注意云提供商在各区域的可用性。大型云提供商在世界各地建有数据中心。如果用户面临的监管或业务要求规定用户的数据必须保留在某个国家里面，那么能够选择哪些数据中心来托管读者的虚拟机显得极其重要。

仔细审查每家云提供商在各区域提供的特定服务。一些提供商在某些区域使用较低端服务器。同样，由于监管因素，一些操作系统或操作系统的功能/特性在某些区域可能没有。正如读者所见，在评估云服务提供商时有许多标准需要考虑，不是每家提供商都是一样的，所以有必要挑选最能满足企业的技术要求和业务要求的那家云提供商。

（9）步骤九：最终方案选择。根据以上方法的综合考量后，制订出适合企业或者政府机关单位的最佳技术方案。

20.4.3 活动三 能力提升

现以一个小型企业作为参考模型来研究公有云服务的选型与规划，具体分析过程参考如下几个步骤进行。最终制定出适合该企业业务模式的云服务选型与规划书。

根据网络设计的要求，需要对各个子系统的业务模式进行分析。其中包括对应业务的需求分析，可行性分析和方案制订，具体步骤如下。

(1) 步骤一：企业需求分析。

(2) 步骤二：成本分析。

(3) 步骤三：迁移面临的问题。

(4) 步骤四：对自定义的支持。

(5) 步骤五：流量的拓展能力。

(6) 步骤六：网络连接。

(7) 步骤七：存储选择。

(8) 步骤八：区域性支持的能力。

(9) 步骤九：最终方案选择。

20.5 效果评价

效果评价参见任务 1，评价标准见附录任务 20。

20.6 相关知识与技能

1. 云计算的发展——上云成为共识

从 2006 年 8 月 AWS 对外提供亚马逊弹性云至今，全球云计算市场已经走过十二个年头。国内市场，如果从 2010 年阿里云对外公测算起，已经发展到第八年。随着国内云计算需求开始涌现，云计算产业配套政策也相继落地。2016 年国务院印发的《关于促进云计算创新发展培育信息产业新业态的意见》指出，到 2017 年云计算要深化在重点领域的应用，到 2020 年云计算应用基本普及，服务能力达到国际先进水平。

2016 年 7 月，银监会发布《中国银行业信息科技"十三五"发展规划监管指导意见》，指出到 2020 年，面向互联网场景的重要信息系统全部迁移至云计算架构平台，其他系统迁移比例不低于 60%。

2017 年 4 月，工信部发布《云计算发展三年行动计划（2017—2019）》，提出 2019 年云计算产业规模将达到 4300 亿，云计算已成为国家新一代信息产业发展的重要战略。同年 4 月，北京市政府发布《北京市级政务云管理办法》，提出"上云为常态，不上云为例外"原则，各部门信息系统将逐步迁移上云，停止采购服务器、存储等。

2. 公有云是云计算的未来

云计算运营形态包括公有云、私有云、混合云。前几年有公有云与私有云之争，行业最终给出的答案是混合云，但现实并不像想象中那么美好。首先，企业对公有云和私有云需求存在很大差异，公有云的优势是便宜、便捷，企业基本不需要自己运维，私有云的优势是管理和控制，企业可以随时进行修改。因此，最完美的解决方案是业务可以在公有云、私有云上自由切换，但云厂商在公有云和私有云的底层架构设计是不一样的，只有极个别厂商能做到可切换。

从技术上看，人工智能、物联网行业爆发催生对数据计算、存储的旺盛需求，对公有云厂商是重大利好。另一方面，公有云规模较大，可以发挥规模经济效益。所以，时下公有云市场大热，就像公共交通和租车，公有云的类型已经非常丰富，有数百种实例可选，已经能够覆盖企业大部分业务类型的需求。用户对公有云的顾虑主要是稳定性和数据安全性，未来随着时间推移及技术发展，公有云的安全性、稳定性与价格优势会愈发明显，企业客户最终会倒向公有云厂商。

有关机构预计，未来几年全球公有云市场规模将保持 20% 的复合增长率。当前规模比较大的云厂商，如亚马逊、微软、阿里、谷歌等都是以公有云服务为主，公有云将是云计算发展的必然趋势。

3. 2016—2017 年度中国公共云发展状况

2017 年可信云大会在北京召开，中国信息通信研究院主任工程师发表《中国公有云发展调查报告（2017）》的演讲，发布了最新的公有云发展调查报告，报告总体反映出了中国公共云发展的基本情况。报告显示，经过多年发展，国内公共云逐步成熟。2016 年，公共云市场继续高速增长，行业竞争进一步加剧。以下是有关数据摘录：

2016 年中国公共云市场规模达到 170.1 亿元，相比 2015 年增长 66.0%。预计 2017—2020 年中国公共云市场仍将保持高速增长态势，到 2020 年市场规模将达到 603.6 亿元。

IaaS 市场高速增长。2016 年，IaaS 市场规模达到 87.4 亿元，相比 2015 年增长 108.1%，预计 2017 年仍将保持较高的增速。

企业需求集中在云主机、云存储等 IaaS 基础资源。企业购买的产品主要集中在云主机、云存储等 IaaS 基础资源，对 PaaS、SaaS 的应用相对还比较少，未来还有很大的提升空间。

公共云已经拥有一批稳定的用户群体。接近 30% 的企业使用时间超过两年，对公共云已经比较认可。

信息安全得不到保障是企业应用公共云面临的最主要问题。50.8% 的企业认为应用公共云存在的问题是信息安全得不到保障，占比最高；其次是产品/服务种类不丰富（38.6%）。目前用户需求越来越多样化，企业希望云服务商提供更丰富的产品/服务。

企业普遍看好公共云的前景。一半以上的受访企业预计未来公共云投入会增加，其中近 20% 的企业预计增长幅度在 50% 以上。

服务安全性、服务价格以及服务稳定性是企业选择云服务商的重要考虑因素。其中选择服务安全性的企业最多（64.1%）；其次是产品/服务的价格（56.0%）；再者由于宕机事件的发生，企业对服务的稳定性也比较关注（39.2%）。

企业倾向选择国内云服务商。80.4% 的受访企业表示倾向选择国内云服务商，相比 2015 年的 19.7% 大幅提高，企业对国内云服务商的信任度逐步提升。

互联网安全等级保护和可信云认证是企业最看重的资质。调查发现，九成以上的受访企业认为云服务商需要具备相关资质。其中，企业对互联网安全等级保护（69.6%）和可信云（65.2%）认可度最高，安全可信已成为企业用户的首要需求。

开展第三方安全和质量认证有助于推动公共云市场发展。在改善公共云市场环境的政策调查中，62.0% 的受访企业选择了第三方安全和质量认证，占比最高；其次，48.8% 的企业认为政府需要进一步完善公共云市场监督管理政策；另外，分别有 28.5% 和 20.8% 的企业认为应该制定规范云服务行业的技术标准和加强技术人员技能认证，从技术层面推动公共云市场发展。

练 习 与 思 考

一、单选题（10 道）

1. 云计算的计算模式为（　　）。

    A. W/S　　　　B. C/S　　　　C. B/C　　　　D. B/S

2. （　　）是公有云计算基础架构的基石。

    A. 分布式　　　B. 虚拟化　　　C. 并行　　　　D. 集中式

3. （　　）是私有云计算基础架构的基石。

    A. 分布式　　　　　B. 虚拟化　　　　　C. 并行　　　　　D. 集中式

4. （　　）在许多情况下，能够达到 99.999% 的可用性。

    A. 虚拟化　　　　　B. 分布式　　　　　C. 并行计算　　　　D. 集群

5. 网络计算是利用（　　）技术，把分散在不同地理位置的计算机组成一台虚拟超级计算机。

    A. 对等网　　　　　B. 广域网　　　　　C. 因特网　　　　　D. 无线网

6. （　　）提供云用户请求服务的交互界面，也是用户使用云的入口，用户通过 Web 浏览器可以注册、登录、定制服务、配置和管理用户。

    A. 监控端　　　　　　　　　　　　　　B. 管理系统和部署工具

    C. 云用户端　　　　　　　　　　　　　D. 服务目录

7. 以下不属于公有云平台的是（　　）。

    A. 企业内部桌面云系统　　　　　　　　B. AWS

    C. 华为云　　　　　　　　　　　　　　D. 阿里云

8. 以下属于公有云平台的是（　　）。

    A. 企业内部桌面云系统　　　　　　　　B. 企业内部云

    C. 社区云平台　　　　　　　　　　　　D. 腾讯云

9. SaaS 是（　　）的简称。

    A. 平台即服务　　B. 软件即服务　　C. 基础设施即服务　　D. 硬件即服务

10. PaaS 是（　　）的简称。

    A. 平台即服务　　B. 软件即服务　　C. 基础设施即服务　　D. 硬件即服务

二、多选题（10 道）

11. 以下属于阿里云数据存储计算服务的有（　　）。

    A. 开放存储服务　　　　　　　　　　　B. 开放数据处理服务 ODPS

    C. 关系型数据库　　　　　　　　　　　D. 开放结构化数据服务 OTS

    E. 数据服务

12. 阿里云引擎 ACE 是基于云计算基础架构的 Web 应用的托管运行环境，支持（　　）。

    A. PHP　　　　　　B. NodeJS　　　　　C. 汇编语言　　　　D. C 语言

    E. C++语言

13. 阿里云引擎 ACE 提供了（　　）等多种服务。

    A. 负载均衡　　　　B. 分布式 Session　　C. 分布式 Memcache　　D. 开放存储

    E. 消息队列

14. 阿里云弹性计算服务包括（　　）。

    A. 云服务器　　　　　　　　　　　　　B. 辅助的负载均衡 SLB

    C. 硬件资源的升降配　　　　　　　　　D. 网络资源的临时升降配

    E. 计费的升降配

15. 以下属于阿里云计算服务产品的是（　　）。

    A. 弹性计算　　　　B. 云引擎 ACE　　　C. 数据存储计算　　D. 云监控

    E. 云盾

16. 以下属于云计算特征的有（　　）。

    A. 超大规模　　　　B. 按需服务　　　　C. 高可用性　　　　D. 高可拓展性

    E. 高可靠性

17. 云计算机的几种形式主要有（　　　）。
   A. 软件及服务 SaaS
   B. 效用计算
   C. 平台及服务 PaaS
   D. 管理服务提供商 MSP
   E. 云端网络服务

18. 亚马逊提供的云计算机服务产品包括（　　　）。
   A. 弹性计算云 EC2
   B. 简单存储服务 S3
   C. 简单数据库服务 SimpleDB
   D. 简单规律服务 SQS
   E. AWS 导入、导出

19. 公有云产品主要包括（　　　）
   A. 云消息
   B. 对象存储
   C. 企业云
   D. 弹性计算云
   E. 块存储

20. 云计算是（　　　）等传统计算机技术发展到一定阶段并同互联网技术融合发展的产物。
   A. 多核计算
   B. 网络存储
   C. 网络计算
   D. 负载均衡
   E. 分布式计算

三、判断题（10 道）

21. 华为云、京东云是私有云平台。

22. AWS、微软云、阿里云、腾讯云、百度云都是公有云平台。

23. IaaS（Infrastructure as a Service）是软件即服务。

24. 云计算是分布式计算、并行计算、网格计算、多核计算、网络存储、虚拟化、负载均衡等传统计算机技术发展到一定阶段，和互联网技术融合发展的产物。

25. PaaS（Platform as a Service）是平台即服务。

26. SaaS（Software as a Service）是基础设施即服务。

27. 简单存储服务 S3 是华为云产品。

28. 云计算虽然是 Google 最先倡导的，但是真正把云计算进行大规模商用的公司首推亚马逊。

29. 云计算被称为是继大型计算机、个人计算机、互联网之后的第四次 IT 产业革命，它不仅改变了网络应用的模式，也将成为带动 IT、物联网、电子商务等诸多产业强劲增长、推动信息产业整体升级的基础。

30. 云盾是亚马逊 AWS 的产品。

练习与思考题参考答案

1. C	2. A	3. B	4. D	5. C	6. C	7. A	8. B	9. D	10. A
11. ABCD	12. AB	13. BCDE	14. AB	15. ABCDE	16. ABCDE	17. ABCDE	18. ABCDE	19. ABDE	20. ABCDE
21. ×	22. √	23. ×	24. √	25. √	26. ×	27. ×	28. √	29. √	30. ×

任务 ㉑

公有云服务安全选型与规划

该训练任务建议用 6 个学时完成学习。

21.1 任务来源

在部署公有云服务之前，需要对公有云的安全服务进行考量，以便管理层、网络架构设计人员和运维人员对公有云平台的安全服务有一定认识，根据各自公有云服务的优劣势，选择出适合自身业务安全保障的公有云平台。

21.2 任务描述

根据网络架构设计规范和实际应用需求，完成公有云安全服务的选型与规划设计，主要包括应用安全风险评估、常用的公有云安全服务选型和提供应用可靠性的措施。

21.3 能力目标

21.3.1 技能目标

完成本训练任务后，读者应当能（够）掌握以下技能。

1. 关键技能

（1）会公有云常用的安全防护策略。

（2）会公有云的数据安全保护措施。

2. 基本技能

（1）会公有云安全评估体系。

（2）会公有云综合安全评估方法。

（3）会公有云的计费核算。

21.3.2 知识目标

完成本训练任务后，读者应当能（够）学会以下知识。

（1）公有云、私有云、混合云各自优势和特点区分

（2）公有云、私有云、混合云安全隐患及防范常识。

21.3.3 职业素质目标

完成本训练任务后，读者应当能（够）具备以下素质。

（1）具有守时、诚信、敬业精神。

（2）具有安全意识、质量意识、保密意识。

（3）遵守系统调试标准规范，养成严谨科学的工作态度。

（4）养成总结训练过程和结果的习惯，为再次实训总结经验。

（5）树立学习新知识、掌握新技能的自信心。

（6）培养喜爱云计算运维管理工作的心态。

21.4 任务实施

21.4.1 活动一 知识准备

DDoS专业术语如下。

DDoS：Distributed Denial of Service即分布式拒绝服务，这种攻击指借助于客户/服务器技术，将多个计算机联合起来作为攻击平台，对一个或多个目标发动DDoS攻击，从而成倍地提高拒绝服务攻击的威力。

畸形报文：frag flood、smurf、stream flood、land flood攻击、ip畸形包、tcp畸形包、udp畸形包。

传输层DDoS攻击：syn flood、ack flood、udp flood、icmp flood、rstflood。

Web应用DDoS攻击：http get flood、http post flood、cc攻击。

DNS DDoS攻击：dns request flood、dns response flood、虚假源＋真实源dns query flood、权威服务器和local服务器攻击。

连接型DDoS攻击：TCP慢速连接攻击、连接耗尽攻击、loic、hoic、slowloris、Pyloris、xoic等慢速攻击。

21.4.2 活动二 示范操作

1. 活动内容

现实中的各种公有云产品，在服务模型、部署模型、资源物理位置、管理和所有者属性等方面呈现出不同的形态和消费模式，从而具有不同的安全风险特征、安全控制职责和范围。因此，需要从安全控制的角度建立云计算的参考模型，描述不同属性组合的云服务架构，并实现云服务架构到安全架构之间的映射，为风险识别、安全控制和决策提供依据。

公有云的安全问题，沿袭了互联网安全的基因，又带有业务层面的个性特征。目前，主要集中在以下五个方面。

（1）数据问题。通常情况下，数据价值越大、敏感性越强、开放程度越高，越要注意安全问题，所以企业客户对安全性和合规性的需求比较高。但从现有技术水平来看，目前并没有充分的方式来保证数据的安全，尽管亚马逊、谷歌、微软、华为、阿里等国内外云服务厂商也根据各自的客户需求，进行了一些有针对性的探索，但是并未形成统一的数据保护和加密机制。

（2）防护问题。目前，提供云服务的厂商，往往在安全防护方面没有直接的管控模块，对于可能发生的攻击，部分采取外包的形式交给第三方来提供基础保障，造成云端的防护功能并不完全可控。安全防护工作，并不是一个"非此即彼"的问题，而是一个利益与质量之间的权衡和度量问题。

（3）标准问题。在公有云的各种产品中，并没有一个可以互联互通的一个标准化协议，厂商之间也只是与各自的合作伙伴进行内部开发。一旦出现需求变更、数据迁移、突发事件等状况，用户的业务衔接必将出现断层，引发连锁反应。

（4）透明问题。公有云服务商往往宣称自己的服务如何全面、技术如何先进、流程设计如何科学，但是表面上的言辞并不能解决客户心底的顾虑。由于商业方面的原因，服务商一般会回避自身的短板，如平台迁移、灾备方式、业务连续性等。

（5）规则问题。在用户业务、文档、数据生成的过程中，由于行业目前还没有细化相关责任归属的法律规范，只是以出售固定信息产品的形式来确定权责，基于用户具体业务操作过程中的安全责任问题，没有过多阐述，给服务商提供了规避的机会。鉴于此，业内有关人士建议，云提供商应为客户提供某种证书，以证明他们的云已经满足了安全保存数据的法律或者规范的要求。

从以上五个问题层面，分析公有云安全方面的选型与规划，具体表现在以下几个方面。

1）数据安全分析。

2）安全防护策略分析。

3）安全标准分析。

4）公有云服务商退出风险分析。

5）公有云服务商面临的道德风险。

6）监管和法律风险。

7）综合安全评估。

2. 操作步骤

（1）步骤一：数据安全分析。数据安全的主要目标之一是保护用户数据。当向公有云计算过渡时，传统的数据安全方法将遭到公有云模式架构的挑战。弹性、多租户、新的物理和逻辑架构以及抽象的控制需要新的数据安全策略。安全策略的防护主要表现在以下几个方面。

1）数据安全隔离。为实现不同用户间数据信息的隔离，可根据应用具体需求，采用物理隔离、虚拟化和 Multi-tenancy 等方案实现不同租户之间数据和配置信息的安全隔离，以保护每个租户数据的安全与隐私。

2）数据访问控制。在数据的访问控制方面，可通过采用基于身份认证的权限控制方式，进行实时的身份监控、权限认证和证书检查，防止用户间的非法越权访问。如可采用默认"deny-all"的访问控制策略，仅在有数据访问需求时才显性打开对应的端口或开启相关访问策略。在虚拟应用环境下，可设置虚拟环境下的逻辑边界安全访问控制策略，如通过加载虚拟防火墙等方式实现虚拟机间、虚拟机组内部精细化的数据访问控制策略。

3）数据加密存储。对数据进行加密是实现数据保护的一个重要方法，即使该数据被人非法窃取，对他们来说也只是一堆乱码，并无法知道具体的信息内容。在加密算法选择方面，应选择加密性能较高的对称加密算法，如 AES、3DES 等国际通用算法，或我国国有商密算法 SCB2 等。在加密密钥管理方面，应采用集中化的用户密钥管理与分发机制，实现对用户信息存储的高效安全管理与维护。对云存储类服务，云计算系统应支持提供加密服务，对数据进行加密存储，防止数据被他人非法窥探；对于虚拟机等服务，则建议用户对重要的用户数据在上传、存储前自行进行加密。

4）数据加密传输。在云计算应用环境下，数据的网络传输不可避免，因此保障数据传输的安全性也很重要。数据传输加密可以选择在链路层、网络层、传输层等层面实现，采用网络传输加密技术保证网络传输数据信息的机密性、完整性、可用性。对于管理信息加密传输，可采用 SSH、SSL 等方式为云计算系统内部的维护管理提供数据加密通道，保障维护管理信息安全。对于用户数据加密传输，可采用 IPSecVPN、SSL 等 VPN 技术提高用户数据的网络传输安全性。

5）数据备份与恢复。不论数据存放在何处，用户都应该慎重考虑数据丢失风险，为应对突发的云计算平台的系统性故障或灾难事件，对数据进行备份或者快速恢复十分重要。如在虚拟化环境下，应能支持基于磁盘的备份与恢复，实现快速的虚拟机恢复，应支持文件级完整与增量备份，保存增量更改以提高备份效率。

6）剩余信息保护。由于用户数据在云计算平台中是共享存储的，今天分配给某一用户的存储空间，明天可能分配给另外一个用户，因此需要做好剩余信息的保护措施。所以要求云计算系统在将存储资源重分配给新的用户之前，必须进行完整的数据擦除，在对存储的用户文件/对象删除后，对相应的存储区进行完整的数据擦除或标识为只写（只能被新的数据覆写），防止被非法恶意恢复。

（2）步骤二：安全防护策略分析。

1）云计算信息安全标准体系评估。无论是公有云用户，还是私有云用户，均对信息安全有着较高的期望，因此必须以完善的安全标准体系为指导和依据。分析不同厂商的信息安全标准，应就云计算的运营流程、设施配置、安全要求、控制策略及其评估体系是否规范化和标准化。

2）云计算基础设施安全管理评估。基础设施作为云计算的运行平台，若其自身配置便存在安全风险和漏洞，那么信息安全必然得不到全面保障，可以从云计算设施安全管理防护策略进行分析。重点查看基础网络 IP 是否统一规划，关键节点中断和服务器的 IP 与 MAC 是否采取绑定操作，以防地址欺骗；针对网络核心设备，是否有对集合链路冗余进行备份，并基于异常流量监控及时发现并阻断互联网对 DDOS 的攻击，同时分别将防火墙设置在 DMZ 内网和互联网接入点与 DMZ 之间，以此确保云计算服务连续、安全而稳定；对于应用系统主机设备，是否予以安全加固，是否关闭不使用的服务端口和组件，并对虚拟机、数据库、操作系统等加以补丁控制，同时安装实时监测、恶意代码、病毒查杀等软件产品，在信息中心部署 IDS/IPS 设备，以此保护系统安全；此外还要从身份鉴别、账户管理、远程访问等方面强化系统访问安全进行评估，如是否设置登录权限和口令，支持单一用户连接超时和次数限制，实行多因子认证等。

3）云计算服务基础技术水平评估。对于云计算体系而言，IaaS 虚拟化、PaaS 分布式、SaaS 在线软件等是其关键技术，其中虚拟技术是实现 IT 资源灵活性和利用率最大化的重要手段，一般负责将 IT 内的硬件资源转化成资源池，然后经网络传输至客户，在此分析是否具有通过键盘锁定、设备冗余、并行访问、对数据存储加以冗余保护、完善容灾和容错机制等策略确保虚拟化安全。同时基于防火墙执行逻辑分区边界防护和集中管理分段功能分析，是否有启动虚拟端口限速功能，结合虚拟网络重要日志审计，以便及时发现异常并予以有效控制。

4）云计算信息风险防范能力评估。一是数据加密评估，此时要求既要对数据的访问权限进行加密，也要加密元数据，故可在传输文件数据时是否对其进行 AES 加密处理，并对密钥予以 RSA 加密，然后绑定密钥密文和文件密文，经系统分块将其存储于 HDFS 的存储节点中，最后依次经抽取密钥密文、私钥解密、文件密文解密获取文件；二是数据删除技术，是否对有价值或敏感的云端数据进行删除，但若遇到磁盘停运，数据可能因被恢复而引发泄露风险，此时是否具有借助替换实际值和键值等数据屏蔽技术减少敏感信息的外泄风险措施；三是数据灾备技术评估，因数据中心涉及了所有相关的业务信息，故其灾难备份和恢复尤为关键，除了合理运用虚拟技术外，还可发挥 SAN 自身优势在最大程度上实现数据共享和管理优化。

5）云计算服务系统运行环境评估。云计算服务运行环境的优劣对信息安全防护效果也有着不容忽视的影响，因此在寻求防护策略的过程中，还应注重优化其运行环境，可通过访问控制、身份认证、信任管理等技术途径进行评估。如对于身份认证，可基于数字证书、生物特征、硬件信息绑定等方式进行集中用户认证，并根据网域和服务划分用户级别予以集中授权，同时结合账号退出检测、账号连续出错自动锁定等功能严格管理身份认证；对于访问控制，是否具有选择强制访问机制很关键，因为与自主访问和角色访问方式相比，强制访问机制更利于维护数据安全；而对于信任管理策略可查看其是否具有通过核实、授权信任级别，用户行为跟踪和获取，监督、规范用户行为，评估、量化用户行为数据等环节。

（3）步骤三：安全标准分析。公有云的各种产品中，有没有一个可以互联互通的一个标准化协议，厂商的安全标准是否符合国家云计算安全标准准则或者国际通行的行业规范。

（4）步骤四：公有云服务商退出风险评估。随着公有云的不断发展，业务相关的大量敏感数据存储在云环境中，必然要求云计算服务提供商能够提供长期、稳定的服务。而公有云服务商作为商业经营实体，如果出现经营不善或其他突发事件，可能无法持续经营而终止服务，使用其服务的各类机构直接面临业务中断和数据丢失的风险。特别是随着公有云服务用户越来越多，依托云开展的业务范围越来越广，一旦出现异常将会引起很大的社会动荡和影响。目前在云服务退出方面还缺乏相应的规范和约束，存在很高的退出风险。

（5）步骤五：公有云服务面临的道德风险。公有云服务商作为商业经营机构，保证用户业务安全、稳定运行仅仅是其谋利的手段，并不是其终极目标。因此，当用户目标和服务商终极目标出现冲突时，可能会面临服务商缺乏保证业务安全稳定运行的意愿。同时，云计算系统管理员访问控制权限没有严格限制，将会给用户存储于云端的数据带来很大威胁，特别云端的用户数据对于超级管理员而言，几乎是不设防。这样，依托于公有云的相关业务的安全稳定运行，敏感数据和隐私信息保护在很大程度上依赖云服务商相关人员的职业素养和道德约束，因此云服务商应加强全员职业教育和风险防范意识。

（6）步骤六：监管和法律风险。当前开展公有云服务还未建立面向行业的相应标准检测认证体系，无法对云服务商进行客观的审查和评估，存在监管盲区，公有云还处于野蛮生长状态。跨区域、跨境的公有云大环境，信息服务或用户数据可能分布在不同地区不同国家，信息安全监管等方面存在差异与纠纷，在数据安全和隐私保护方面会出现无法进行有效监管的不利局面。另外，由于云计算涉及虚拟化、分布式计算等技术引起的用户系统和数据的界限模糊，不同用户共享物理、计算、平台和应用资源，会造成司法取证困难，出现法律纠纷时会面临较高的法律风险。

（7）步骤七：综合安全评估。根据上述六个方面的指标系统评估以后，综合考虑云服务商的技术实力和经济实力，选择出适合自身业务需求的公有云平台。

21.4.3 活动三　能力提升

从数据安全性、平台安全防护策略、平台安全标准等几个方面出发，分析公有云平台的安全可行性。根据分析数据，得出分析报告，从而选出适合业务发展的公有云平台。

根据设计的要求，需要对各个子系统的业务进行分析，其中包括对应模块安全性需求分析，具体要求如下。

（1）步骤一：数据安全分析。

（2）步骤二：安全防护策略分析。

（3）步骤三：安全标准分析。

（4）步骤四：公有云服务商退出风险评估。

（5）步骤五：公有云服务面临的道德风险。

（6）步骤六：监管和法律风险。

（7）步骤七：综合安全评估。

21.5 效果评价

效果评价参见任务 1，评价标准见附录任务 21。

21.6 相关知识与技能

21.6.1 阿里云安全防护策略

1. 安全组

安全组是一个逻辑上的分组，这个分组是由同一个地域（Region）内具有相同安全保护需求并相互信任的实例组成。每个实例至少属于一个安全组，在创建的时候就需要指定。同一安全组内的实例之间网络互通，不同安全组的实例之间默认内网不通。可以授权两个安全组之间互访。

安全组是一种虚拟防火墙，具备状态检测包过滤功能。安全组用于设置单台或多台云服务器的网络访问控制，它是重要的网络安全隔离手段，用于在云端划分安全域。

2. 安全组限制

单个安全组内的实例个数不能超过 1000，如果用户有超过 1000 个实例需要内网互访，可以将他们分配到多个安全组内，并通过互相授权的方式允许互访。

每个实例最多可以加入 5 个安全组。

每个用户的安全组最多 100 个。

执行对安全组的调整操作，对用户的服务连续性没有影响。

安全组是有状态的，如果数据包在 Outbound 方向是被允许的，那么对应的此连接在 Inbound 方向也是允许的。

安全组的网络类型分为经典网络和专有网络。

经典网络类型的实例可以加入同一地域（Region）下经典网络类型的安全组。

专有网络类型的实例可以加入同一专有网络（VPC）下的安全组。

3. 安全组规则

安全组规则可以允许或者禁止与安全组相关联的云服务器 ECS 实例的公网和内网的入出方向的访问。

用户可以随时授权和取消安全组规则。用户的变更安全组规则会自动应用于与安全组相关联的 ECS 实例上。

在设置安全组规则的时候，请注意以下限制。

（1）安全组中没有任何一条规则能够做到。允许 ECS 实例的出方向访问，但禁止 ECS 实例的入方向访问，反之亦然。

（2）安全组的规则务必简洁。如果用户给一个实例分配多个安全组，则该实例可能会应用多达数百条规则。访问该实例时，可能会出现网络不通的问题。

4. 安全组规则限制

每个安全组最多有 100 条安全组规则。

5. 云盾

（1）DDoS 防护服务。针对阿里云服务器在遭受大流量的 DDoS 攻击后导致服务不可用的情况下，推出的付费增值服务，用户可以通过配置高防 IP，将攻击流量引流到高防 IP，确保源站的稳定可靠。免费为阿里云上客户提供最高 5G 的 DDoS 防护能力。

（2）安骑士。阿里云推出的一款免费云服务器安全管理软件，主要提供木马文件查杀、防密码暴力破解、高危漏洞修复等安全防护功能。

（3）阿里绿网。基于深度学习技术及阿里巴巴多年的海量数据支撑，提供多样化的内容识别服务，能有效帮助用户降低违规风险。

（4）安全网络。一款集安全、加速和个性化负载均衡为一体的网络接入产品。用户通过接入安全网络，可以缓解业务被各种网络攻击造成的影响，提供就近访问的动态加速功能。

（5）DDoS 高防 IP。针对互联网服务器（包括非阿里云主机）在遭受大流量的 DDoS 攻击后导致服务不可用的情况下，推出的付费增值服务，用户可以通过配置高防 IP，将攻击流量引流到高防 IP，确保源站的稳定可靠。

（6）网络安全专家服务。在云盾 DDoS 高防 IP 服务的基础上，推出的安全代维托管服务。该服务由阿里云云盾的 DDoS 专家团队，为企业客户提供私家定制的 DDoS 防护策略优化、重大活动保障、人工值守等服务，让企业客户在日益严重的 DDoS 攻击下高枕无忧。

（7）服务器安全托管。为云服务器提供定制化的安全防护策略、木马文件检测和高危漏洞检测与修复工作。当发生安全事件时，阿里云安全团队提供安全事件分析、响应，并进行系统防护策略的优化。

21.6.2 AWS Identity and Access management

AWS Identity and Access Management（IAM）是一种 Web 服务，可帮助管理员安全地控制用户对 AWS 资源的访问权限。通过 IAM 可以控制哪些人可以使用 AWS 资源（身份验证）以及他们可以使用的资源和采用的方式（授权）。

为实现更好的安全性和组织，可以向特定用户（使用自定义权限创建的身份）授予 AWS 账户的访问权限。通过将现有身份联合到 AWS 中，可以进一步简化这些用户的访问。

1. 根账户凭证

创建 AWS 账户时，会创建一个用于登录 AWS 的账户（即"根"）身份。可以使用此根身份（即创建账户时提供的电子邮件地址和密码）登录 AWS 管理控制台。电子邮件地址和密码的这一组合也称为根账户凭证。

使用根账户凭证时，可以对 AWS 账户中的所有资源进行完全、无限制的访问，包括访问账单信息，还能更改自己的密码。当首次设置账户时，需要此访问级别。但是，不建议使用根账户凭证进行日常访问。特别建议不与任何人共享根账户凭证，因为如果这样做，其他人可对账户进行无限制地访问，从而无法限制向根账户授予的权限。

以下几节说明如何使用 IAM 创建和管理用户身份和权限以提供对 AWS 资源的安全、有限访问，适用于自己以及需要使用 AWS 资源的其他人员。

2. IAM 用户

AWS Identity and Access Management（IAM）的"身份"可帮助解决问题"该用户是谁？"（通常称为身份验证）。可以在账户中创建与组织中的用户对应的各 IAM 用户，而不是与他人共享根账户凭证。IAM 用户不是单独的账户，它们是根账户中的用户，每个用户都可以有自己的密码以用于访问 AWS 管理控制台。除此之外，还可以为每个用户创建单独的访问密钥，以便用户可以发出编程请求以使用账户中的资源。图 21-1 中，用户 Brad、Jim、DevApp1、DevApp2、TestApp1 和 TestApp2 已添加到单个 AWS 账户。每个用户都有自己的凭证。

3. 策略和用户

默认情况下，用户无法访问根账户中的任何内容。可通过创建策略（这是列出用户可以执行的操作以及操作可以影响的资源的文档）向用户授予权限。以下示例演示了一个策略。

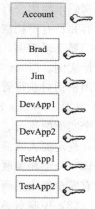

```
{
    "Version":"2012-10-17",
    "Statement":{
        "Effect":"Allow",
        "Action":"dynamodb:*",
        "Resource":"arn:aws:dynamodb:us-west-2:123456789012:table/Books"
    }
}
```

图 21-1　用户凭证

此策略授予在账户 123456789012 中对 Books 表执行所有 DynamoDB 操作（dynamodb:*）的权限。将该策略附加到某个用户时，该用户即拥有这些 DynamoDB 权限。通常，根账户中的用户附加了不同的策略，这些策略表示用户要在根账户 AWS 中工作所需的权限。

默认情况下会拒绝未显式允许的任何操作或资源。例如，如果这是附加到用户的唯一策略，则不允许用户对其他表执行 DynamoDB 操作。同样，不允许用户在 Amazon EC2、Amazon S3 或任何其他 AWS 产品中执行任何操作，因为策略中不包含使用这些产品的权限。

4. 策略和组

可以将 IAM 用户组织为 IAM 组，然后将策略附加到组。这种情况下，各用户仍有自己的凭证，但是组中的所有用户都具有附加到组的权限。使用组可更轻松地管理权限，并遵循 IAM 最佳实践。

用户或组可以附加授予不同权限的多个策略（见图 21-2）。这种情况下，用户的权限基于策略组合进行计算。不过基本原则仍然适用：如果未向用户授予针对操作和资源的显式权限，则用户没有这些权限。

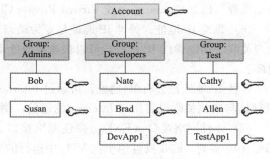

21.6.3　AWS 网络与安全性介绍

Amazon EC2 提供以下网络和安全功能：

图 21-2　用户凭证

1）Amazon EC2 密钥对。

2）Amazon EC2 安全组（对于 Linux 实例）。

3）控制对 Amazon EC2 资源的访问。

4）Amazon EC2 和 Amazon Virtual Private Cloud。

5）Amazon EC2 实例 IP 寻址。

6）弹性 IP 地址。

7）弹性网络接口（ENI）。

8）置放群组。

9）EC2 实例的网络最大传输单位（MTU）。

10）Linux 上的增强联网。

（1）Amazon EC2 密钥对。Amazon EC2 使用公有密钥密码术加密和解密登录信息。公有密钥密码术使用公有密钥加密某个数据（如一个密码），然后收件人可以使用私有密钥解密数据。公有和私有密钥被称为密钥对。

要登录实例，必须创建一个密钥对，并在启动实例时指定密钥对的名称，然后使用私有密钥连接实例。Linux 实例没有密码，可以使用密钥对和 SSH 登录实例。对于 Windows 实例，可以使用密钥对获得管理员密码，然后使用 RDP 登录实例。

（2）Amazon EC2 安全组（对于 Linux 实例）。安全组起着虚拟防火墙的作用，可控制一个或多个实例的流量。在启动实例时，将一个或多个安全组与该实例相关联。为每个安全组添加规则，规定流入或流出其关联实例的流量。用户可以随时修改安全组的规则；新规则会自动应用于与该安全组相关联的所有实例。在决定是否允许流量到达实例时，AWS 会评估与实例相关联的所有安全组中的所有规则。

（3）控制对 Amazon EC2 资源的访问。安全证书使 AWS 中的服务可以识别账号，并授予对 AWS 资源（例如 Amazon EC2 资源）的无限制使用权限。可以使用 Amazon EC2 和 AWS Identity and Access Management（IAM）的功能，在不共享安全证书情况下允许其他用户、服务和应用程序使用 Amazon EC2 资源。也可以使用 IAM 控制其他用户对 AWS 账户中资源的使用方式，并且可以使用安全组来控制对 Amazon EC2 实例的访问。可以选择授予 Amazon EC2 资源的完全使用或限制使用权限。

（4）Amazon EC2 和 Amazon Virtual Private Cloud。通过 Amazon Virtual Private Cloud（Amazon VPC），可以在 AWS 云内自己的逻辑隔离区域中定义虚拟网络，AWS 称之为 Virtual Private Cloud（VPC）。可将 AWS 资源（如实例）启动到 VPC 中。VPC 与在自己的数据中心运行的传统网络极其相似，但同时可提供利用 AWS 的可扩展基础设施的优势。可以配置 VPC；可以选择它的 IP 地址范围、创建子网并配置路由表、网关和安全设置。

（5）Amazon EC2 实例 IP 寻址。AWS 为实例提供 IP 地址和 DNS 主机名。这些会因实例的启动位置（EC2-Classic 平台或 Virtual Private Cloud 中）而异。

（6）弹性 IP 地址。弹性 IP 地址是专为动态云计算设计的静态 IP 地址，弹性 IP 地址与 AWS 账户关联。借助弹性 IP 地址，可以快速将地址重新映射到账户中的另一个实例，从而屏蔽实例故障。

弹性 IP 地址是公有 IP 地址，可通过 Internet 访问。如果实例没有公有 IP 地址，可以将弹性 IP 地址与实例关联以启用与 Internet 的通信，例如从本地计算机连接到实例。

（7）弹性网络接口（ENI）。弹性网络接口（ENI）是一种虚拟网络接口，可以将其连接至 VPC 中的实例。ENI 只可用于在 VPC 中运行的实例。

ENI 包含以下属性：

1）主要私有 IP 地址。

2）一个或多个次要私有 IP 地址。

3）每个私有 IP 地址一个弹性 IP 地址。

4）一个公有 IP 地址，该地址在读者启动实例时可自动分配到 eth0 的弹性网络接口。

5）一个或多个安全组。

6）MAC 地址。

7）源/目标检查标记。

具体描述如下。

可以创建一个弹性网络接口，将其附加到一个实例上，然后将其与实例分离再附加到另一个实例上。弹性网络接口的属性会在该接口连接一个实例或断开与一个实例的连接并重新连接至另一实例时跟随该接口。当将一个弹性网络接口从一个实例移动到另一个实例时，网络流量也会重定向到新的实例。

VPC 中的每个实例都有一个默认的弹性网络接口（主网络接口 eth0），并会被指定一个在 VPC 的 IP 地址范围内的私有 IP 地址。无法从实例断开主网络接口。可以创建并连接额外的弹性网络接口。可以使用的弹性网络接口的最大数量根据实例类型而不同。

（8）置放群组。置放群组是单个可用区中的实例的逻辑分组。使用包含受支持的实例类型的置放群组使应用程序可以加入低延迟的 10Gbit/s 网络。建议将置放群组用于可受益于低网络延迟、高网络吞吐量或两者并存的应用程序。要为置放群组提供最低延迟和最高每秒数据包数的网络性能，请选择支持增强联网的实例类型。

（9）EC2 实例的网络最大传输单位（MTU）。网络连接的最大传输单位（MTU）是能够通过该连接传递的最大可允许数据包的大小（以字节为单位）。连接的 MTU 越大，可在单个数据包中传递的数据越多。以太网数据包由帧（或用户发送的实际数据）和围绕它的网络开销信息组成。

以太网帧有不同的格式，最常见的格式是标准以太网 v2 帧格式。它支持 1500 MTU，它是通过大部分 Internet 支持的最大以太网数据包大小。实例支持的最大 MTU 取决于其实例类型。所有 Amazon EC2 实例类型都支持 1500 MTU，并且当前很多实例大小都支持 9001 MTU 或极大帧。

（10）Linux 上的增强联网。增强联网使用单个根 I/O 虚拟化（SR-IOV）在支持的实例类型上提供高性能的联网功能。SR-IOV 是一种设备虚拟化方法，与传统虚拟化网络接口相比，它不仅能提高 I/O 性能，还能降低 CPU 利用率。增强联网可以提高带宽，提高每秒数据包数（PPS）性能，并不断降低实例间的延迟。

练习与思考

一、单选题（10 道）

1. 以下属于传输层 DDoS 攻击的是（　　）。
   A. http get flood　　B. Amur food　　　　C. Stream flood　　　　D. Syn flood

2. 以下不属于阿里云基础版 Anti-DDoS 产品免费优势的是（　　）。
   A. 基础 DDoS 防护免费
   B. 自动为云上客户开通免安装
   C. 阿云用户免费自愿加入安全信誉防护联盟
   D. 安全信誉联盟公测期间限量开放

3. 以下不属于阿里云安骑士轻量级特性的是（　　）。
   A. 占用 1% 的 CPU　　　　　　　　B. 10MB 内存
   C. 100MB 内存　　　　　　　　　　D. 可能活设置资源占用上线

4. 阿里云安骑士在服务器上无软件操作界面，所有数据展示和操作均在云盾控制台中完成，支持（　　）功能。
   A. 批量管理　　　B. 批量部署　　　　C. 批量分发　　　　D. 批量统计

5. 阿里云安骑士不支持的平台有（　　）。
   A. Linux 系统　　　　　　　　　　B. Windows 系统
   C. unix 系统　　　　　　　　　　　D. 阿里云经典网络环境

6. 以下不属于阿里云安骑士的大数据防御优势的是（　　　）。

　　A. 全网最大恶意攻击源　　　　　　　B. 恶意文件库

　　C. 漏洞补丁库　　　　　　　　　　　D. 拦截量在 100 万次攻击以下

7. 阿里云用户提供最高（　　　）的默认 DDoS 防护能力。

　　A. 3G　　　　　　B. 4G　　　　　　C. 5G　　　　　　D. 100G

8. 加入安全信誉防护联盟计划的阿里云用户最高可获得（　　　）以上的免费 DDoS 防护攻击。

　　A. 1G　　　　　　B. 10G　　　　　　C. 100G　　　　　D. 1000G

9. 阿里云 DDoS 防护保障（　　　）业务安全。

　　A. ECS/SBL　　　B. RDS　　　　　　C. CDN　　　　　D. Redis

10. 以下属于 web 应用 DDoS 攻击的是（　　　）。

　　A. http get flood　B. Dns request flood　C. Query flood　D. Frag flood

二、多选题（10 道）

11. 阿里云安骑士产品支持以下哪些功能？（　　　）

　　A. 木马查杀　　　B. 补丁管理　　　　C. 基线检查　　　D. 主机防火墙

　　E. 安全运维

12. 阿里云安骑士主机防火墙功能支持（　　　）协议的自定义访问控制。

　　A. SSH　　　　　B. TCP　　　　　　C. IPX　　　　　D. UDP

　　E. HTTP

13. 阿里云安骑士主机防火墙功能 Web 攻击拦截策略自定义支持（　　　）。

　　A. ipx 字段　　　　　　　　　　　　B. http URL 字段

　　C. http Referer 字段　　　　　　　　D. http User-Agent 字段

　　E. ssh 字段

14. 阿里云安骑士补丁管理功能包括（　　　）。

　　A. 漏洞扫描　　　B. 白研补丁　　　　C. 一键修复　　　D. 自动修复

　　E. 计算机清理

15. DNS DDoS 攻击包括（　　　）。

　　A. DNS request flood　　　　　　　　B. DNS response flood

　　C. 虚假源＋真实源 dns query flood　　D. frag flood

　　E. 权威服务器和 local 服务器攻击

16. Web 应用 DDoS 攻击包括（　　　）。

　　A. http get flood　　　　　　　　　　B. http post flood

　　C. cc 攻击　　　　　　　　　　　　　D. land flood 攻击

　　E. stream flood

17. 以下属于阿里云 DDoS 基础防护服务防护类型的是（　　　）。

　　A. ICMP Flood　　B. UDP Flood　　　C. TCP Flood　　　D. SYN Flood

　　E. ACK Flood

18. 阿里云安骑士产品的应用场景有（　　　）。

　　A. 使用通用软件进行建站的服务器　　B. 有 Web 服务的服务器

　　C. 个人计算机　　　　　　　　　　　D. 批量服务器安全运维场景

　　E. 内网服务器

19. 以下属于 Amazon EC2 提供网络和安全功能的有（　　　）。

A. Amazon EC2 密钥对

B. Amazon EC2 安全组（对于 Linux 实例）

C. Amazon EC2 和 Amazon Virtual Private Cloud

D. 安骑士

E. 控制对 Amazon EC2 资源的访问

20. 阿里云安骑士的安全运维功能支持（　　　）。

A. Linux shell 命令　　　　　　　　B. Windows BAT 命令

C. 非交互式命令　　　　　　　　　　D. 批量下发

E. 结果在线和导出查看

三、判断题（10 道）

21. 阿里云安骑士通过安装在管理客户端上的轻量级 Agent 插件与云端防护中心的规则联动，实时感知和防御入侵事件，保障服务器的安全。

22. Amazon EC2 使用公有密钥密码术加密和解密登录信息。

23. 阿里云服务器安全（安骑士）不支持远程命令功能。

24. 优盾是 UCloud 云计算平台安全产品及服务的统称，由 UCloud 安全团队精心打造。

25. Amazon EC2 安全组起着虚拟防火墙的作用，可控制一个或多个实例的流量。

26. 阿里云服务器安全（安骑士）不支持补丁管理。

27. 阿里云服务器安全（安骑士）不支持基线检测。

28. 阿里云服务器安全（安骑士）不支持木马查杀。

29. 阿里云 DDoS 基础版使用场景为互联网 DDoS 攻击防护。

30. 阿里云 DDoS 基础版防护容量适合 100G 以上攻击防护场景。

 练习与思考题参考答案

1. C	2. A	3. C	4. D	5. C	6. C	7. A	8. D	9. B	10. A
11. ABCDE	12. BDE	13. BCD	14. ABC	15. ABCE	16. ABC	17. ABCDE	18. ABD	19. ABCE	20. ABCDE
21. ×	22. √	23. ×	24. √	25. √	26. ×	27. ×	28. ×	29. √	30. ×

任务 ㉒

公有云实例管理

该训练任务建议用 9 个学时完成学习。

22.1 任务来源

在公有云部署之前，需要结合云架构需求部署相应的云虚拟机，以便运维人员、第三方承包公司或工程项目实施单位对虚拟服务器配置有统一认识，通过服务器实例管理，结合业务设计架构部署相应的业务在云虚拟机上。

22.2 任务描述

读者设定有 A、B 两个虚拟机实例，其中 A 实例配置 vcpu 为 2，内存 8GB。B 实例配置 vcpu 为 4，内存 16GB。根据综网络架构设计和实际应用需求，完成综合业务方案的实例业务管理，主要包括：实例创建、启动、业务部署、停止和重启。

22.3 能力目标

22.3.1 技能目标

完成本训练任务后，读者应当能（够）掌握以下技能。

1. 关键技能

（1）会使用阿里云实例云盘以及亚马逊 AWS EBS 的添加、挂载。

（2）会公有云常用实例的管理。

2. 基本技能

（1）会阿里云和亚马逊 AWS 账号的申请。

（2）会常用的 Linux 远程管理方法。

（3）会注册公有云账号。

22.3.2 知识目标

完成本训练任务后，读者应当能（够）学会以下知识：

（1）会公有云常用实例的分类。

（2）熟悉公有云实例的概念。

（3）掌握阿里云和亚马逊 AWS 产品和各个实例的具体功能。

22.3.3 职业素质目标

完成本训练任务后，读者应当能（够）具备以下素质。

（1）具有守时、诚信、敬业精神。

（2）具有安全意识、质量意识、保密意识。

（3）遵守系统调试标准规范，养成严谨科学的工作态度。

（4）养成总结训练过程和结果的习惯，为再次实训总结经验。

（5）树立学习新知识、掌握新技能的自信心。

（6）培养喜爱云计算运维管理工作的心态。

22.4 任务实施

22.4.1 活动一 知识准备

（1）阿里云实例 ECS 典型应用场景。阿里云服务器实例 ECS 应用非常广泛，既可以作为简单的 Web 服务器单独使用，也可以与其他阿里云产品（如 OSS、CDN 等）搭配提供强大的多媒体解决方案。以下是云服务器 ECS 的典型应用场景：

1）企业官网、简单的 Web 应用。

2）多媒体、大流量的 APP 或网站。

3）数据库。

4）访问量波动大的 APP 或网站。

（2）可用区及同一可用区内的优势。可用区是指在同一地域内，电力和网络互相独立的物理区域。

同一可用区的优势主要表现在：同一可用区内的实例网络延时更小，在同一地域内可用区与可用区之间内网互通，可用区之间能做到故障隔离。

（3）实例生命周期和生命周期固有状态。实例的生命周期是从创建（购买）开始到最后释放（包年包月实例到期、按量付费实例欠费停机或者按量付费实例用户主动释放）。

在这个生命周期中，实例有其固有的几个状态，分别是实例创建、启动实例、重启实例、停止实例、删除实例。

22.4.2 活动二 示范操作

1. 活动内容

（1）根据网络拓扑规划，在两个不同的公有云平台分别创建两个云实例，其中 A 实例作为 Web 服务器实例，B 实例作为 Mysql 数据库实例。通过实例创建过程，演示实例的启动、停止和重启功能是否正常。

（2）给 B 实例添加额外虚拟磁盘，并进行挂载数据盘、卸载该数据盘。

（3）初始化 B 实例虚拟磁盘。

2. 操作步骤

（1）步骤一：注册阿里云账号。

1）在浏览器输入阿里云地址，注册阿里云账号，如图 22-1 所示。

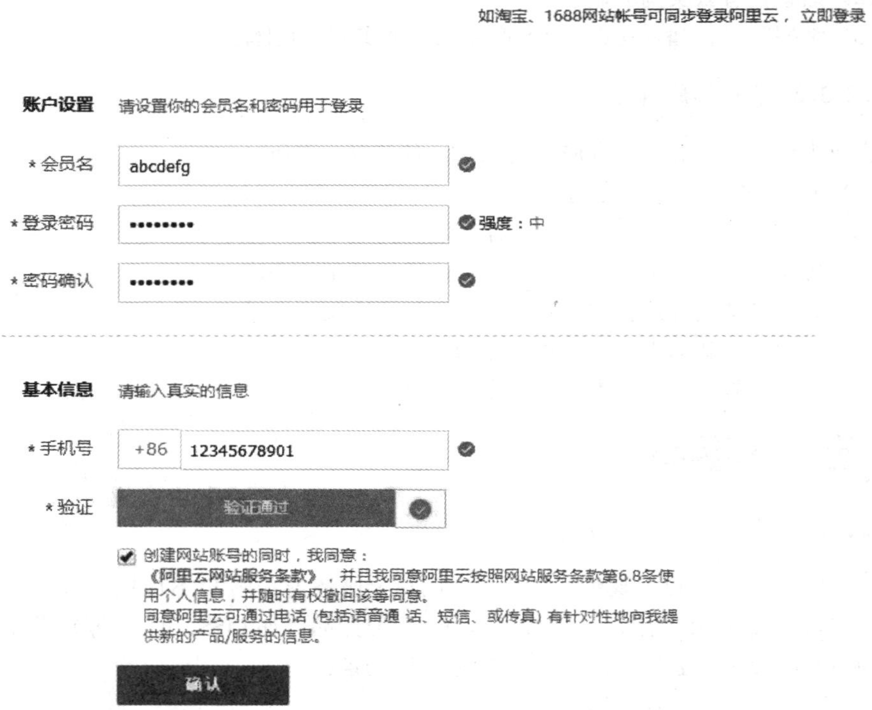

如淘宝、1688网站帐号可同步登录阿里云，立即登录

账户设置　请设置你的会员名和密码用于登录

* 会员名　　abcdefg　　　　　　　　　✓

* 登录密码　••••••••　　　　　　✓ 强度：中

* 密码确认　••••••••　　　　　　✓

基本信息　请输入真实的信息

* 手机号　+86　12345678901　　　　　✓

* 验证　　　　验证通过　　　　　✓

☑ 创建网站账号的同时，我同意：
　《阿里云网站服务条款》，并且我同意阿里云按照网站服务条款第6.8条使用个人信息，并随时有权撤回该等同意。
　同意阿里云可通过电话（包括语音通话、短信、或传真）有针对性地向我提供新的产品/服务的信息。

确认

图 22-1　注册阿里云账号

2）注册成功登录，如图 22-2 所示。

图 22-2　登录阿里云账号

3）实名认证，如图 22-3 所示。

图 22-3　实名认证

（2）步骤二：进入阿里云控制台。

1）进入控制台，创建实例，如图 22-4 所示。

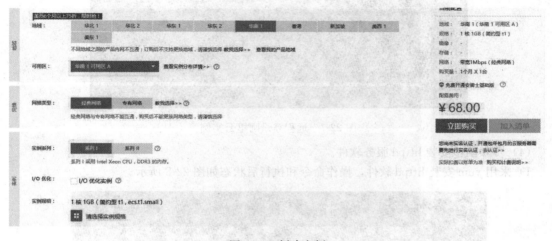

图 22-4　创建实例

2）实例创建成功，提交实例如图 22-5 所示。

图 22-5　提交实例

（3）步骤三：启动阿里云实例。

1）启动实例，待实例启动完成后，选择终端管理，登录命令行界面，如图 22-6 所示：

图 22-6　终端管理

2）获取实例外网 IP 地址，使用 xshell 远程连接到实例命令行界面，如图 22-7 所示。

```
Connecting to 120.24.212.221:22...
Connection established.
To escape to local shell, press 'Ctrl+Alt+]'.

Last failed login: Sun Oct 30 00:07:16 CST 2016 from 61.144.197.104 on ssh:notty
There were 5 failed login attempts since the last successful login.
Last login: Sat Oct 29 23:58:07 2016 from 61.144.197.104

Welcome to aliyun Elastic Compute Service!

[root@web ~]#
```

图 22-7　远程登录阿里云实例

（4）步骤四：安装 httpd 服务软件。

1）采用 yum 安装 httpd 软件，操作命令和执行后状态如图 22-8 所示。

```
[root@web ~]# yum install httpd -y
```

图 22-8　安装 httpd 软件

2）启动 httpd 服务，如图 22-9 所示。

```
[root@web ~]# systemctl start httpd
[root@web ~]# systemctl status httpd
● httpd.service - The Apache HTTP Server
   Loaded: loaded (/usr/lib/systemd/system/httpd.service; disabled; vendor preset: disable
d)
   Active: active (running) since Sun 2016-10-30 00:11:44 CST; 2s ago
     Docs: man:httpd(8)
           man:apachectl(8)
 Main PID: 1172 (httpd)
   Status: "Processing requests..."
   CGroup: /system.slice/httpd.service
           ├─1172 /usr/sbin/httpd -DFOREGROUND
           ├─1173 /usr/sbin/httpd -DFOREGROUND
           ├─1174 /usr/sbin/httpd -DFOREGROUND
           ├─1175 /usr/sbin/httpd -DFOREGROUND
           ├─1176 /usr/sbin/httpd -DFOREGROUND
           └─1177 /usr/sbin/httpd -DFOREGROUND

Oct 30 00:11:44 web systemd[1]: Starting The Apache HTTP Server...
Oct 30 00:11:44 web httpd[1172]: AH00557: httpd: apr_sockaddr_info_get() failed for web
Oct 30 00:11:44 web httpd[1172]: AH00558: httpd: Could not reliably determine the se...age
Oct 30 00:11:44 web systemd[1]: Started The Apache HTTP Server.
Hint: Some lines were ellipsized, use -l to show in full.
```

图 22-9　启动 httpd 服务

（5）步骤五：挂载、卸载数据盘。

1）从实例入口。

a）登录。云服务器管理控制台，单击左侧菜单中的实例，单击页面顶部的地域，单击需要挂载磁盘的实例名称，或者单击实例页面右侧的管理，如图 22-10 所示。

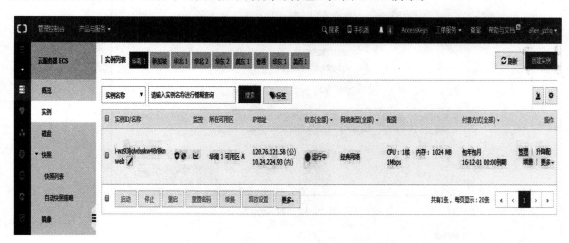

图 22-10　从控制台登录磁盘挂载入口

b）单击左侧菜单中的本实例磁盘。在该页面里显示的是已挂载在该实例上的磁盘。单击页面右侧的挂载云盘，如图 22-11 所示。

图 22-11　本实例磁盘

c）选择可用设备名、目标磁盘进行磁盘挂载。还可以根据需要，设置是否磁盘随实例释放、自动快照随磁盘释放，如图 22-12 所示。

提示：磁盘随实例释放理解为当实例释放时，该磁盘也会同时释放。

自动快照随磁盘释放：当磁盘释放时，所有从该磁盘生成的自动快照都会一起释放，但手动快照不会释放，建议保留该选项以备份数据。

2）从磁盘入口。登录云服务器管理控制台，单击左侧菜单中的磁盘，选择页面顶部的地域，单击要挂载的磁盘名称，磁盘的状态必须为"待挂载"，使用中的磁盘不能进行挂载。

单击页面磁盘列表右侧的【更多】→【挂载】，如图 22-13 所示。

提示：选择目标实例和释放行为。

磁盘随实例释放：当实例释放时，该磁盘也会同时释放。

自动快照随磁盘释放：当磁盘释放时，所有从该磁盘生成的自动快照都会一起释放。但手动快照不会释放。建议保留该选项以备份数据。

（6）步骤六：格式化和挂载数据盘。

1）使用管理终端或远程连接工具，输入用户名 root 和密码登录到实例。

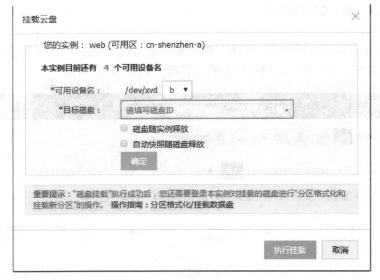

图 22-12　挂载云盘

图 22-13　磁盘入口挂载磁盘

2) 运行 fdisk-l 命令查看数据盘。注意：在没有分区和格式化数据盘之前，使用 df-h 命令是无法看到数据盘的。在下面的示例中，有一个 5 GB 的数据盘需要挂载，如图 22-14 所示。

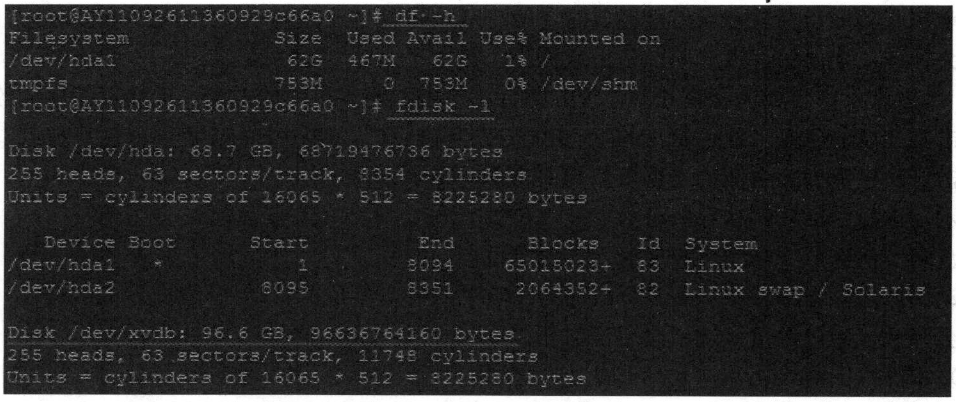

```
[root@AY11092611360929c66a0 ~]# df -h
Filesystem          Size  Used Avail Use% Mounted on
/dev/hda1           62G   467M   62G   1% /
tmpfs               753M    0   753M   0% /dev/shm
[root@AY11092611360929c66a0 ~]# fdisk -l

Disk /dev/hda: 68.7 GB, 68719476736 bytes
255 heads, 63 sectors/track, 8354 cylinders
Units = cylinders of 16065 * 512 = 8225280 bytes

   Device Boot      Start         End      Blocks   Id  System
/dev/hda1   *           1        8094    65015023+  83  Linux
/dev/hda2            8095        8351     2064352+  82  Linux swap / Solaris

Disk /dev/xvdb: 96.6 GB, 96636764160 bytes
255 heads, 63 sectors/track, 11748 cylinders
Units = cylinders of 16065 * 512 = 8225280 bytes
```

图 22-14　查看磁盘信息

3）如果执行了 fdisk-1 命令后，没有发现/dev/xvdb，则表示读者的实例没有数据盘，因此无需挂载，如图 22-15 所示。

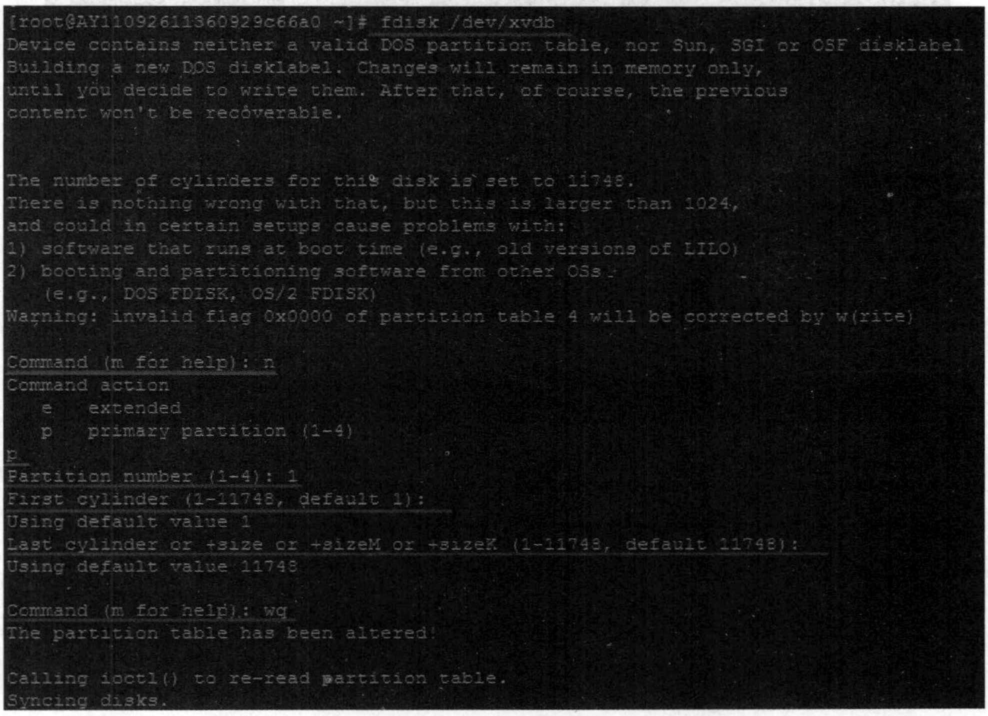

```
[root@AY11092611360929c66a0 ~]# fdisk /dev/xvdb
Device contains neither a valid DOS partition table, nor Sun, SGI or OSF disklabel
Building a new DOS disklabel. Changes will remain in memory only,
until you decide to write them. After that, of course, the previous
content won't be recoverable.


The number of cylinders for this disk is set to 11748.
There is nothing wrong with that, but this is larger than 1024,
and could in certain setups cause problems with:
1) software that runs at boot time (e.g., old versions of LILO)
2) booting and partitioning software from other OSs
   (e.g., DOS FDISK, OS/2 FDISK)
Warning: invalid flag 0x0000 of partition table 4 will be corrected by w(rite)

Command (m for help): n
Command action
   e   extended
   p   primary partition (1-4)
p
Partition number (1-4): 1
First cylinder (1-11748, default 1):
Using default value 1
Last cylinder or +size or +sizeM or +sizeK (1-11748, default 11748):
Using default value 11748

Command (m for help): wq
The partition table has been altered!

Calling ioctl() to re-read partition table.
Syncing disks.
```

图 22-15 对磁盘进行分区

4）运行 fdisk-1 命令，查看新的分区。新分区 xvdb1 已经创建好，如下面示例中的/dev/xvdb1，如图 22-16 所示。

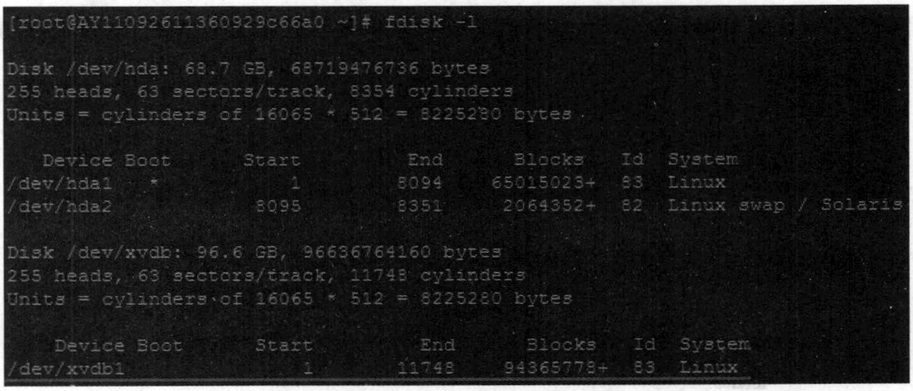

```
[root@AY11092611360929c66a0 ~]# fdisk -l

Disk /dev/hda: 68.7 GB, 68719476736 bytes
255 heads, 63 sectors/track, 8354 cylinders
Units = cylinders of 16065 * 512 = 8225280 bytes

   Device Boot      Start         End      Blocks   Id  System
/dev/hda1   *           1        8094    65015023+  83  Linux
/dev/hda2            8095        8351     2064352+  82  Linux swap / Solaris

Disk /dev/xvdb: 96.6 GB, 96636764160 bytes
255 heads, 63 sectors/track, 11748 cylinders
Units = cylinders of 16065 * 512 = 8225280 bytes

   Device Boot      Start         End      Blocks   Id  System
/dev/xvdb1              1       11748    94365778+  83  Linux
```

图 22-16 查看新的分区

5）运行 mkfs. ext3/dev/xvdb1，对新分区进行格式化。格式化所需时间取决于数据盘大小，如图 22-17 所示。

提示：可自主决定选用其他文件格式，如 ext4 等。

6）运行 echo/dev/xvdb1/mnt ext3 defaults 0 0≫/etc/fstab 写入新分区信息。完成后，可以使用 cat/etc/fstab 命令查看，如图 22-18 所示。

```
[root@AY1109261136092 9c66a0 ~]# mkfs.ext3 /dev/xvdb1
mke2fs 1.39 (29-May-2006)
Filesystem label=
OS type: Linux
Block size=4096 (log=2)
Fragment size=4096 (log=2)
11796480 inodes, 23591444 blocks
1179572 blocks (5.00%) reserved for the super user
First data block=0
Maximum filesystem blocks=4294967296
720 block groups
32768 blocks per group, 32768 fragments per group
16384 inodes per group
Superblock backups stored on blocks:
        32768, 98304, 163840, 229376, 294912, 819200, 884736, 1605632, 2654208,
        4096000, 7962624, 11239424, 20480000

Writing inode tables: done
Creating journal (32768 blocks): done
Writing superblocks and filesystem accounting information: done

This filesystem will be automatically checked every 24 mounts or
180 days, whichever comes first.  Use tune2fs -c or -i to override.
```

图 22-17　对分区进行格式化

```
[root@AY11092611360929c66a0 ~]# cat /etc/fstab
LABEL=/                 /                       xfs     defaults        1 1
tmpfs                   /dev/shm                tmpfs   defaults        0 0
devpts                  /dev/pts                devpts  gid=5,mode=620  0 0
sysfs                   /sys                    sysfs   defaults        0 0
proc                    /proc                   proc    defaults        0 0
LABEL=SWAP              swap                    swap    defaults        0 0
/dev/xvdb1              /mnt                    ext3    defaults        0 0
```

图 22-18　加入开机自动挂载

至此，阿里云账号注册测试成功。

(7) 步骤七：注册 AWS 账号。

1）登录 AWS 官网 https://aws.amazon.com/cn，创建免费账户，按照图 22-19 设置电子邮箱或者手机号码，选择“我是新用户”，然后点击登录键。

图 22-19　注册 AWS 账号

2）在如图 22-20 所示的对话框中填写相应的信息后点击创建账户。

3）按照图 22-21 所示填写联系人信息，然后创建账号并继续。

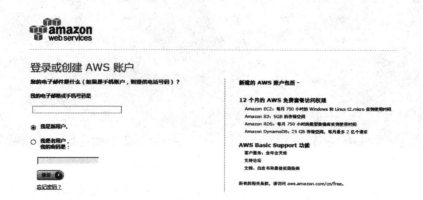

创建您的账户

请填写以下信息来创建用于AWS以及Amazon.com的账户

请输入姓名：	
请输入邮箱地址：	33265887@qq.com
请再次输入邮件地址：	

注意：我们将使用这个电子邮件地址与您取得联系

请输入密码：	
请再次输入密码：	

创建账户

图 22-20　填写注册信息

4）填写付款信息，如图 22-22 所示。

图 22-21　填写联系人信息

图 22-22　填写付款信息

5）填写完成付款信息后，点击继续，此时账号创建成功。

（8）步骤八：创建 AWS EC2 实例。

1）账号创建成功后，登录账号，进入 EC2 控制面板，选择启动实例，如图 22-23 所示。

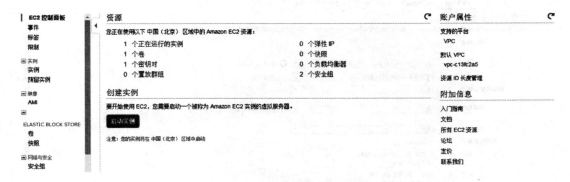

图 22-23　创建 EC2 实例

2）选择一个系统映像（AMI），如图 22-24 所示。

图 22-24　选择一个系统映像（AMI）

3）设置实例类型，如图 22-25 所示。

图 22-25　设置实例类型

4）配置实例信息，如图 22-26 所示。

图 22-26　配置实例信息

5）给实例添加存储，如图 22-27 所示。

图 22-27　给实例添加存储

6）添加标签，下一步，配置安全组，如图 22-28 所示。

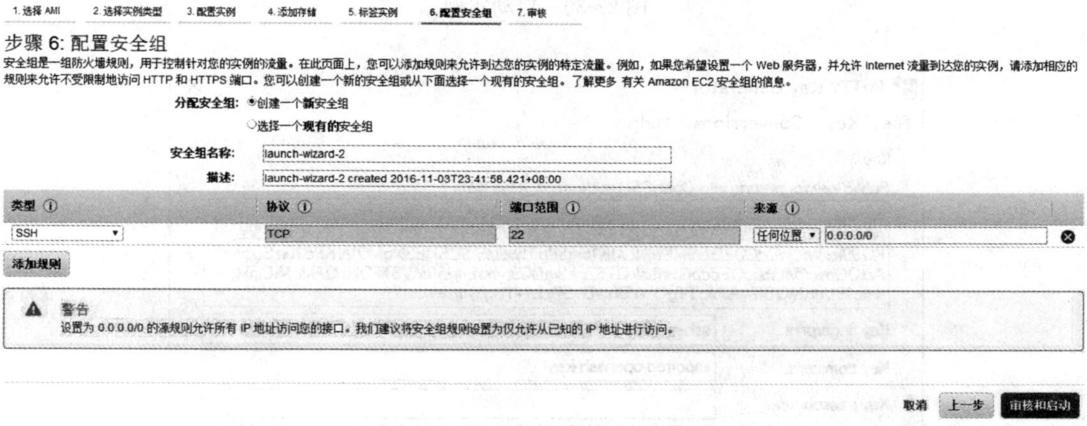

图 22-28　配置安全组

7）配置密钥对，审核启动→启动→创建密钥对并下载密钥对，如图 22-29 所示。

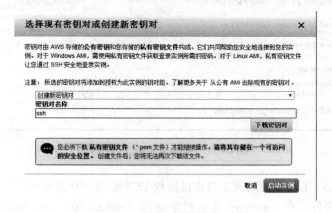

图 22-29　配置密钥对

8）启动实例，如图 22-30 所示。

（9）步骤九：使用 putty 工具登录 AWS EC2 实例。

1）下载 puttygen 软件，load 密钥并保存 save private key 为 putty 工具识别的 .ppk 格式文件，如图 22-31 所示。

图 22-30　启动实例

图 22-31　账号密钥对文件格式

2）下载 putty. exe 工具，使用该工具连接远程 EC2 实例，方法如下。

a）启动 putty 软件，在 Gategory 选项栏中选择 Session，在 Host Name 中输入 ec2-user@ "public DNS"。

b）在 Gategory 选项栏中选择 SSH，在选择 Auth，浏览 Browse，加载刚才转换的密钥对文件。

c）点击 open 连接到远程 EC2 主机，如图 22-32 所示。

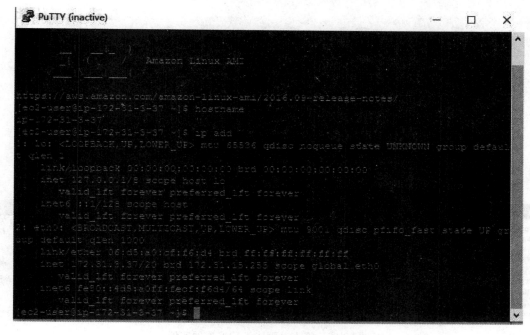

图 22-32　连接到 EC2 主机

（10）步骤十：创建 AWS EBS 卷。

1）登录 AWS EC2 控制面板，在左拉窗口找到 Elastic Block Storage 卷菜单，点击卷菜单，如图 22-33 所示。

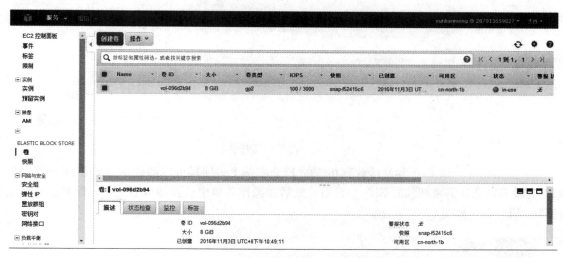

图 22-33　创建 AWS 卷窗口

2）点击创建卷，设置新卷参数，如图 22-34 所示。

3）点击创建，此时新卷创建完成。

（11）步骤十一：挂载 AWS EBS 卷。

1）在挂载 AWS EBS 卷之前，需要先停止准备挂载 EBS 卷的 EC2 实例。回到 EC2 控制面板，找到需要挂载 EBS 卷的实例，选中该实例，在操作菜单中选择"实例状态"→"停止"→"是"，请停止，如图 22-35 所示。

图 22-34　设置新卷参数

图 22-35　停止需要挂载 EBS 卷的实例

2）回到 EBS 卷菜单，选择刚创建的 EBS 卷，点击操作菜单→连接卷→设置参数，如图 22-36 所示。

图 22-36　设置连接卷参数

3）点击附加，该 EBS 卷就挂载到相应的 EC2 实例上。同样可以卸载相应 EC2 实例挂载的 EBS 卷设备，选择需要卸载的 EBS 卷设备，然后在操作菜单中选择端口卷选项，此时就会卸载挂载的 EBS 卷，如图 22-37 所示。

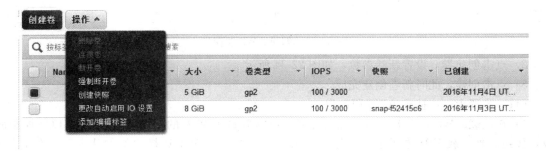

图 22-37　卸载 EBS 卷

（12）步骤十二：创建 EBS 卷快照。

1）在 EC2 控制面板的 EBS 卷菜单栏，选择需要创建快照的 EBS 卷，点击操作→创建快照→设置快照名词和描述→创建，快照创建完成，如图 22-38 所示。

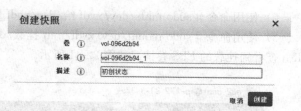

2）查看快照，如图 22-39 所示。

图 22-38　创建 EBS 卷快照

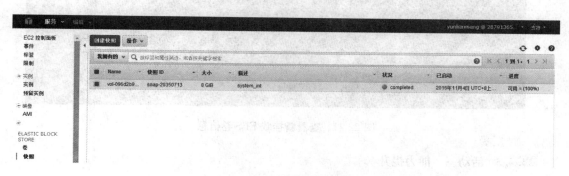

图 22-39　查看创建的快照

3）同样在操作菜单中选择需要删除的快照。

（13）步骤十三：格式化新挂载的 EBS 卷。

1）启动刚才挂载 EBS 卷的实例，使用 PuTTY 工具连接到 EC2 实例，使用以下命令查看 EBS 卷设备情况：

＃lsblk

＃sudo file-s/dev/xdvf

通过以上命令查看到的卷信息如果仅显示 data 信息，说明没有文件系统存在。信息显示如图 22-40 所示。

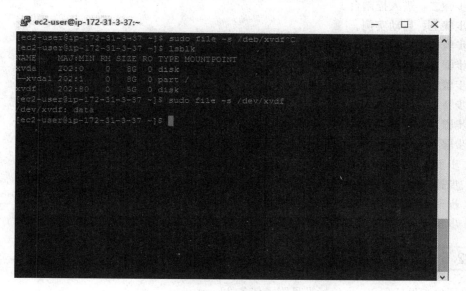

图 22-40　查看 EBS 卷信息

2）使用命令♯sudo mkfs/dev/xvdf 给/dev/xvdf EBS卷创建文件系统。

3）使用命令♯sudo mount/dev/xvdf/mnt 挂载/dev/xvdf EBS卷到/mnt目录下，通过命令♯ df-h查看到挂载的EBS卷情况如图22-41所示。

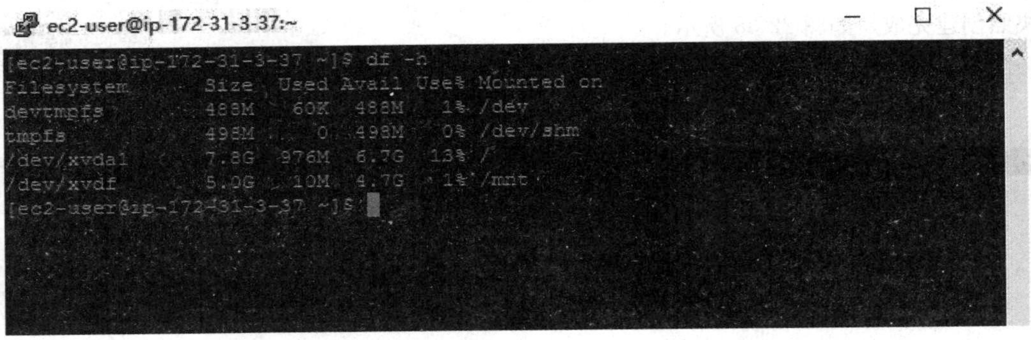

图 22-41　查看新挂载 EBS 卷信息

22.4.3　活动三　能力提升

（1）在阿里云创建3个实例，其中2个Web实例，1个数据库实例。Web实例要求购买2个磁盘。对实例进行安全策略设置、磁盘自动快照设置、数据回滚设置、YUM源设置、常用软件安装、Web实例部署、数据库搭建等操作。

（2）在AWS同样创建3个实例，其中2个Web实例，1个数据库实例。要求对实例进行安全策略设置、创建磁盘快照、数据回滚设置、YUM源设置、常用软件安装、Web实例部署、数据库搭建等操作。

根据网络设计的要求，需要对各个子系统的业务进行部署。其中包括对应服务器系统的安装，相应业务的部署和交付，具体步骤如下。

1）步骤一：注册阿里云账号。

2）步骤二：进入控制台。

3）步骤三：启动实例。

4）步骤四：安装httpd服务软件。

5）步骤五：挂载、卸载数据盘。

6）步骤六：格式化和挂载数据盘。

7）步骤七：注册AWS账号。

8）步骤八：创建AWS EC2实例。

9）步骤九：使用putty工具登录AWS EC2实例。

10）步骤十：创建AWS EBS卷。

11）步骤十一：挂载AWS EBS卷。

12）步骤十二：创建AWS EBS卷快照。

13）步骤十三：格式化新挂载的AWS EBS卷。

22.5　效果评价

效果评价参见任务1，评价标准见附录任务22。

22.6 相关知识与技能

22.6.1 阿里云数据库 RDS 实例部署

1. 登录 RDS

（1）登录 RDS 管理控制台。在 RDS 上对实例的管理需要通过 RDS 管理控制台进行。下面介绍如何登录 RDS 管理控制台，进入具体的实例管理控制台界面，以便进行后续的实例管理控制操作。

（2）操作步骤。使用购买 RDS 的账号登录 RDS 管理控制台。系统显示 RDS 概览界面，如图 22-42 所示。

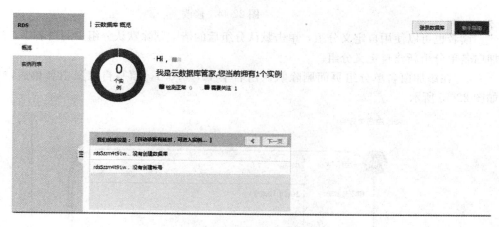

图 22-42　RDS 概览界面

在菜单中选择实例列表，单击数据库的实例名称或者对应的管理按钮，进入实例管理界面，如图 22-43 所示。

图 22-43　实例管理界面

2. 设置实例基础配置

为了数据库的安全稳定，读者应该将需要访问数据库的 IP 地址或者 IP 段加入白名单。在启用目标实例前，需先修改白名单。

（1）背景信息。访问数据库有三种场景：

- 外网访问 RDS 数据库
- 内网访问 RDS 数据库
- 内外网同时访问 RDS 数据库

（2）操作步骤。

1）登录 RDS 管理控制台，选择目标实例，在实例菜单中选择数据安全性，在数据安全性页面的默认分组后单击修改，如图 22-44 所示。

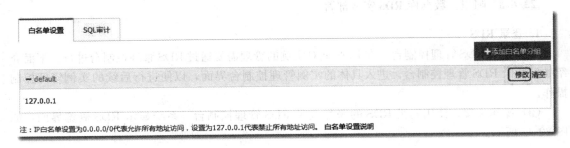

图 22-44 修改

读者也可以使用自定义分组，单击默认分组后的清空删除默认分组中的白名单，然后单击添加白名单分组新建自定义分组。

2）在添加白名单分组页面删除默认白名单 127.0.0.1，填写自定义白名单后，单击确定，如图 22-45 所示。

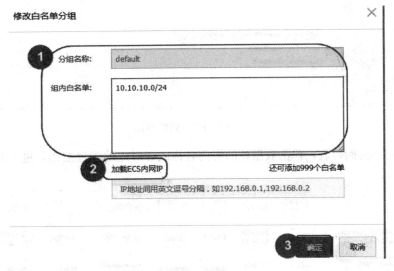

图 22-45 删除默认白名单

相关参数说明如下：

分组名称：由 2～32 个字符的小写字母，数字或下划线组成、开头需为小写字母，结尾需为字母或数字。默认分组不可修改，且不可删除。

组内白名单：填写可以访问数据库的 IP 地址或者 IP 段，IP 地址或者 IP 段间用英文逗号分隔。MySQL、PostgreSQL 和 PPAS 可以设置 1000 个，SQL Server 可以设置 800 个。白名单功能支持设置 IP 地址（如 10.10.10.1）或者 IP 段（如 10.10.10.0/24，表示 10.10.10.X 的 IP 地址都可以访问数据库），或者 0.0.0.0/0 为允许任何 IP 访问，该设置将极大降低数据库安全性，如非必要请勿使用。新建实例设置了本地环回 IP 地址 127.0.0.1 为默认白名单，禁止任何外部 IP 访问本实例。

加载 ECS 内网 IP：单击将显示同账号下的 ECS，可以快速添加 ECS 到白名单中。

练习与思考

一、单选题（10 道）

1. 以下属于阿里云实例系列 II 包含的规格族的是（　　）。
   A. 通用型 N5　　　　B. 通用型 N4　　　　C. 通用型 N1　　　　D. 通用型 N3

2. 阿里绿网是基于深度学习技术及阿里巴巴多年的海量数据支撑提供多样化的（　　），能有效帮助用户降低违规风险。
   A. 内容识别服务　　B. 内容存储服务　　C. 内容查询服务　　D. 内容读取服务

3. （　　）对多台云服务器进行流量分发。
   A. 网络连接　　　　B. 路由　　　　　　C. 负载均衡　　　　D. 网络访问

4. （　　）帮助基于阿里云构建出一个隔离的网络环境。
   A. 无线连接　　　　B. 光缆　　　　　　C. 网络专线　　　　D. 专业网络 VPC

5. 阿里云网络安全是一款集安全、加速和个性化负载均衡为一体的（　　）。
   A. 网络验证产品　　B. 网络扩容产品　　C. 网络接入产品　　D. 网络访问产品

6. （　　）作为阿里云数据存储产品体系的重要组成部分，致力于提供低成本、高可靠的数据归档服务，适合于海量数据的长期归档、备份。
   A. 消息服务　　　　B. 普通存储　　　　C. 归档存储　　　　D. 对象存储

7. 以下不属于 AWS EC2 提供的功能的是（　　）。
   A. 对象存储　　　　　　　　　　　　B. 使用密钥对验证登录信息
   C. 弹性 IP 地址　　　　　　　　　　D. 安全组

8. 阿里云（　　）将源站内容分发至全国所有的节点。
   A. 内容同步　　　　B. 内容访问网络　　C. 内容存储网络　　D. 内容分发网络 CDN

9. （　　）是指同一地域内，电力和网络互访独立的物理区域。
   A. 备用区　　　　　B. 可用区　　　　　C. 隔离区　　　　　D. 容灾区

10. 批量处理是一种用于大规模并行处理作业的（　　）。
    A. 分布式云服务　　B. 数据集成服务　　C. 数据存储服务　　D. 单点式云服务

二、多选题（10 道）

11. 对于云服务器来说有两个重要的概念，分别是（　　）和（　　）。
    A. 容灾区　　　　　B. 地域　　　　　　C. 可用区　　　　　D. 备用区
    E. 独立区

12. 一个云服务器实例等同一台虚拟机，包含（　　）等基础的计算机组件。
    A. CPU　　　　　　B. 内存　　　　　　C. 操作系统　　　　D. 带宽
    E. 磁盘

13. 阿里云 ECS 实例的规格定义了实例的（　　）的配置这两个基本属性。
    A. 磁盘　　　　　　B. 镜像　　　　　　C. 网络　　　　　　D. CPU
    E. 内存

14. 属于阿里云实例系列 II 包含的规格族的是（　　）。
    A. 通用型 N1　　　B. 通用型 N2　　　C. 内存型 E3　　　D. 独享型 SN1
    E. 独享型 SN2

15. 阿里云实例固有周期状态包括（　　）。

A. 创建实例　　　B. 开始实例　　　　C. 删除实例　　　　D. 重启实例

E. 停止实例

16. 阿里云 ECS 实例根据底层支持的硬件不同，而划分为不同的实例系列。目前支持的实例系列有（　　　）。

A. 实例系类Ⅰ　　　B. 实例系类Ⅱ　　　C. 实例系类Ⅲ　　　D. 实例系类Ⅳ

E. 实例系类Ⅴ

17. 阿里云 ECS 实例根据底层支持的硬件不同，而划分为不同的实例系列，其中实例系类Ⅰ特性有（　　　）。

A. 采用 Intel Xeon CPU　　　　　B. 采用 DDR3 内存

C. I/O 优化可选　　　　　　　　D. I/O 不支持优化

E. 采用 DDR4 内存

18. 阿里云 ECS 实例根据底层支持的硬件不同，而划分为不同的实例系列，其中实例系类Ⅱ特性有（　　　）。

A. 采用 Haswell CPU　　　　　　B. 采用 DDR4 内存

C. 全部为 I/O 优化实例　　　　　D. 支持 SSD 云盘

E. 采用 DDR3 内存

19. 以下属于阿里云数据中心的是（　　　）。

A. 华东 1　　　B. 华南 1　　　　C. 香港　　　　D. 新加坡

E. 美西 1

20. 以下属于亚马逊 AWS 云产品的是（　　　）。

A. EC2　　　B. SDS　　　　C. ECS　　　　D. S3

E. DynamoDB

三、判断题（10 道）

21. 归档存储服务是亚马逊 AWS 数据存储体系的重要组成部分。

22. 消息服务是一种高效、可靠、安全、便捷、可弹性扩展的分布式消息与通知服务。

23. 负载均衡是对多台云服务器进行流量统计的服务。

24. 专有网络 VPC 帮助基于阿里云构建出一个隔离的网络环境。

25. Amazon EC2 提供基于 Web 的用户界面，即 Amazon EC2 控制台。

26. 用户可以直接使用 Amazon EC2 预配置 Amazon EC2 资源，例如示例和卷。

27. 阿里云采云间（Data Process Center）是基于数据处理服务（DPS）的 DW/BI 的工具解决方案。

28. 数据处理（DPS）由阿里云自主研发，提供针对 TB/PB 级数据、实时性要求高分布式处理能力，应用于数据分析、挖掘、商业智能等领域。

29. 安骑士是阿里云推出的一款免费云服务安全管理软件。

30. DDoS 高防 IP 是阿里云针对互联网服务器遭到少量的 DDoS 攻击防御的策略。

 练习与思考题参考答案

1. C	2. A	3. C	4. D	5. C	6. C	7. A	8. D	9. B	10. A
11. BC	12. ABCDE	13. CD	14. ABCDE	15. ABCDE	16. AB	17. AC	18. ABC	19. ABCDE	20. ADE
21. ×	22. √	23. ×	24. √	25. √	26. √	27. ×	28. ×	29. ×	30. ×

任务 23

公有云弹性基础设施规划与配置

该训练任务建议用 9 个学时完成学习。

23.1 任务来源

公有云服务正式运行以后，由于受业务模式的影响，监控到实例运行性能是时常动态变化的，此时公有云的弹性机制就可以解决这个问题。运维人员可以设置公有云的弹性机制，采取动态触发的方式启动弹性机制来收缩和扩张业务的运行。

23.2 任务描述

有 A、B 两个公有云实例。其中 A 为主实例，B 为备用实例。当 A 访问量超过其性能的最大阈值时，通过公有云的弹性计算启动 B 实例分担访问量。根据网络系统设计规范和实际应用需求，完成弹性规则设置，主要包括弹性实例、弹性费率和弹性实例计算。

23.3 能力目标

23.3.1 技能目标

完成本训练任务后，读者应当能（够）掌握以下技能。

1. 关键技能

（1）会在阿里云创建伸缩组。

（2）会阿里云弹性伸缩设置。

（3）会设置阿里云弹性伸缩规则。

（4）会设置阿里云弹性伸缩触发。

2. 基本技能

（1）会创建阿里云实例弹性伸缩机制及机制触发。

（2）会使用阿里云弹性伸缩硬件资源。

（3）会使用阿里云弹性伸缩临时网络带宽。

23.3.2 知识目标

完成本训练任务后，读者应当能（够）学会以下知识。

(1) 理解阿里云弹性伸缩机制原理。

(2) 熟悉阿里云弹性伸缩机制适用的产品。

(3) 理解国内主要公有云的弹性伸缩机制之间的优劣势。

23.3.3 职业素目标

完成本训练任务后，读者应当能（够）具备以下素质。

(1) 具有守时、诚信、敬业精神。

(2) 具有安全意识、质量意识、保密意识。

(3) 遵守系统调试标准规范，养成严谨科学的工作态度。

(4) 养成总结训练过程和结果的习惯，为再次实训总结经验。

(5) 树立学习新知识、掌握新技能的自信心。

(6) 培养喜爱云计算运维管理工作的心态。

23.4 任务实施

23.4.1 活动一　知识准备

下面介绍阿里云服务如何设置硬件的升降配。

登录云服务器管理控制台，单击左侧导航栏中的实例，单击页面顶部的地域。选择需要的实例，单击右侧的升降配，可以进行以下配置的变动：升级配置（包括 CPU 和内存）要升级 CPU 和内存，可以选择升级配置，然后在选择实例规格页面，选择新的实例规格。

(1) AWS Auto Scaling 关键组件和作用。AWS Auto Scaling 关键组件有组、启动配置和拓展计划。

组：EC2 实例整理到组中，从而当作一个逻辑单位进行扩展和管理。

启动配置：组使用启动配置作为其 EC2 实例的模板。

扩展计划：扩展计划告知 Auto Scaling 进行扩展的时间和方式。

(2) 阿里云配置费用的升降配。要续费降配，即继续续费使用该实例，但想降低配置，可以选择续费降配，然后选择较小的实例规格、重启时间、带宽、续费时长等信息。

23.4.2 活动二　示范操作

1. 活动内容

(1) 通过弹性云计算的界面操作云计算页面上的内容，根据需要进行付费方式设置。

(2) 通过弹性云计算的界面设置实例的弹性计算规则，使其在业务量变化的情况下弹性地使用公有云资源。

2. 操作步骤

(1) 步骤一：阿里云创建伸缩组。伸缩组是具有相同应用场景的 ECS 实例的集合，它定义了组内 ECS 实例数的最大值、最小值及其相关联的负载均衡 SLB 实例和数据库 RDS 实例等属性。

1）选择伸缩组所在的"地域"和填写"伸缩组名称"。

2）将"伸缩最大实例数"和"伸缩最小实例数"设置为 2，则在整体伸缩方案创建完成后，将自动创建 2 台 ECS 实例。

3）选择"负载均衡"实例。指定的负载均衡 SLB 实例所有配置的监听端口必须开启健康检查，设置如图 23-1 所示。

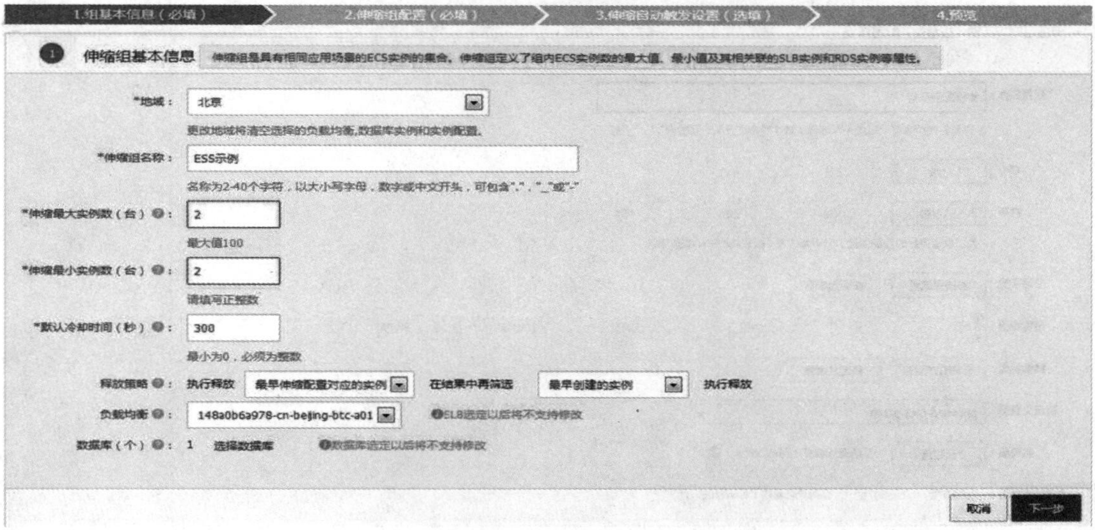

图 23-1　设置负载均衡

4）选择"数据库"实例，弹出"选择 RDS 数据库"对话框，如图 23-2 所示。

图 23-2　选择 RDS 数据库

5）选择完成后，点击"确定"，完成伸缩组创建。

（2）步骤二：阿里云创建伸缩配置。伸缩配置定义了用于弹性伸缩的 ECS 实例的配置信息。弹性伸缩为伸缩组自动增加 ECS 实例时，会根据伸缩配置创建 ECS 实例。

1）填写伸缩配置名称，选择需要自动化创建的实例的 CPU、内存、带宽。

2）选择自定义镜像。需要在自定义镜像实现业务逻辑，如自动启动 Web 服务器，自动下载代码和脚本等，单击保存。单击去预览，如图 23-3 所示。

（3）步骤三：阿里云预览弹性实例。

1）预览页面将统一展示前两步指定的伸缩组、伸缩配置信息，以及该方案在创建时预计花费的费用，如图 23-4 所示。

2）操作步骤：单击完成，将展示整个方案的创建结果。弹性伸缩会自动创建伸缩组、伸缩配置并启动伸缩组。弹性伸缩会根据伸缩配置自动创建一台（伸缩最小实例数）ECS 实例，并

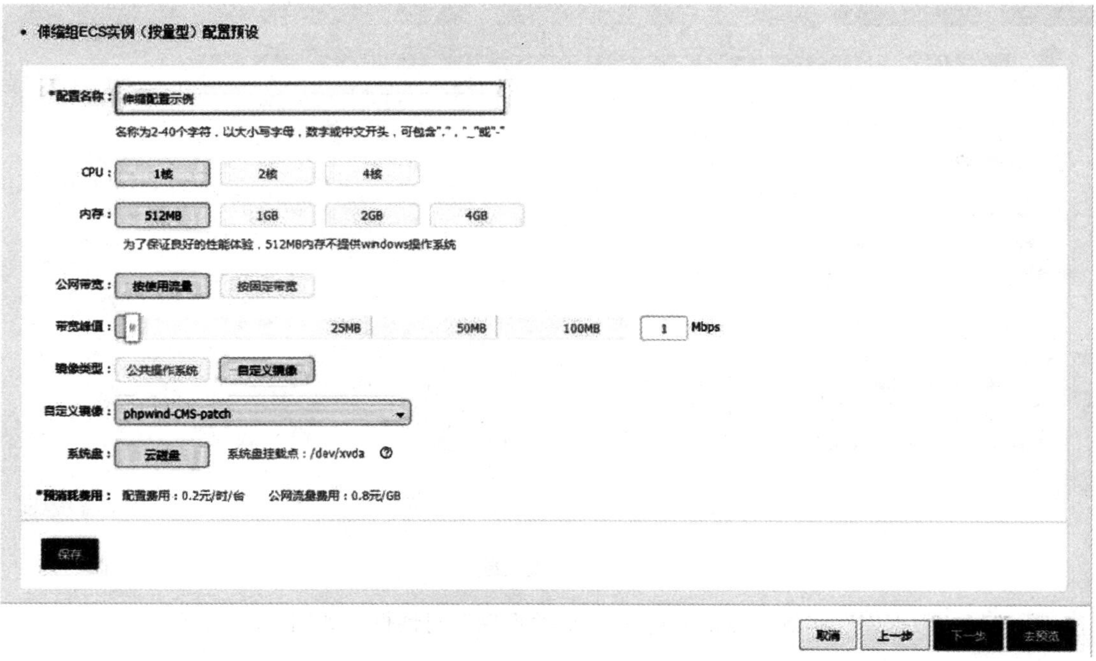

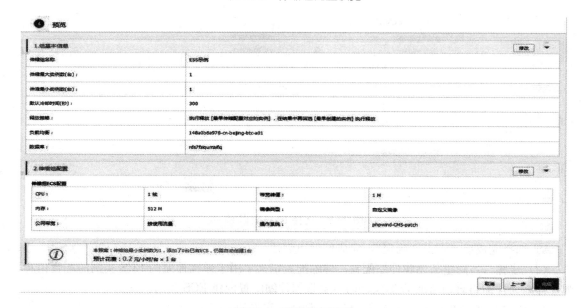

图 23-3 伸缩组配置预览

图 23-4 弹性实例预览

自动将该实例加入指定的 SLB 和将该实例的 IP 加入指定的 RDS 访问白名单当中，创建成功后的画面如图 23-5 所示。

（4）步骤四：阿里云伸缩自动触发设置。

1）定时触发自动伸缩任务，如图 23-6 所示。

如果未设置重复周期，则按指定的日期和时间执行一次。如果设置了重复周期，则此属性指定的时间点默认为周期性任务的执行时间点。

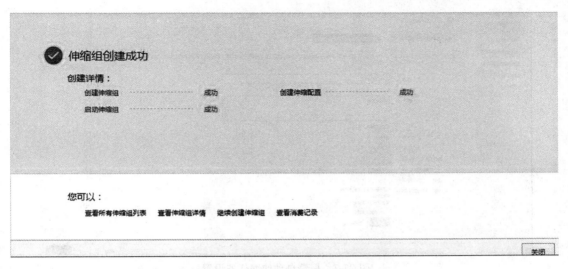

图 23-5　伸缩组创建完成状态

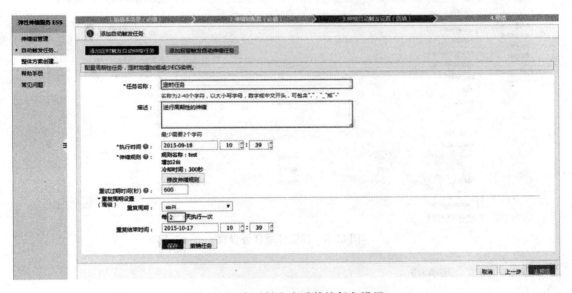

图 23-6　定时触发自动伸缩任务设置

2）报警触发自动伸缩任务。基于云监控性能指标（如 CPU、内存利用率），自动增加或减少伸缩组内的 ECS 实例。在使用报警任务之前，需要在 ECS 的镜像里安装新版本的云监控 Agent。报警触发自动伸缩任务设置画面如图 23-7 所示。

3）预览及完成创建。预览页面将统一展示前几步指定的伸缩组、伸缩配置、添加的 ECS 实例、定时任务、报警任务信息，以及该方案在创建时预计花费的费用。预览画面如图 23-8 所示。

（5）步骤五：阿里云计费弹性伸缩设置。弹性伸缩功能免费，但是通过弹性伸缩自动创建或者手工加入的 ECS 实例，需要按照 ECS 相关实例类型进行付费。注意，按量付费 ECS 关机（Stop）后仍会收取实例费用，只有释放（Release）后才不再收取。

（6）步骤六：阿里云升降配。阿里云支持的升降配向导如图 23-9 所示。

任务
㉓

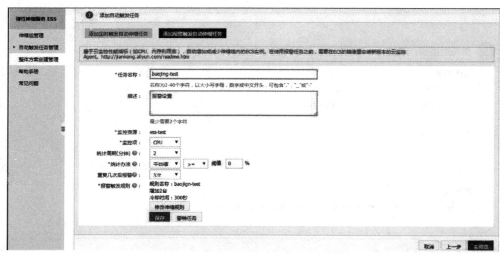

图 23-7 报警自动伸缩任务设置

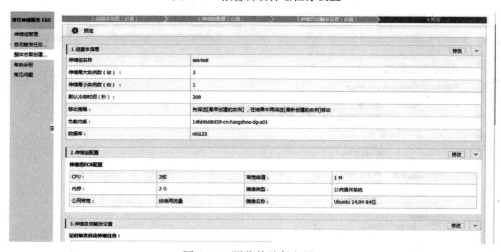

图 23-8 预览伸缩任务设置

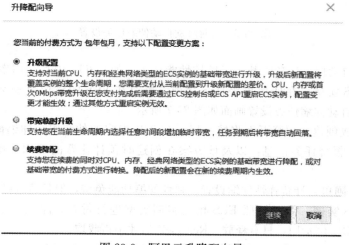

图 23-9 阿里云升降配向导

1）升级配置，如图 23-10 所示。

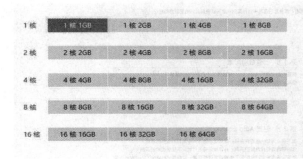

图 23-10　升级配置

2）带宽临时升级如图 23-11 所示。

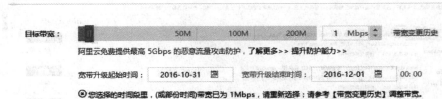

图 23-11　带宽临时升级

3）降配续费如图 23-12 所示。

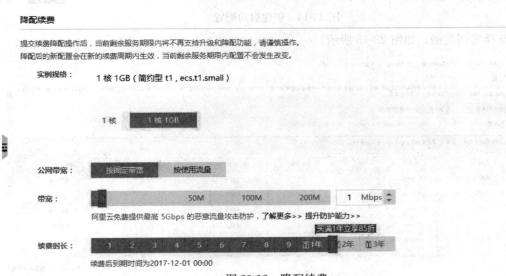

图 23-12　降配续费

（7）步骤七：启用 AWS Auto Scaling。

1）进入 AWS EC2 控制面板，在左边的导航栏中找到 Auto Scaling，创建 Auto Scaling 组，如图 23-13 所示。

图 23-13　创建 Auto Scaling 组

2）选择 AMI，选择一个 AMI 映像，如图 23-14 所示。

图 23-14　创建启动配置

3）选择实例类型，如图 23-15 所示。

图 23-15　选择实例类型

4）配置 Auto Scaling 详细信息，如图 23-16 所示。

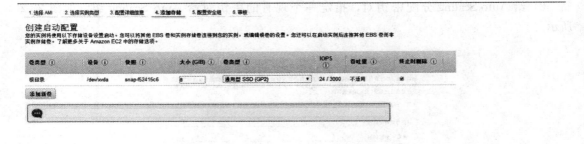

图 23-16　配置 Auto Scaling 详细信息

5）添加 Auto Scaling 存储，如图 23-17 所示。

图 23-17　添加 Auto Scaling 存储

6）添加 Auto Scaling 安全组，如图 23-18 所示。

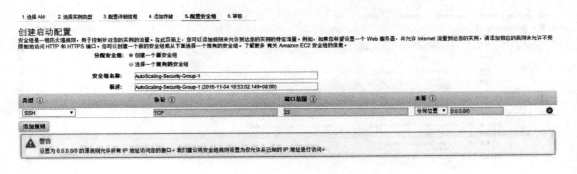

图 23-18　添加 Auto Scaling 安全组

7）审核 Auto Scaling 配置，创建启动配置，如图 23-19 所示。

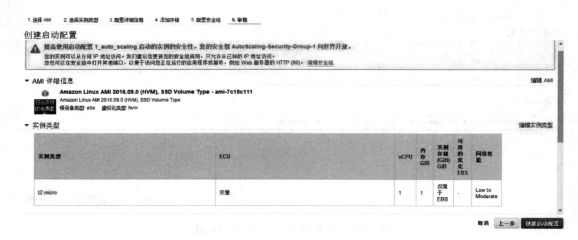

图 23-19 创建启动配置

8）给 Auto Scaling 分配密钥对，指定一个现有的密钥对给 Auto Scaling 组，如图 23-20 所示。

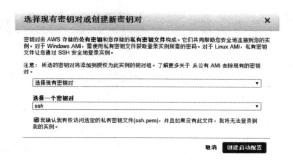

图 23-20 指定密钥对

9）配置 Auto Scaling 组详细信息，如图 23-21 所示。

图 23-21 配置 Auto Scaling 组详细信息

10）配置拓展策略，如图 23-22 所示。

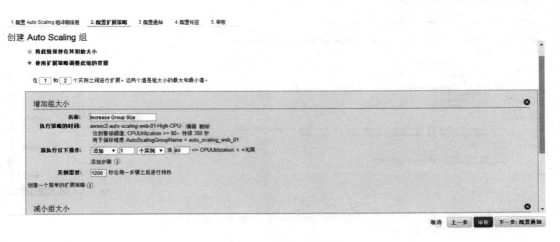

图 23-22　配置拓展策略

11）配置通知，如图 23-23 所示。

图 23-23　配置通知

12）配置标签，如图 23-24 所示。

图 23-24　配置标签

13）审核创建 Auto Scaling，如图 23-25 所示。

（8）步骤八：将负载均衡与 Auto Scaling 结合使用。

1）创建负载均衡器，在 EC2 控制面板的左导航栏中选择负载均衡，单击右边的创建负载均衡器，首次创建将进入欢迎界面，单击继续，进入配置负载均衡器，如图 23-26 所示。

2）配置安全设置，如图 23-27 所示。

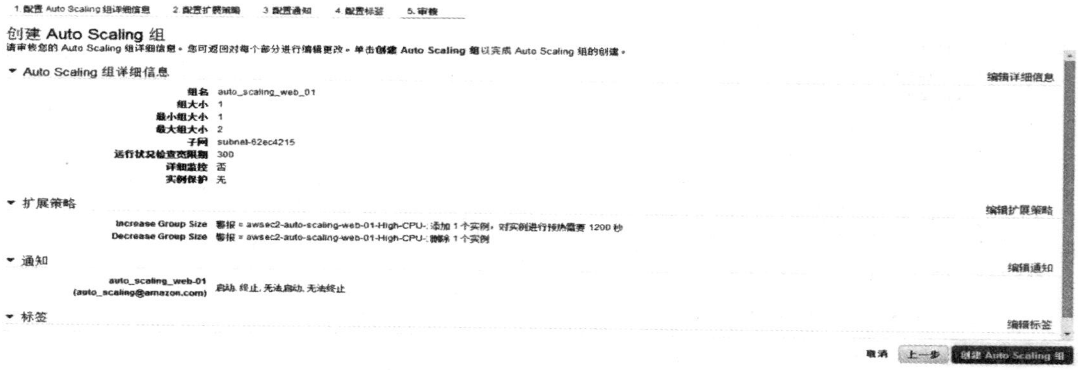

图 23-25　审核创建 Auto Scaling 组

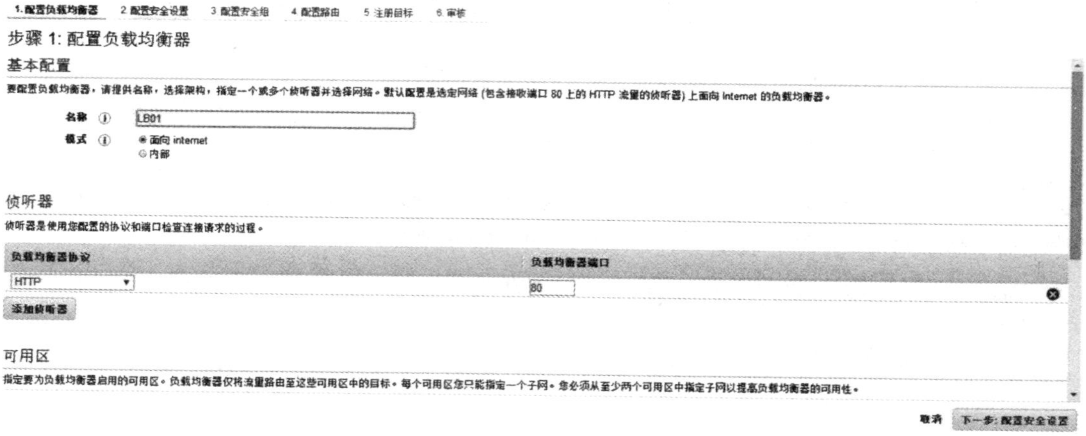

图 23-26　配置负载均衡器

图 23-27　配置安全设置

3）配置安全组，如图 23-28 所示。

4）配置路由，如图 23-29 所示。

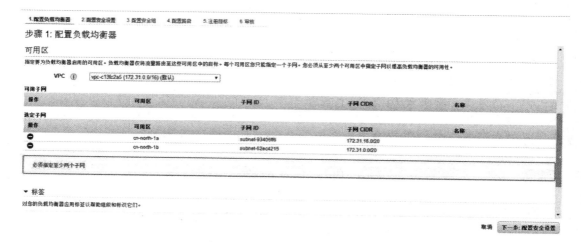

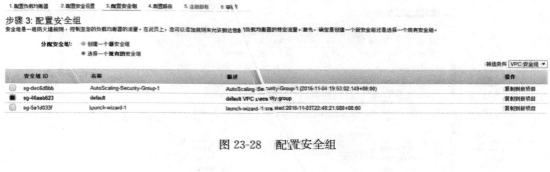

图 23-28　配置安全组

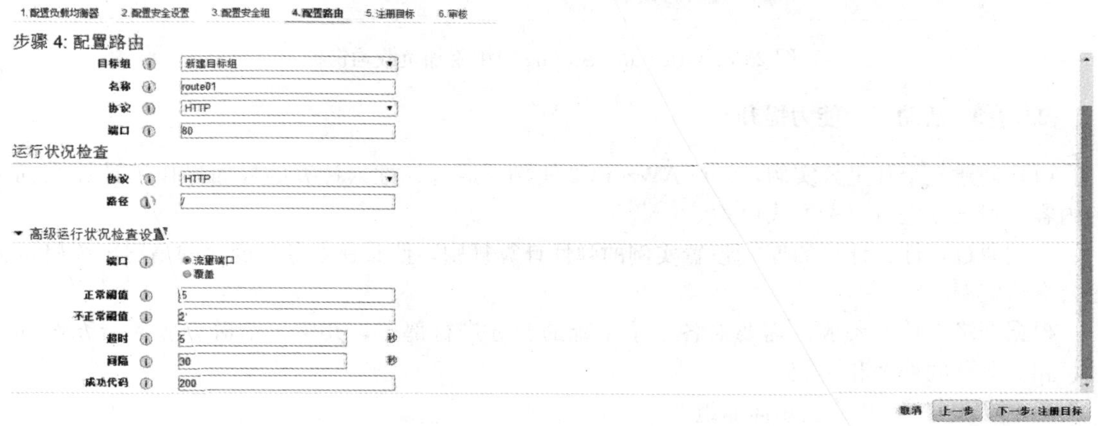

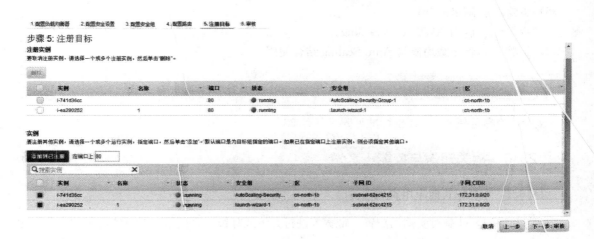

图 23-29　配置路由

5）添加注册目标实例，单击审核完成负载均衡器的创建，如图 23-30 所示。

图 23-30　注册目标

6）进入 EC2 实例控制面板，选择左导航栏的 Auto Scaling，选择详细信息，将刚才创建的负载均衡器附加到 Auto Scaling 组，如图 23-31 所示。

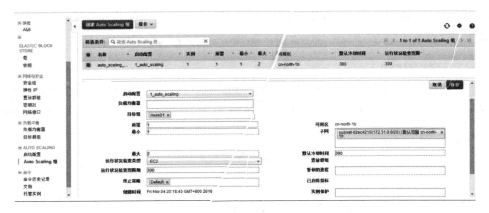

图 23-31　在 Auto Scaling 组中附加负载均衡器

23.4.3　活动三　能力提升

（1）创建 5 个阿里云实例，5 个 AWS EC2 实例，通过弹性云计算的界面操作云计算页面上的内容，根据需进行付费方式设置。

（2）通过弹性云计算的界面设置实例的弹性计算规则，使其在业务量变化的情况下弹性的使用公有云资源。

根据网络设计的要求，需要对各个子系统的业务进行部署，其中包括对应服务器系统的安装，相应业务的部署和交付。

1）步骤一：阿里云创建伸缩组。

2）步骤二：阿里云创建伸缩配置。

3）步骤三：阿里云预览弹性实例。

4）步骤四：阿里云伸缩自动触发设置。

5）步骤五：阿里云计费弹性伸缩设置。

6）步骤六：阿里云升降配。

7）步骤七：启用 AWS Auto Scaling。

8）步骤八：将负载均衡与 Auto Scaling 结合使用。

23.5　效果评价

效果评价参见任务 1，评价标准见附录任务 23。

23.6　相关知识与技能

23.6.1　升降配其他应用实例

所谓升降配，就是对实例的配置、带宽等进行升级或降级。之前带宽为 0Mbit/s 的实例，也可以通过升降配重新购买带宽。

升降配的应用场景包括如下几项。

（1）对实例规格进行升级，包括 CPU、内存、基础带宽进行升级。升级实例规格后需要在控制台重启实例。

（2）降配，即对实例规格进行降级，在续费的同时，选择较低的实例规格，节省费用。

（3）带宽临时升级。支持带宽无缝不停机在线升级，升级后无需重启。

（4）首次 0Mbit/s 带宽升级

说明：仅支持包年包月的实例。按量付费的实例不能升降配升降配前后，公网和内网的 IP 地址不会改变。

操作步骤如下。

（1）登录云服务器管理控制台。

（2）单击左侧导航栏中的实例。

（3）单击页面顶部的地域。

（4）选择需要的实例。单击右侧的升降配。

可以进行以下配置的变动。要升级 CPU 和内存，可以选择升级配置，然后在选择实例规格页面，选择新的实例规格，升级配置示意图如图 23-32 所示。

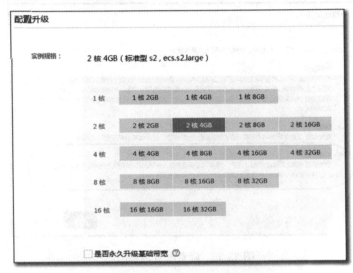

图 23-32　升级配置示意图

要临时升级带宽，可以选择带宽临时升级，然后设置新的、更高的带宽和升级起始时间，如图 23-33、图 23-34 所示。

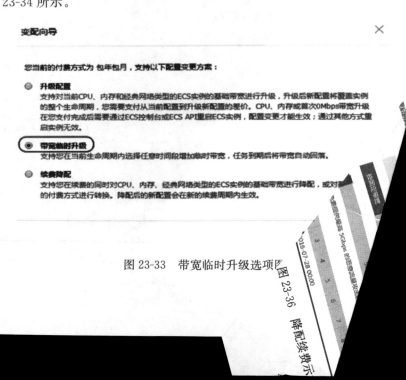

图 23-33　带宽临时升级选项图

带宽临时升级

图 23-34　带宽临时升级示意图

要续费降配，即继续续费使用该实例，但想降低配置，可以选择续费降配，单击继续，然后进行相关操作。选择较小的实例规格、重启时间、带宽、续费时长等信息，如图 23-35、图 23-36 所示。

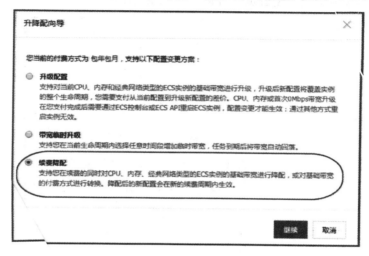

图 23-35　降费配置选项图

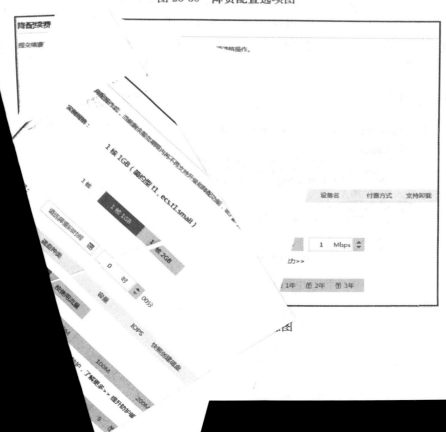

单击支付去付费。

注意：升级 CPU 和内存后，必须通过控制台重启实例才能生效，在实例内重启无效。升级或购买带宽则即时生效，无需重启。

23.6.2　什么是 AWS Auto Scaling

Auto Scaling 可帮助确保拥有适量的 Amazon EC2 实例来处理应用程序负载，用户可创建 EC2 实例的集合，称为 Auto Scaling 组，可以指定每个 Auto Scaling 组中最少的实例数量，Auto Scaling 会确保组中的实例永远不会低于这个数量。可以指定每个 Auto Scaling 组中最大的实例数量，Auto Scaling 会确保组中的实例永远不会高于这个数量。如果在创建组的时候或在创建组之后的任何时候指定了所需容量，Auto Scaling 会确保读者的组一直具有此数量的实例。如果指定了扩展策略，则 Auto Scaling 可以在应用程序的需求增加或降低时启动或终止实例。

例如，图 23-37 中 Auto Scaling 组的最小容量为 1 个实例，所需容量为 2 个实例，最大容量为 4 个实例。制定的扩展策略是按照指定的条件，在最大最小实例数范围内调整实例的数量。

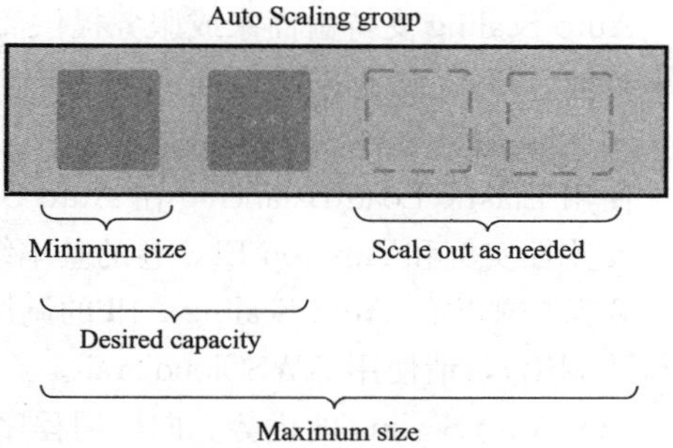

图 23-37　自动伸缩组示意图

Auto Scaling 关键组件见表 23-1。

表 23-1　　　　　　　　　　　　　　　Auto Scaling 关键组件

	组 读者的 EC2 实例整理到组中，从而当作一个逻辑单位进行扩展和管理。当读者创建一个组时，可以指定其中 EC2 实例的最小数量、最大数量以及所需数量
	启动配置 组使用启动配置作为其 EC2 实例的模板。创建启动配置时，可以为实例指定诸如 AMI ID、实例类型、密钥对、安全组和块储存设备映射等信息
	扩展计划 扩展计划告知 Auto Scaling 进行扩展的时间和方式。例如，可以根据指定条件的发生（动态扩展）或根据时间表来制定扩展计划

（1）访问 Auto Scaling。AWS 提供基于 Web 的用户界面，即 AWS 管理控制台。如果已注册 AWS 账户，则可通过登录 AWS 管理控制台访问 Auto Scaling。首先，从控制台主页选择 EC2，然后从导航窗格选择 Launch Configurations。

如果倾向于使用命令行界面，读者可使用以下选项：

AWS 命令行界面（CLI）

提供大量 AWS 产品的相关命令，同时被 Windows、Mac 和 Linux 支持。

为在 PowerShell 环境中编写脚本的用户提供大量 AWS 产品的相关命令。

Auto Scaling 提供 Query API。这些请求属于 HTTP 或 HTTPS 请求，需要使用 HTTP 动词 GET 或 POST 以及一个名为 Action 的查询参数。

如果倾向于使用特定语言的 API 而非通过 HTTP 或 HTTPS 提交请求来构建应用程序，AWS 为软件开发人员提供了库文件、示例代码、教程和其他资源。这些库文件提供可自动执行任务的基本功能，例如以加密方式对请求签名、重试请求和处理错误响应，因此读者可以更轻松地上手。

• Auto Scaling 定价

Auto Scaling 不产生额外费用，因此可方便地试用它并了解它如何使读者的 AWS 架构获益。

• PCI DSS 合规性

Auto Scaling 支持由商家或服务提供商处理、存储和传输信用卡数据，而且已经验证符合支付卡行业（PCI）数据安全标准（DSS）。

• 相关服务

使用 Elastic Load Balancing 在 Auto Scaling 组的多个实例之间自动分配应用程序的传入流量，要监控实例和 Amazon EBS 卷的基本统计数据，可使用 Amazon CloudWatch。

要监控账户的 Auto Scaling API 的调用（包括由 AWS 管理控制台、命令行工具和其他服务进行的调用），请使用 AWSCloudTrail。

（2）Auto Scaling 的优势。向应用程序架构添加 Auto Scaling 是最大程度利用 AWS 云的一种方式。当读者使用 Auto Scaling 时，读者的应用程序将获得以下优势：

• 提高容错能力

Auto Scaling 可以检测到实例何时运行状况不佳并终止实例，然后启动新实例以替换它。还可以配置 Auto Scaling 以使用多个可用区，如果一个可用区变得不可用，则 Auto Scaling 可以在另一个可用区中启动实例以进行弥补。

• 提高可用性

Auto Scaling 组可帮助确保应用程序始终拥有合适的容量以满足当前流量需求。

• 加强成本管理

Auto Scaling 可以按需要动态地增加或降低容量，只需为使用的 EC2 实例付费，在实际需要的时候启动实例，在不需要的时候终止实例，从而节约成本。

（3）Auto Scaling 生命周期。Auto Scaling 组中的 EC2 实例具有的路径或生命周期不同于其他 EC2 实例中的路径或生命周期。生命周期从 Auto Scaling 组启动实例并将其投入使用时开始，生命周期在读者终止实例或 Auto Scaling 组禁用实例并将其终止时结束。

注意：

一旦启动实例，就需要为实例付费，包括尚未将实例投入使用的时间。

图 23-38 阐释了 Auto Scaling 生命周期内的实例状态之间的过渡。

1）扩大。以下扩大事件指示 Auto Scaling 组启动 EC2 实例并将其附加到组：

• 手动增大组的大小

创建一个扩展策略来自动根据指定的所需增量来增大组的大小。

可以通过安排在某个特定时间增大组的大小来设置扩展。

在发生扩大事件时，Auto Scaling 组将使用分配的启动配置来启动所需数目的 EC2 实例。这些实例最初处于 Pending 状态。如果向 Auto Scaling 组添加生命周期挂钩，则可在此处执行自定义操作。

在每个实例完全配置并通过 Amazon EC2 运行状况检查后，该实例将附加到 Auto Scaling 组并进入 InService 状态。

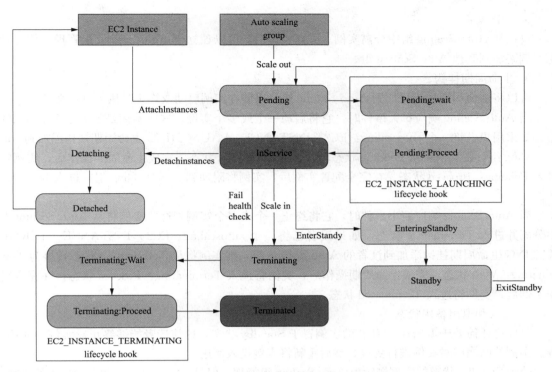

图 23-38　实例状态图

• 已投入使用的实例

实例将保持 InService 状态，直至出现下列情况之一：

a）发生缩小事件，并且 Auto Scaling 选择终止此实例来减小 Auto Scaling 组的大小。

b）将实例置于 Standby 状态。

c）从 Auto Scaling 组分离实例。

实例未通过所需数目的运行状况检查，因此将从 Auto Scaling 组中删除实例、终止实例和替换实例。

2）缩小。重要的是，要为创建的每个扩展事件创建一个相应的缩小事件。这有助于确保分配给读者的应用程序的资源与对这些资源的需求尽可能相符。

以下缩小事件指示 Auto Scaling 组从组中分离 EC2 实例并将其终止。

• 手动减小组的大小

创建一个扩展策略，自动根据指定的所需减少量来减小组的大小。

可以通过安排在某个特定时间减小组的大小来设置扩展。

发生缩小事件时，Auto Scaling 组分离一个或多个实例，Auto Scaling 组使用其终止策略来确定要终止的实例。正在从 Auto Scaling 组中分离和关闭的实例将进入 Terminating 状态，且无法重新将其投入使用。如果用户向 Auto Scaling 组添加生命周期挂钩，则可在此处执行自定义操作。最后，实例将完全终止并进入 Terminated 状态。

• 附加实例

可以将符合特定条件的正在运行的 EC2 实例附加到 Auto Scaling 组。在附加实例后，将该实例作为 Auto Scaling 组的一部分进行管理。

• 分离实例

可以从 Auto Scaling 组中分离实例。分离实例后，可以独立于 Auto Scaling 组管理实例或者将实例附加到其他 Auto Scaling 组。

• 生命周期挂钩

可以将生命周期挂钩添加到 Auto Scaling 组，以便在实例启动或终止时执行自定义操作。

当 Auto Scaling 响应扩大事件时，它将启动一个或多个实例。这些实例最初处于 Pending 状态。如果用户已将一个 autoscaling：EC2 _ INSTANCE _ LAUNCHING 生命周期挂钩添加到 Auto Scaling 组，则实例将从 Pending 状态转换 Pending：Wait 状态。完成生命周期操作后，实例将进入 Pending：Proceed 状态。在完全配置实例后，实例将附加到 Auto Scaling 组并进入 InService 状态。

当 Auto Scaling 响应缩小事件时，它将终止一个或多个实例。这些实例将从 Auto Scaling 组中分离并进入 Terminating 状态。如果读者已将一个 autoscaling：EC2 _ INSTANCE _ TERMINATING 生命周期挂钩添加到读者的 Auto Scaling 组，则实例将从 Terminating 状态转换为 Terminating：Wait 状态。完成生命周期操作后，实例将进入 Terminating：Proceed 状态。在完全终止实例后，实例将进入 Terminated 状态。

• 进入和退出备用状态

可以将任何处于 InService 状态的实例置于 Standby 状态，这使读者能够终止对实例的使用，排查实例的问题或对实例进行更改，然后重新将实例投入使用。

处于 Standby 状态的实例继续由 Auto Scaling 组管理，但是，在将这些实例重新投入使用前，它们不是应用程序的有效部分。

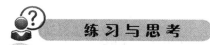

练 习 与 思 考

一、单选题（10 道）

1. （　　）是在同一伸缩组内，一个伸缩活动执行完成以后的一段锁定时间。

　　A. 冷却时间　　　　B. 运行时间　　　　　C. 任务触发时间　　　　D. 伸缩规则配置时间

2. 伸缩组包含伸缩配置、伸缩规则和（　　）。

　　A. 伸缩规则设置时间　B. 冷却时间　　　　C. 伸缩触发任务　　　　D. 伸缩活动

3. 伸缩触发任务有定时任务和（　　）。

　　A. 定容任务　　　　B. 云监控报警任务　　C. 定点任务　　　　　　D. 手工触发任务

4. 定时任务独立于伸缩组存在，不依赖于伸缩组的（　　），删除伸缩组不会删除定时任务。

　　A. 生命周期管理　　B. 生命周期时间　　　C. 生命周期保质期　　　D. 伸缩规则

5. 配置周期性任务（如每天零点），定时地增加或减少 ECS 实例属于（　　）。

　　A. 固定数量模式　　B. 自定义模式　　　　C. 定时模式　　　　　　D. 动态模式

6. 基于云监控性能指标，自动增加或减少 ECS 实例属于（　　）。

　　A. 固定数量模式　　B. 自定义模式　　　　C. 定时模式　　　　　　D. 动态模式

7. 通过"最小实例数"（MinSize）属性，可以始终保持健康运行的 ECS 实例数量，这样的场景实时可用属于（　　）。

　　A. 固定数量模式　　B. 自定义模式　　　　C. 定时模式　　　　　　D. 动态模式

8. 根据用户自用的监控系统，通过 API 手工伸缩 ECS 实例属于（　　）。

　　A. 固定数量模式　　B. 自定义模式　　　　C. 定时模式　　　　　　D. 动态模式

9. 以下属于阿里云弹性伸缩产品优势的是（　　　）。

　　A. 伸缩模式丰富　　B. 需要人工干预　　　　C. 不支持智能调度　　D. 伸缩模式有限

10. 阿里云 ECS 实例一直保持正常的 running 状态，此状态称呼为（　　　）。

　　A. 待弹性伸缩任务触发状态　　　　　　　　B. 睡眠状态

　　C. 不健康状态　　　　　　　　　　　　　　D. 健康状态

二、多选题（10 道）

11. 阿里云弹性伸缩功能配置的内容包括（　　　）。

　　A. 创建伸缩组　　B. 伸缩配置　　　　　　C. 伸缩规则设置　　　　D. 任务触发

　　E. 数据存储

12. AWS Auto Scaling 的关键组件有（　　　）。

　　A. 组　　　　　　B. 数据库　　　　　　　C. 启动配置　　　　　　D. 共享缓存

　　E. 拓展计划

13. 以下属于弹性伸缩功能应用场景的有（　　　）。

　　A. 某视频公司：春晚或每周五热门节目来临，如临大敌，需要按负载自动弹性伸缩。

　　B. 某视频直播公司：无法预估业务负载情况，需要根据 CPU 利用率、Load、带宽利用
　　　　率，自动弹性伸缩。

　　C. 某电商公司：无法预估业务负载情况，需要根据 CPU 利用率、Load、宽利用率，自
　　　　动弹性伸缩。

　　D. 某游戏公司：每天中午 12：00，每天 18：00～21：00，需要定时扩容。

　　E. 某社交网站：每天 0：00～17：00，每天 17：00～0：00，需要定时扩容

14. 阿里云弹性伸缩对用户有以下限制（　　　）。

　　A. 弹性伸缩的 ECS 实例中部署的应用需要是无状态的

　　B. 弹性伸缩的 ECS 实例中部署的应用需要是有状态的

　　C. 弹性伸缩的 ECS 实例中部署的应用需要是可横向拓展的

　　D. 弹性伸缩的 ECS 实例中部署的应用需要是不可拓展的

　　E. 弹性伸缩的 ECS 实例中部署的应用需要是固定不变的

15. 云计算弹性机制主要包括（　　　）。

　　A. 弹性扩张　　　B. 弹性收缩　　　　　　C. 弹性自愈　　　　　　D. 弹性计算

　　E. 弹性访问

16. 阿里云弹性伸缩主要可以提供的功能包括（　　　）。

　　A. 根据客户业务需求横向拓展 ECS 实例的容量

　　B. 支持 SLB 负载聚亨配置

　　C. 支持 RDS 访问白名单

　　D. 支持对象存储 OSS 访问白名单

　　E. 支持 Redis 访问白名单

17. 阿里云伸缩组包含（　　　）。

　　A. 冷却时间　　　B. 伸缩触发任务　　　　C. 伸缩配置　　　　　　D. 伸缩规则

　　E. 伸缩活动

18. 阿里云伸缩触发任务包含（　　　）。

　　A. 定点任务　　　B. 定时任务　　　　　　C. 定容任务　　　　　　D. 手动触发任务

　　E. 云监控报警任务

19. 阿里云升降配对实例规格进行升级内容包括（　　）。

    A. GPU   B. CPU   C. 内存   D. 基础带宽进行升级

    E. 磁盘容量进行升级

20. 阿里云升降配应用场景包括（　　）。

    A. 对实例规格进行升级   B. 带宽临时升降

    C. 对实例计算进行弹性伸缩   D. 转换基础带宽的计费方式

    E. 直接升级包年套餐

三、判断题（10 道）

21. 阿里云用户能够创建的伸缩组、伸缩配置、伸缩规则、伸缩 ECS 实例、定时任务的数量都是没有限制的。

22. 如果已注册 AWS 账户，则可通过登录 AWS 管理控制台访问 Auto Scaling。

23. 阿里云弹性伸缩的 ECS 实例中部署的应用需要是无状态、可横向扩展的。

24. 阿里云实例弹性伸缩功能不支持自动释放实例。

25. 阿里云伸缩配置用于弹性伸缩的 ECS 实例的拓展或收缩操作。

26. 阿里云伸缩触发任务用于弹性伸缩的 ECS 实例的配置信息。

27. 阿里云实例的弹性伸缩功能会自动地释放 ECS 实例，因此实例不可以保存应用的状态信息。

28. 阿里云伸缩触发任务只有手动触发。

29. 阿里云实例的伸缩规则成功触发后，就会产生一条伸缩活动。

30. AWS 用户可以指定每个 Auto Scaling 组中最少的实例数量，Auto Scaling 会确保组中的实例永远不会低于这个数量。

练习与思考题参考答案

1. A	2. D	3. B	4. A	5. C	6. D	7. A	8. B	9. A	10. D
11. ABCD	12. ACE	13. ABCDE	14. AC	15. ABC	16. ABC	17. CDE	18. BE	19. BCD	20. ABD
21. ×	22. √	23. √	24. ×	25. ×	26. ×	27. √	28. ×	29. √	30. √

任务 ㉔

公有云云主机日常运维

该训练任务建议用 9 个学时完成学习。

24.1 任务来源

公有云购买并部署业务成功之后，运维人员需要对公有云实例进行日常的维护，其中包括性能监控、创建与管理快照、恢复与备份数据，根据监控数据制定专项优化思路和优化方案。

24.2 任务描述

有 A、B 两个阿里云实例和 C、D 两个 AWS EC2 实例，其中 A 实例部署了 Web 服务、PHP 服务；B 实例部署了数据库服务，数据库有主从备份，通过多实例实现。同样 C 实例部署了 Web 服务，D 实例部署了数据库服务。根据网络架构设计要求和实际应用需求，除需要对数据库进行实时热备以外，还需要每天零点对数据库进行定时全备，同时使用云服务的云监控对备份情况进行监控，主要包括数据库实时增量备份、定时全备和整网维护。

24.3 能力目标

24.3.1 技能目标

完成本训练任务后，读者应当能（够）掌握以下技能。

1. 关键技能

（1）会设置阿里云实例监控服务。

（2）会创建阿里云实例磁盘镜像。

（3）会回滚阿里云实例磁盘镜像。

（4）会上传镜像到阿里云对象存储。

2. 基本技能

（1）会公有云服务的 Web 监控流程。

（2）会使用阿里云、AWS 服务。

（3）会本地镜像的制作。

24.3.2 知识目标

完成本训练任务后，读者应当能（够）学会以下知识。

（1）掌握阿里云实例磁盘快照的创建。

（2）掌握亚马逊 EBS 磁盘快照创建。

（3）掌握阿里云实例镜像复制。

24.3.3 职业素质目标

完成本训练任务后，读者应当能（够）具备以下素质。

（1）具有守时、诚信、敬业精神。

（2）具有安全意识、质量意识、保密意识。

（3）遵守系统调试标准规范，养成严谨科学的工作态度。

（4）养成总结训练过程和结果的习惯，为再次实训总结经验。

（5）树立学习新知识、掌握新技能的自信心。

（6）培养喜爱云计算运维管理工作的心态。

24.4　任务实施

24.4.1 活动一　知识准备

阿里云数据监控可视化：云监控通过 Dashboard 为用户提供丰富的图表展现形式，并支持全屏展示和数据自动刷新。满足各种场景下的监控数据可视化需求。

24.4.2 活动二　示范操作

1. 活动内容

（1）进入阿里云管理控制台，查看监控信息。了解各个实例的运行情况和性能指标。定时创建和管理快照，回滚磁盘。创建镜像并管理镜像。

（2）进入 AWS 管理控制台，查看监控信息。了解各个实例的运行情况和性能指标。定时创建和管理快照，回滚磁盘。创建镜像并管理镜像。

2. 操作步骤

（1）步骤一：使用云服务监控。

1）登录云监控控制台。

2）在"云服务监控"菜单产品列表中点击产品名称，选择需要查看的产品。

3）在产品实例列表中点击"实例名称"或"操作"中的"监控图表"，进入实例的监控详情页面，如图 24-1 所示。

图 24-1　监控选项入口

4）阿里云 ECS 实例基础监控如图 24-2 所示。

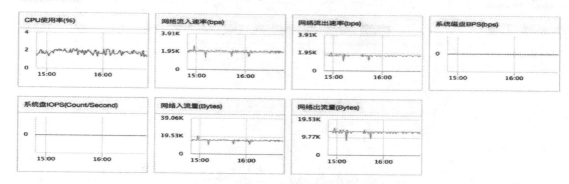

图 24-2　阿里云 ECS 实例基础监控

（2）步骤二：站点监控。

1）创建监控点。登录云监控控制台，点击左侧菜单的"站点管理"选项，进入站点监控页面，点击页面右上角的"创建监控点"，在创建页面填写相关内容，如图 24-3 所示。

图 24-3　创建监控点

2）查看监控数据。点击左侧菜单的"站点管理"选项，进入站点监控页面，在监控点列表中点击监控点名称或"操作"中的"监控图表"，如图 24-4 所示。

图 24-4　查看监控图标入口

查看站点监控详情，如图 24-5 所示。

3）删除监控点。击左侧菜单的"站点管理"选项，进入站点监控页面，在监控点列表中选中需要删除的监控点，点击列表下方的"批量删除"按钮，完成监控点的删除。

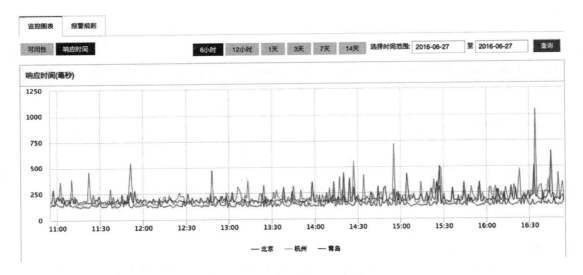

图 24-5　查看站点监控详情

（3）步骤三：使用 Dashboard。云监控的 Dashboard 功能提供用户自定义查看监控数据的功能，用户可以在一张监控大盘中跨产品、跨实例查看监控数据，将相同业务的不同产品实例集中展现。

1）登录云监控控制台，点击左侧菜单的"Dashboard"选项，进入 Dashboard 页面，默认展示云监控初始化的"ECS 全局监控大盘"，点击监控大盘名称，拉下列表选择其他监控大盘，如图 24-6 所示。

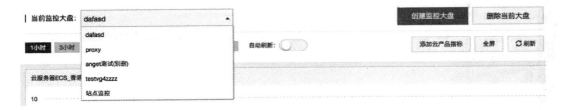

图 24-6　登录 Dashboard

2）创建监控大盘。点击页面右上角的"创建监控大盘"，如图 24-7 所示。

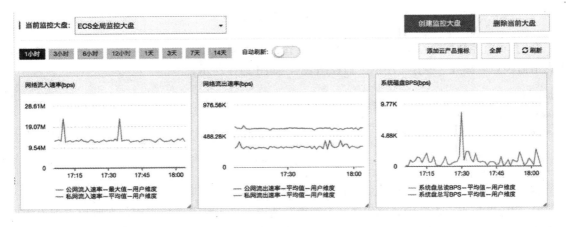

图 24-7　创建监控大盘

3）输入监控大盘名称，点击"创建"完成监控大盘的创建，如图 24-8 所示。

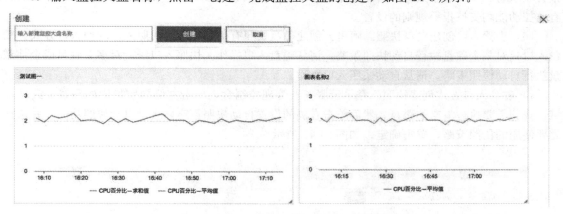

图 24-8　完成监控大盘创建

4）页面自动跳转到新创建的监控大盘页面，这时可以自由添加各种监控图表了。

5）切换监控大盘。登录云监控控制台，点击左侧菜单的"Dashboard"选项，进入 Dashboard 页面，点击页面左上角的监控大盘名称，下拉显示读者创建的所有监控大盘，通过选择不同的监控大盘名称，切换大盘展示，如图 24-9 所示。

图 24-9　切换监控大盘

6）删除监控大盘。登录云监控控制台，点击左侧菜单的"Dashboard"选项，进入 Dashboard 页面，点击页面右上角的"删除当前大盘"按钮，删除监控大盘。

7）修改监控大盘名称。登录云监控控制台，点击左侧菜单的"Dashboard"选项，进入 Dashboard 页面，鼠标悬浮在监控大盘名称上，右侧会出现"修改名称"四个字，点击"修改名称"进入编辑状态，即可修改大盘名称，如图 24-10 所示。

图 24-10　修改监控大盘名称

（4）步骤四：自定义监控。

1）登录云监控控制台，点击左侧菜单的"自定义监控"选项，进入自定义监控页面，点击页面右上角的"创建监控项"，输入监控项相关定义。具体说明可查看创建自定义监控项和报警规则，根据第三步创建的监控项，通过脚本定时向云监控上报数据，具体操作可查看监控数据上报。

2）删除自定义监控。登录云监控控制台，点击左侧菜单的"自定义监控"选项，进入自定义监控页面。点击监控项列表中监控项对应的"删除"按钮，完成监控项删除。

（5）步骤五：使用报警服务。登录云监控控制台，添加联系人，具体操作参考报警联系人和报警联系组。添加联系人组，具体操作参考报警联系人和报警联系组。创建报警规则云监控的所有监控功能均支持报警规则的设置。

（6）步骤六：创建磁盘快照。阿里云创建磁盘快照有磁盘入口、快照入口两种入口方式。磁盘入口只对某个磁盘执行自动快照策略，请从磁盘入口操作。快照入口统一对多个磁盘或全部磁盘执行自动快照策略，请从自动快照入口操作。

1）磁盘入口方式创建快照。登录云服务器管理控制台，单击左侧导航栏中的磁盘，选择地域，找到需要执行策略的磁盘，然后单击右侧的设置自动快照策略，启动自动快照功能，并选择需要使用的快照策略，单击确定，如图 24-11 所示。

图 24-11　磁盘入口创建快照

2）快照入口创建快照。登录云服务器管理控制台，单击左侧导航中的快照＞自动快照策略，选择地域，选择创建策略，如图 24-12 所示。

图 24-12　创建快照策略

略设置成功以后，需要进行设置磁盘操作，选中需要自动快照的磁盘，执行自动快照策略，如图 24-13 所示。

图 24-13　设置磁盘自动快照功能

（7）步骤七：回滚磁盘快照。登录云服务器管理控制台，单击左侧导航中的快照>快照列表，选择地域，选中需要回滚磁盘快照的磁盘，回滚磁盘，如图 24-14 所示。

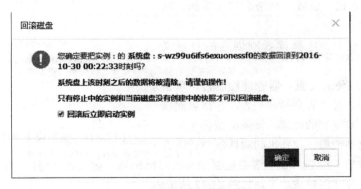

图 24-14　回滚磁盘快照

（8）步骤八：阿里云管理镜像。

1）使用镜像创建实例。登录云服务器管理控制台，首先需要根据现有的系统盘创建快照，快照创建完成后，单击左侧导航中的快照，可以看到快照列表，在实例列表页面顶部，选择目标实例所在的地域。所选择快照的磁盘属性必须为系统盘，然后单击创建自定义镜像。注意不能使用数据盘创建自定义镜像，如图 24-15 所示。

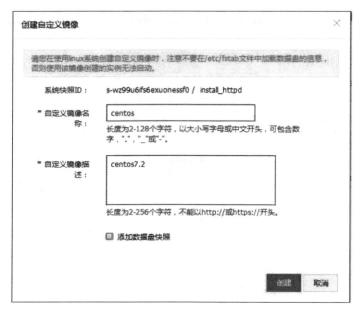

图 24-15　创建自动义镜像

a）在弹出的对话框中，可以看到快照的 ID。输入自定义镜像的名称和描述，单击创建。

b）还可以选择多块数据盘快照，包含在该镜像中。注意：请将数据盘中的敏感数据删除之后再创建自定义镜像，避免数据安全隐患，如图 24-16 所示。

c）单击左侧菜单的实例，然后单击页面右上角的创建实例。

d）选择付费方式、地域、网络类型、实例、网络带宽等参数。

e）在镜像类型中，选择读者刚创建的自定义镜像。

2）复制镜像。登录云服务器管理控制台，单击左侧导航中的镜像，可以看到镜像列表，选择页面顶部的地域，选中需要复制的镜像，镜像类型必须是自定义镜像，单击复制镜像。在弹出的对话框中，读者

图 24-16　使用快照创建自定义镜像

可以看到选中镜像的 ID。选择读者需要复制镜像的目标地域。输入目标镜像的名称和描述。单击确定，镜像复制任务就创建成功了，如图 24-17 所示。

3）共享镜像。登录云服务器管理控制台，单击左侧导航中的镜像，可以看到镜像列表，选择页面顶部的地域，选中需要复制的镜像，镜像类型必须是自定义镜像，单击共享镜像，在弹出的对话框中，选择账号类型和输入阿里云账号。有两种账号类型：

a）Aliyun 账号，输入要共享给其他用户的阿里云账号（登录账号）。

b）AliyunID，输入要共享给其他的阿里云账号 ID。AliyunID 可以从阿里云官网的用户中心获取：账号管理＞安全设置＞账号 ID。可通过下面链接直接登录访问：https://account.console.aliyun.com/#/secure。

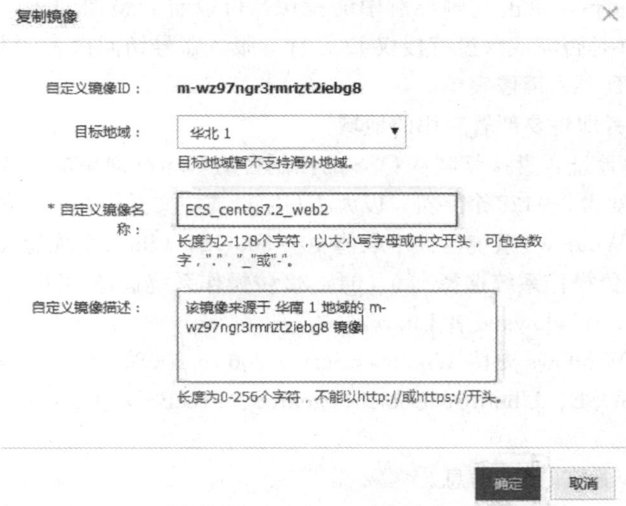

复制镜像 ✕

自定义镜像ID： **m-wz97ngr3rmrizt2iebg8**

目标地域： 华北 1 ▼

目标地域暂不支持海外地域。

* 自定义镜像名 称： ECS_centos7.2_web2

长度为2-128个字符，以大小号字母或中文开头，可包含数字，"."，"."，"_"或"."。

自定义镜像描述： 该镜像来源于 华南 1 地域的 m-wz97ngr3rmrizt2iebg8 镜像

长度为0-256个字符，不能以\http://或\https://开头。

确定 取消

图 24-17 复制镜像

单击共享镜像，如图 24-18 所示。

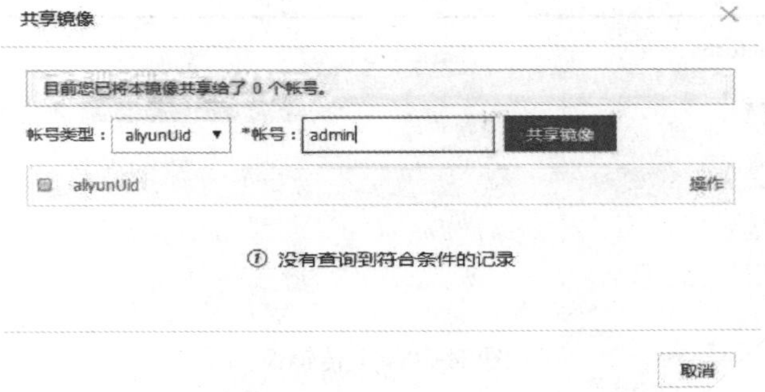

共享镜像 ✕

目前您已将本镜像共享给了 0 个帐号。

帐号类型： aliyunUid ▼ *帐号： admin 共享镜像

☐ aliyunUid 操作

ⓘ 没有查询到符合条件的记录

取消

图 24-18 共享镜像

4）导入镜像。登录 OSS 管理控制台，找到需要的 Bucket
到左侧的 Object 管理，单击上传文件，将本地的镜像文
图 24-19 所示。

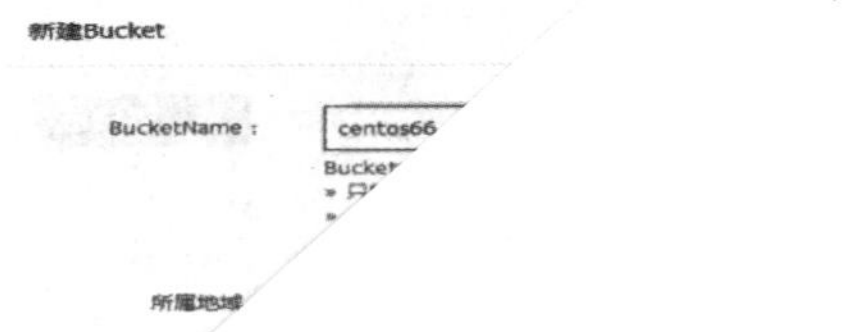

新建Bucket

BucketName： centos66

所属地域

任务
㉔

　　回到 ECS 管理控制台，单击左侧导航中的镜像，可以看到镜像列表，单击导入镜像按钮，确认导入镜像前提条件是否完成（没有授权 ECS 官方服务账号访问读者的 OSS 权限，会导致镜像导入失败），填写下列导入镜像表单。

　　a）地域：选择读者即将要部署应用的地域。

　　b）镜像文件 OSS 地址：直接复制从 OSS 的控制台的 Object 对象的获取地址的内容。

　　c）镜像名称：长度为 2～128 个字符，以大小写字母或中文开头，可包含数字、"."或"-"。

　　d）系统盘大小：Windows 系统盘大小取值 40～500GB，Linux 系统盘大小 20～500GB。

　　e）系统架构：64 位操作系统选择 x86_64，32 位操作系统选择 i386。

　　f）操作系统类型：Windows 或者 Linux。

　　g）系统发行版：Windows 支持 Windows Server 2003、2008、2012 和 Windows 7；Linux 支持 CentOS、redhat、SUSE、Ubuntu、Debian、gentoo、FreeBSD、CoreOS、Other Linux（请提交工单确认是否支持）。

　　h）镜像描述：填写镜像描述信息。

　　单击提交，会创建一个导入镜像的任务，导入镜像是个耗时的任务，需要读者耐心等待，一般需要数小时才能完成。完成的时间取决于读者的镜像文件的大小和当前导入任务繁忙程度。读者可以在导入地域的镜像列表中看到这个镜像进度。也可以通过任务管理，找到该导入的镜像，对这个导入镜像进行取消任务操作，如图 24-20 所示。

图 24-20　上传镜像

　　（9）步骤九：给 AWS EC2 实例启用详细监控。

　　1）选择一个实例，选择监控，cloud watch 指标→启用详细监控，如图 24-21 所示：

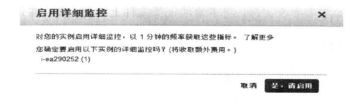

图 24-21　启动详细监控

请启用"选项，关闭，此时 EC2 实例详细监控已经启动，以图 24-22 为详细

近 3 小时、最近 6 小时、最近 12 小时、最近 24 小时、最近 3

h 控制台：

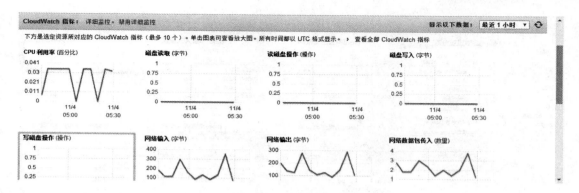

图 24-22　EC2 实例详细监控

https://console. amazonaws. cn/cloudwatch/home?region= cn-north-1 ♯，在导航窗口中点击浏览指标，将看到按照类别分类的详细指标数目，如图 24-23 所示。

图 24-23　按照类别分类的详细指标数目

5）在导航窗口选择 EC2，将看到 EC2 实例的详细监控指标，如图 24-24 所示。

图 24-24　EC2 监控的详细指标清单

6）可以查看 EC2 监控实例的每个指标的详细情况，例如查看 CPU 的使用率详细情况，如图 24-25 所示。

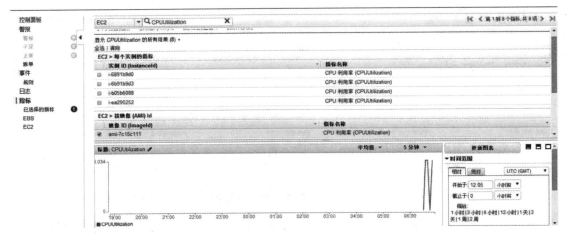

图 24-25　EC2 实例 CPU 使用率详细情况

7) 查看聚合多实例统计数据, 在 cloudwatch 导航窗口, 选择指标→EC2→跨所有实例, 此时将显示跨实例所有数据, 如图 24-26 所示。

图 24-26　跨所有实例指标

(10) 步骤十: 创建 EC2 实例健康警报。

进入 EC2 控制面板, 选择实例→监控→CloudWatch 警报→创建警报, 根据需要设置警报值, 如图 24-27 所示。

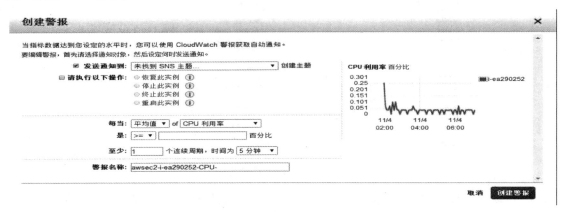

图 24-27　创建报警

（11）步骤十一：导入和导出 EC2 出虚拟机。可以使用 Amazon Web Services（AWS）VM Import/Export 工具将虚拟机（VM）映像从本地环境导入到 AWS 中，然后将它们转换成准备就绪的 Amazon EC2 Amazon 系统映像（AMI）或实例。

（12）步骤十二：创建 AWS EBS 快照。

1）进入 EC2 实例控制面板，在左导航栏中选择卷→选择需要创建快照的 EBS 卷→操作→创建快照，如图 24-28 所示。

图 24-28　创建快照

2）设置快照参数，如图 24-29 所示。

（13）步骤十三：创建 EC2 映像。进入 EC2 实例控制面板，在左导航栏中选择快照→选择需要创建映像的快照→操作→创建映像，设置需要创建的映像参数，如图 24-30 所示。

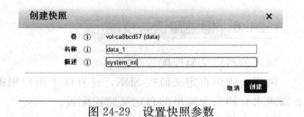

图 24-29　设置快照参数

图 24-30　设置需要创建的映像参数

24.4.3　活动三　能力提升

在不同的公有云平台分别创建三个实例，每个实例部署相应的 Web 服务。练习使用阿里云和亚马逊 AWS 云服务监控设置站点监控，练习使用 Dashboard 并进行自定义监控设置和报警服务设置。练习磁盘快照创建、回滚磁盘快照，磁盘镜像管理。

根据网络设计的要求，需要对各个子系统的业务进行设置，其中包括对应服务器系统的安装，相应业务的部署和交付。

（1）步骤一：使用云服务监控。

（2）步骤二：站点监控。

（3）步骤三：使用 Dashboard。

（4）步骤四：自定义监控。

（5）步骤五：使用报警服务。

（6）步骤六：创建磁盘快照。

（7）步骤七：回滚磁盘快照。

（8）步骤八：阿里云镜像管理。

（9）步骤九：给 AWS EC2 实例启用详细监控。

（10）步骤十：创建 EC2 实例健康警报。

（11）步骤十一：导入和导出 EC2 出虚拟机。

（12）步骤十二：创建 AWS EBS 快照。

（13）步骤十三：创建 EC2 映像。

24.5　效果评价

效果评价参见任务 1，评价标准见附录任务 24。

24.6　相关知识与技能

阿里云自定义监控配置实例

阿里云提供自定义监控 SDK，这有助于用户根据自身业务来做定制化监控，下面就根据业务需求来介绍一个简单的自定义监控配置。

阿里提供了 2 个版本的自定义监控接口。

（1）自定义监控 SDK（python 版）：cms_post.py。

（2）自定义监控 SDK（bash 版）：cms_post.sh。

下载地址：http://help.aliyun.com/knowledge_detail.htm?knowledgeId=5974901

下列使用 shell 版本做演示：监控 ECS 服务器中 tomcat 的进程是否存在，如果小于 1，就说明 tomcat 进程关闭，然后根据设定的报警规则报警。

首先需要在阿里云自定义监控页面建立一个自定义监控，如图 24-31 所示。

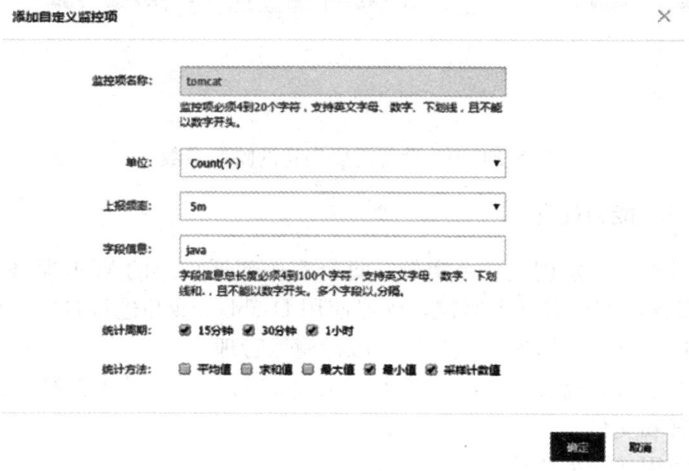

图 24-31　自定义监控

1. 添加自定义监控

脚本 post 方法说明，如图 24-32 所示。

post 方法中传入 4 个参数，分别为 aliuid，监控项名称，监控项值，字段信息。
最后按照第 4 部分的说明，添加定时任务即可。
再次强调这些参数的意义，参见云监控控制台→自定义监控→自定义监控项管理

a. 命名空间中的数字串，即是用户的 aliuid

b. 监控项名称，即是用户创建监控项时填写的名称

c. 监控项值，是用户上报到云监控的业务数据

d. 字段信息，结合监控项，表示具体业务字段的实际意义。
例如字段信息是 machineIp，监控项名称 cpuutilization，若当前 cpu 利
用率 80%，那么在上面的示例中传入的参数分别是 1301033596187394，
cpuutilization，0.8，machineIp=192.168.1.1

图 24-32　脚本 post 方法说明

2. 定制脚本

以下为自定义 SDK 的脚本实例内容：

```
vi tomcat_process_check.sh
#!/bin/bash## This is a monitor shell script for aliyun ecs## It is mainly used to monitor
the presence of the Tomcat process## Created in 2015.07.25## Written by Edison## Version
1.0


export PATH = /usr/local/sbin:/usr/local/bin:/sbin:/bin:/usr/sbin:/usr/bin:/root/bin
export VAUL = $(ps--user tomcat |grep java|wc-l)
export HOSTS = $(hostname)
/usr/local/aegis/aegis_quartz/libexec/user/cms_post.sh 1509636335361036 tomcat $VAUL ja-
va = $HOSTS-tomcat-stop
```

给予脚本执行权限：

```
chmod + x cms_post.sh tomcat_process_check.sh
```

3. 配置调度任务

如果是利用阿里云监控自带的调度任务，那么需要将脚本放置到指定位置：

```
/usr/local/aegis/aegis_quartz/libexec/user
```

然后添加调度任务，执行此命令必须使用绝对路径。

```
/usr/local/aegis/aegis_quartz/aegis_quartz-e "AddTask [0 0/5 * * * ?]/usr/local/aegis/
aegis_quartz/libexec/user/tomcat_process_check.sh"
## 删除
/usr/local/aegis/aegis_quartz/aegis_quartz -e "RemvoeTask [0 0/5 * * * ?]/usr/local/ae-
gis/aegis_quartz/libexec/user/tomcat_process_check.sh"
## 查看任务
/usr/local/aegis/aegis_quartz/aegis_quartz -e "GetTasks"
## aegis_quartz 帮助
[root@server07~]# /usr/local/aegis/aegis_quartz/aegis_quartz -h
```

Usage：/usr/local/aegis/aegis_quartz/aegis_quartz

-f	configFile	(default：conf/aegis_quartz.conf)
-c	configFile	(only check configFile)
-e	"opType value"	(get or set some inner info)
-v		(show agent version)
-h		(show help)

about opType and value：

SetLogLevel [error|warn|info|debug]	(set agent log level)
GetLogLevel	(show agent log level)
GetConfig	(show config)
GetTasks	(show tasks)
GetTasksJson	(show tasks)
GetTaskStatus	(show task status)
AddTask "xxx"	(add task)
RemoveTask "xxx"	(remove task)
RemoveAllTasks	(remove all tasks)

需要注意如下事项。

（1）aegis_quartz 进程请勿停止，系统的监控数据采集是通过 aegis_quartz 完成。

（2）aegis_quartz 程序的调用请使用绝对路径，如 linux 环境下 /usr/local/aegis/aegis_quartz/aegis_quartz

（3）aegis_quartz libexec/default 下面的脚本是内置的监控数据采集脚本，请用户勿修改。

（4）用户的监控数据程序只能放在 libexec/user 目录下面；上面添加任务与删除任务的示例中，脚本程序的路径写的即是相对路径。因此，用户在命令行中的脚本路径只需要填写成 user/×××即可（其中×××是用户的脚本）。

（5）关于任务的执行频率，是基于标准的 quartz 表达式，用户按照规范填写即可。脚本的监控数据上报频率请与云监控控制台中设置监控项【上报频率】保持一致（控制台支持的频率是 1、5、15min），若修改上报频率请保持控制台与脚本一致，否则监控数据处理会不准确。

4. 配置报警

设置报警规则，在报警管理页面中进行设置，如图 24-33 所示。

图 24-33　设置报警规则

这里需要注意，字段的值一定要与脚本中字段的值一致，否则即使监控的值触发了用户的报警规则，状态依然是正常的。

下面是阿里云的短信报警信息实例，上报频率 5min。

【阿里云】读者监控 tomcat 的 f45966d ∗∗∗ e60d 在 11：10 发生报警，实例：（server07-tom-cat-stop），值为 0 个，请登录云监控平台查看。

【阿里云】读者监控 tomcat 的 f45966d ∗∗∗ e60d 在 11：15 发生报警，实例：（server07-tom-cat-stop），值为 0 个，请登录云监控平台查看。

配置成功。

 练习与思考

一、单选题（10 道）

1. 阿里云 ARMS 持续计算能力不包括（   ）。

    A. 解决流乱序   B. 自我修复故障节点

    C. 数据丢失自我复制   D. 自我修复能力

2. 与传统监控产品相比，阿里云 ARMS 架构的最大特点为基于业务监控基于实时计算和大数据平台具有（   ）的同时，为客户提供方便快捷的业务定制接口。

    A. 实时性高和海量拓展功能   B. 延迟长和数据量有限

    C. 延迟长和数据量大   D. 延迟长和数据量小

3. 以下不属于阿里云 ARMS 优势的是（   ）。

    A. 持续计算能力   B. 一站式集成   C. 分钟级延迟   D. 海量吞吐

4. 通过阿里云 ARMS，用户只需要拖拽式操作三个步骤，即搭建出一套监控服务，其中三个步骤不包括（   ）。

    A. 日志数据接入   B. 实时计算任务编排   C. 告警和报表定制   D. 日志数据保存

5. 在用户体验方面，阿里云 ARMS 为用户屏蔽了复杂的（   ）的基础上，为不同行业的用户提供了基于如系统监控、商品销售、网站分析等各种场景监控方案搭建的便利。

    A. 监控计算过程   B. 监控计算结果   C. 监控计算逻辑   D. 监控计算数据

6. 在技术架构上，阿里云 ARMS 整合和封装了数据收集、消息通道、实时计算、列式存储以及（   ）等多种先进互联网技术组件。

    A. 静态报表   B. 本地报表   C. 在线报表   D. 离线报表

7. 阿里云业务实时监控简称为（   ）。

    A. APMS   B. ECS   C. RDS   D. OSS

8. 业务实时监控（Application Real-Time Monitoring Service，简称 ARMS）是一款为用户提供（   ）一体化实时监控解决方案的 PaaS 级阿里云产品。

    A. 用户到端   B. 端到用户   C. 用户到用户   D. 端到端

9. 用户根据阿里云监控设置报警规则，在监控数据达到阈值时发动报警信息，让管理人员及时的处理异常并查明异常原因，该场景属于阿里云监控的（   ）。

    A. 自定义监控场景   B. 及时处理异常场景

    C. 及时扩容场景   D. 及时收缩容量场景

10. 在阿里云监控报警规则中，某一条报警发出后，如果这个指标 24h 之内持续超过报警阈值，则 24h 内不会再触发报警，这种情况称呼为（   ）。

A. 通道沉默　　　　B. 报警规则　　　　C. 监控项　　　　D. 维度

二、多选题（10 道）

11. 阿里云站点监控通过探测 URL、IP 的可用性，从而获取探测对象的（　　）。

A. 数据报文 header　　　　　　　　B. 状态码

C. 响应时间　　　　　　　　　　　D. MAC 地址表

E. 路由表

12. 阿里云服务监控支持以下（　　）产品。

A. 云服务器 ECS　　　　　　　　　B. 数据库服务 RDS

C. 负载均衡　　　　　　　　　　　D. 云服务器 EC2

E. OSS

13. 阿里云监控针对云服务器 ECS 的监控指标支持（　　）的监控。

A. CPU 利用率　　B. 内存利用率　　C. 磁盘 I/O　　D. 网络带宽

E. 服务响应时间

14. 阿里云监控报警通知方式支持（　　）。

A. 短信　　　　B. 邮件　　　　C. MNS 消息队列　　　D. 电话

E. 旺旺（淘宝）

15. 阿里云自定义监控补充了云监控的不足，用户可以提供需要监控的对象来创建新的监控项并采集监控数据上报到云监控，云监控会对新的监控项提供（　　）。

A. 监控图标展示　　B. 可行性报告　　C. 数据服务　　　D. 消息推送

E. 报警功能

16. 阿里云提供了两个版本的自定义监控接口，它们分别是（　　）。

A. 自定义监控 SDK（C++版）　　　B. 自定义监控 SDK（JAVA 版）

C. 自定义监控 SDK（python 版）　　D. 自定义监控 SDK（bash 版）

E. 自定义监控 SDK（ruby 版）

17. 阿里云站点监控支持的协议有（　　）。

A. HTTP　　　　B. ICMP　　　　C. TCP　　　　D. UDP

E. POP3

18. 阿里云监控逻辑框架包括（　　）。

A. Dashboard　　　B. 站点监控　　　C. 云产品监控　　　D. 自定义监控

E. 报警服务

19. 阿里云监控是一项针对（　　）和（　　）进行监控的服务。

A. 任何计算机应用　　　　　　　　B. 任何计算机资源

C. 阿里云资源　　　　　　　　　　D. 互联网应用

E. 亚马逊云资源

20. 阿里云监控服务能够监控（　　）等各种阿里云服务资源。

A. 云服务器 EC2　　B. 简单存储 S3　　C. 云服务器 ECS　　　D. 云数据库 RDS

E. 负载均衡

三、判断题（10 道）

21. 阿里云监控服务能够监控亚马逊云服务器 EC2、云简单存储 S3 和负载均衡等各种云服务资源，同时也能够通过 HTTP、ICMP 等通用网络协议监控阿里云互联网应用的可用性。

22. 阿里云站点监控服务目前提供的 HTTP、ICMP、TCP、UDP、DNS、SMTP、POP3、

FTP 8 种协议的监控设置，可探测站点的可用性、相应时间、丢包率。

23. 目前，AWS EC2-Classic 实例、专用租赁实例、在专用主机上运行的实例以及使用任何实例存储卷的实例都支持恢复操作。

24. 利用 AmazonCloudWatch 警报操作，可创建自动停止、终止、重启或恢复 Amazon Elastic Compute Cloud（Amazon EC2）实例的警报。

25. 阿里云云监控会根据设置的报警规则，在监控数据达到报警阈值时发送报警信息，并及时获取异常通知，查询异常原因。

26. 阿里云不支持自定义的监控指标。

27. 阿里云监控中的维度概念是指定位监控指标数量的多少。

28. 阿里云云监控中的报警规则是一个消息队列。

29. 阿里云系统监控通过监控 ECS 的 CPU 使用率、内存使用率、公网流出流速（带宽）等基础指标，确保实例的正常使用，避免因为对资源的过度使用造成用户业务无法正常运转。

30. 任何人可使用 Amazon EC2 控制台、AmazonCloudWatch 控制台、Amazon CloudWatch 命令行界面（CLI）、CloudWatch API 或 AWS 软件开发工具包配置停止 AWS 实例警报操作。

练习与思考题参考答案

1. C	2. A	3. C	4. D	5. C	6. C	7. A	8. D	9. B	10. A
11. BC	12. ABCE	13. ABCDE	14. ABCE	15. AE	16. CD	17. ABCDE	18. ABCDE	19. CD	20. CDE
21. ×	22. √	23. ×	24. √	25. √	26. ×	27. ×	28. ×	29. √	30. ×

附录　训练任务评分标准表

任务 1　云计算与 OpenStack 架构

评价项目	评价内容	配分	完成情况	得分	合计	评价标准
安全操作	未按安全规范操作，出现设备及人身安全事故，则评价结果为 0 分					
能力目标	1. 符合质量要求的任务完成情况	50	是□否□			若完成情况为"是"，则该项得满分，否则得 0 分
	2. 完成知识准备	5	是□否□			
	3. 云计算能够解决什么问题	20	是□否□			
	4. 讲述 OpenStack 架构原理	25	是□否□			

任务 2　Linux 操作系统安装及基础优化

评价项目	评价内容	配分	完成情况	得分	合计	评价标准
安全操作	未按安全规范操作，出现设备及人身安全事故，则评价结果为 0 分					
能力目标	1. 符合质量要求的任务完成情况	50	是□否□			若完成情况为"是"，则该项得满分，否则得 0 分
	2. 完成知识准备	5	是□否□			
	3. 会三种常用操作系统的安装方法	15	是□否□			
	4. 会 CentOS linux 操作系统的安装	10	是□否□			
	5. 会制作 USB 启动镜像	10	是□否□			
	6. 会设置服务器的硬件虚拟化功能	10	是□否□			

任务 3　OpenStack 组件和认证服务部署

评价项目	评价内容	配分	完成情况	得分	合计	评价标准
安全操作	未按安全规范操作，出现设备及人身安全事故，则评价结果为 0 分					
能力目标	1. 符合质量要求的任务完成情况	50	是□否□			若完成情况为"是"，则该项得满分，否则得 0 分
	2. 完成知识准备	5	是□否□			
	3. 理解 OpenStack 的基本架构原理	15	是□否□			
	4. 手动部署 OpenStack 认证服务	10	是□否□			
	5. 理解 OpenStack 认证服务工作原理	10	是□否□			
	6. 熟练使用 Linux 操作系统	10	是□否□			

任务 4　OpenStack 镜像和计算服务部署

评价项目	评价内容	配分	完成情况	得分	合计	评价标准
安全操作	未按安全规范操作，出现设备及人身安全事故，则评价结果为 0 分					
能力目标	1. 符合质量要求的任务完成情况	50	是□否□			若完成情况为"是"，则该项得满分，否则得 0 分
	2. 完成知识准备	5	是□否□			
	3. 会部署 OpenStack 镜像服务	15	是□否□			
	4. 会部署 OpenStack 计算服务	10	是□否□			
	5. 会验证部署的 OpenStack 镜像与计算服务是否正确	10	是□否□			
	6. 会熟练使用 Linux 操作系统	10	是□否□			

任务 5　OpenStack 网络和 Dashboard 服务部署

评价项目	评价内容	配分	完成情况	得分	合计	评价标准
安全操作	未按安全规范操作，出现设备及人身安全事故，则评价结果为 0 分					
能力目标	1. 符合质量要求的任务完成情况	50	是□否□			若完成情况为"是"，则该项得满分，否则得 0 分
	2. 完成知识准备	5	是□否□			
	3. 会部署 OpenStack（neutron）服务	15	是□否□			
	4. 会部署 OpenStack Web 界面（horizon）服务	10	是□否□			
	5. 会验证部署的 OpenStack 网络服务和 OpenStack Web 界面服务是否正确	10	是□否□			
	6. 会 mariadb 数据库的基本操作	10	是□否□			

任务 6　OpenStack 块存储和对象存储服务安装

评价项目	评价内容	配分	完成情况	得分	合计	评价标准
安全操作	未按安全规范操作，出现设备及人身安全事故，则评价结果为 0 分					
能力目标	1. 符合质量要求的任务完成情况	50	是□否□			若完成情况为"是"，则该项得满分，否则得 0 分
	2. 完成知识准备	5	是□否□			
	3. 熟悉 mariadb 数据库的基本操作	15	是□否□			
	4. 手动安装 OpenStack 块存储服务（cinder）	15	是□否□			
	5. 手动安装 OpenStack 对象存储服务（swift）	15	是□否□			

任务 7　OpenStack RDO 自动化部署

评价项目	评价内容	配分	完成情况	得分	合计	评价标准
安全操作	未按安全规范操作，出现设备及人身安全事故，则评价结果为 0 分					
能力目标	1. 符合质量要求的任务完成情况	50	是□否□			若完成情况为"是"，则该项得满分，否则得 0 分
	2. 完成知识准备	5	是□否□			
	3. 掌握 Linux 网络设置	15	是□否□			
	4. 掌握 Linux 下 RDO yum 源安装	15	是□否□			
	5. 掌握 RDO 配置参数及其含义	15	是□否□			

任务 8　OpenStack 认证服务详解

评价项目	评价内容	配分	完成情况	得分	合计	评价标准
安全操作	未按安全规范操作，出现设备及人身安全事故，则评价结果为 0 分					
能力目标	1. 符合质量要求的任务完成情况	50	是□否□			若完成情况为"是"，则该项得满分，否则得 0 分
	2. 完成知识准备	5	是□否□			
	3. 通过 Web UGI 和命令行工具两种方式创建项目	15	是□否□			
	4. 通过 Web UGI 和命令行工具两种方式创建用户	10	是□否□			
	5. 通过 Web UGI 和命令行工具两种方式创建组	10	是□否□			
	6. 通过 Web UGI 和命令行工具两种方式创建角色	10	是□否□			

任务 9　虚 拟 机 模 板 制 作

评价项目	评价内容	配分	完成情况	得分	合计	评价标准
安全操作	未按安全规范操作，出现设备及人身安全事故，则评价结果为 0 分					
能力目标	1. 符合质量要求的任务完成情况	50	是□否□			若完成情况为"是"，则该项得满分，否则得 0 分
	2. 完成知识准备	5	是□否□			
	3. 搭建 KVM 实验环境	15	是□否□			
	4. 创建 KVM 虚拟机	15	是□否□			
	5. 制作 OpenStack 虚拟机模板	15	是□否□			

任务 10　OpenStack 镜像、卷、实例类型创建

评价项目	评价内容	配分	完成情况	得分	合计	评价标准
安全操作	未按安全规范操作，出现设备及人身安全事故，则评价结果为 0 分					
能力目标	1. 符合质量要求的任务完成情况	50	是□否□			若完成情况为"是"，则该项得满分，否则得 0 分
	2. 完成知识准备	5	是□否□			
	3. 图形化和命令行方式创建 OpenStack 镜像	15	是□否□			
	4. 图形化和命令行方式创建 OpenStack 卷	15	是□否□			
	5. 图形化和命令行方式创建 OpenStack 实例类型	15	是□否□			

任务 11　云计算网络基础

评价项目	评价内容	配分	完成情况	得分	合计	评价标准
安全操作	未按安全规范操作，出现设备及人身安全事故，则评价结果为 0 分					
能力目标	1. 符合质量要求的任务完成情况	50	是□否□			若完成情况为"是"，则该项得满分，否则得 0 分
	2. 完成知识准备	5	是□否□			
	3. 会按照拓扑图组网	15	是□否□			
	4. 设置 IP 地址及子网掩码	10	是□否□			
	5. 设置模拟服务器 PC 所连的交换机端口	10	是□否□			
	6. 会设置、使用 PuTTY 软件登录交换机	10	是□否□			

任务 12　OpenStack 网络服务 Neutron 实现

评价项目	评价内容	配分	完成情况	得分	合计	评价标准
安全操作	未按安全规范操作，出现设备及人身安全事故，则评价结果为 0 分					
能力目标	1. 符合质量要求的任务完成情况	50	是□否□			若完成情况为"是"，则该项得满分，否则得 0 分
	2. 完成知识准备	5	是□否□			
	3. Neutron 二层网络服务实现原理	15	是□否□			
	4. Neutron 三层网络服务实现原理	15	是□否□			
	5. Neutron 高级网络服务实现原理	15	是□否□			

任务 13　基于 OpenStack 的 FLAT、VLAN 网络配置

评价项目	评价内容	配分	完成情况	得分	合计	评价标准
安全操作	未按安全规范操作，出现设备及人身安全事故，则评价结果为 0 分					
能力目标	1. 符合质量要求的任务完成情况	50	是□否□			若完成情况为"是"，则该项得满分，否则得 0 分
	2. 完成知识准备	5	是□否□			
	3. 会通过 Web GUI 和 CLI 命令行工具两种方式创建 OpenStack FLAT 网络	20	是□否□			
	4. 会通过 Web GUI 和 CLI 命令行工具两种方式创建 OpenStack VLAN 网络	25	是□否□			

任务 14　OpenStack 存储服务 Cinder 应用

评价项目	评价内容	配分	完成情况	得分	合计	评价标准
安全操作	未按安全规范操作，出现设备及人身安全事故，则评价结果为 0 分					
能力目标	1. 符合质量要求的任务完成情况	50	是□否□			若完成情况为"是"，则该项得满分，否则得 0 分
	2. 完成知识准备	5	是□否□			
	3. 理解 OpenStack cinder 组件的设计思想	15	是□否□			
	4. 理解 OpenStack cinder 组件的工作原理	15	是□否□			
	5. 通过 Web GUI 管理界面手动创建本地 iscsi 磁盘卷	15	是□否□			

任务 15　openfiler 外置存储部署

评价项目	评价内容	配分	完成情况	得分	合计	评价标准
安全操作	未按安全规范操作，出现设备及人身安全事故，则评价结果为 0 分					
能力目标	1. 符合质量要求的任务完成情况	50	是□否□			若完成情况为"是"，则该项得满分，否则得 0 分
	2. 完成知识准备	5	是□否□			
	3. 安装 open-e 虚拟存储操作系统	15	是□否□			
	4. 理解虚拟存储的概念	15	是□否□			
	5. 会虚拟存储的实现方式	15	是□否□			

任务 16　配置 NFS 为 Cinder 后端存储

评价项目	评价内容	配分	完成情况	得分	合计	评价标准
安全操作	未按安全规范操作，出现设备及人身安全事故，则评价结果为 0 分					
能力目标	1. 符合质量要求的任务完成情况	50	是□否□			若完成情况为"是"，则该项得满分，否则得 0 分
	2. 完成知识准备	5	是□否□			
	3. 配置软 RAID 阵列	10	是□否□			
	4. 能通过 openfiler 建立卷组（VG）	10	是□否□			
	5. 会通过 openfiler 在卷组的基础上建立逻辑卷（LUN）	10	是□否□			
	6. 会配置 NFS 文件系统为 OpenStack cinder 后端存储	15	是□否□			

任务 17　云计算虚拟化之 KVM

评价项目	评价内容	配分	完成情况	得分	合计	评价标准
安全操作	未按安全规范操作，出现设备及人身安全事故，则评价结果为 0 分					
能力目标	1. 符合质量要求的任务完成情况	50	是□否□			若完成情况为"是"，则该项得满分，否则得 0 分
	2. 完成知识准备	5	是□否□			
	3. 常用虚拟化技术的种类	15	是□否□			
	4. 理解 KVM 虚拟化的原理	15	是□否□			
	5. 理解 OpenStack 与 KVM 之间的联系	15	是□否□			

任务 18　KVM 管理工具之 libvirt

评价项目	评价内容	配分	完成情况	得分	合计	评价标准
安全操作	未按安全规范操作，出现设备及人身安全事故，则评价结果为 0 分					
能力目标	1. 符合质量要求的任务完成情况	50	是□否□			若完成情况为"是"，则该项得满分，否则得 0 分
	2. 完成知识准备	5	是□否□			
	3. 通过源码方式安装 libvirt 工具	15	是□否□			
	4. 通过 yum 方式安装 libvirt 工具	10	是□否□			
	5. 配置 libvirt 相关配置文件	10	是□否□			
	6. 理解 libvirt 工具相关 API	10	是□否□			

任务 19　KVM 管理工具之 virsh

评价项目	评价内容	配分	完成情况	得分	合计	评价标准
安全操作	未按安全规范操作，出现设备及人身安全事故，则评价结果为 0 分					
能力目标	1. 符合质量要求的任务完成情况	50	是□否□			若完成情况为"是"，则该项得满分，否则得 0 分
	2. 完成知识准备	5	是□否□			
	3. 使用源码和 yum 两种方式安装 virsh 工具软件	10	是□否□			
	4. 会 virsh 命令的使用格式	10	是□否□			
	5. 会 virsh 命令的具体对象使用方法	25	是□否□			

任务 20　公有云服务选型与规划

评价项目	评价内容	配分	完成情况	得分	合计	评价标准
安全操作	未按安全规范操作，出现设备及人身安全事故，则评价结果为 0 分					
能力目标	1. 符合质量要求的任务完成情况	50	是□否□			若完成情况为"是"，则该项得满分，否则得 0 分
	2. 完成知识准备	5	是□否□			
	3. 掌握云服务的整体调研流程	15	是□否□			
	4. 会云服务部署的可行性研究	10	是□否□			
	5. 掌握云计算架构的选型	10	是□否□			
	6. 掌握云整体架构的规划	10	是□否□			

任务 21　公有云服务安全选型与规划

评价项目	评价内容	配分	完成情况	得分	合计	评价标准
安全操作	未按安全规范操作，出现设备及人身安全事故，则评价结果为 0 分					
能力目标	1. 符合质量要求的任务完成情况	50	是□否□			若完成情况为"是"，则该项得满分，否则得 0 分
	2. 完成知识准备	5	是□否□			
	3. 掌握公有云安全评估标准	15	是□否□			
	4. 掌握公有云安全评估体系	15	是□否□			
	5. 掌握公有云综合安装评估方法	15	是□否□			

任务 22　公 有 云 实 例 管 理

评价项目	评价内容	配分	完成情况	得分	合计	评价标准
安全操作	未按安全规范操作，出现设备及人身安全事故，则评价结果为 0 分					
能力目标	1. 符合质量要求的任务完成情况	50	是□否□			若完成情况为"是"，则该项得满分，否则得 0 分
	2. 完成知识准备	5	是□否□			
	3. 掌握阿里云和亚马逊 AWS 账号的申请	10	是□否□			
	4. 掌握阿里云和亚马逊 AWS 实例都有哪些产品和各个实例的具体功能	15	是□否□			
	5. 掌握阿里云实例云盘以及亚马逊 AWS EBS 的添加、挂载和使用	20	是□否□			

任务 23　公有云弹性基础设施规划与配置

评价项目	评价内容	配分	完成情况	得分	合计	评价标准
安全操作	未按安全规范操作，出现设备及人身安全事故，则评价结果为 0 分					
能力目标	1. 符合质量要求的任务完成情况	50	是□否□			若完成情况为"是"，则该项得满分，否则得 0 分
	2. 完成知识准备	5	是□否□			
	3. 掌握阿里云实例弹性伸缩机制设置及机制触发	15	是□否□			
	4. 掌握阿里云弹性伸缩硬件资源	15	是□否□			
	5. 掌握阿里云弹性伸缩临时网络带宽	15	是□否□			

任务 24　公有云云主机日常运维

评价项目	评价内容	配分	完成情况	得分	合计	评价标准
安全操作	未按安全规范操作，出现设备及人身安全事故，则评价结果为 0 分					
能力目标	1. 符合质量要求的任务完成情况	50	是□否□			若完成情况为"是"，则该项得满分，否则得 0 分
	2. 完成知识准备	5	是□否□			
	3. 掌握阿里云与 AWS 云监控	15	是□否□			
	4. 掌握阿里云实例磁盘快照的创建	10	是□否□			
	5. 掌握亚马逊 EBS 磁盘快照创建	10	是□否□			
	6. 掌握阿里云实例镜像复制	10	是□否□			